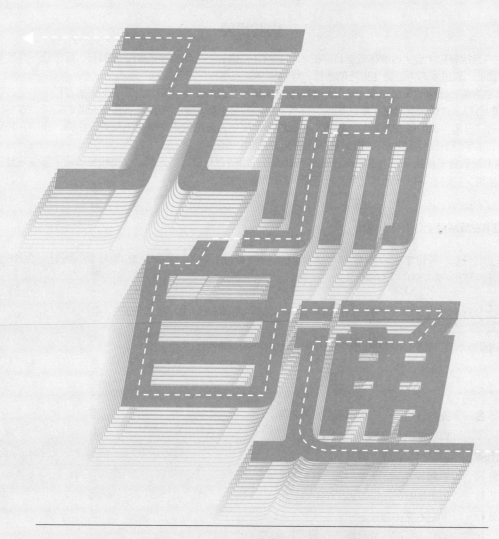

# 不背字根学五笔打字

凤凰高新教育 ⊙ 编著

北京大学出版社
PEKING UNIVERSITY PRESS
北京

## 内容提要

本书是指导初学者快速掌握五笔打字的入门书籍。主要针对五笔打字的新手而编著，旨在让不会五笔打字的读者，通过本书中经验与技巧的传授，能快速掌握五笔打字的技能。

本书为精心选编的集学、查、练于一体的五笔字型学习参考手册。在理论知识的讲解过程中尽量根据初学者的心理，对读者最渴求了解的知识、技巧及疑难问题进行讲解，不涉及其他不必要的知识。本书最后还附有"五笔字型编码速查表"，收集了6 000多个汉字，囊括汉字中常见的疑难、生僻、怪字，并且标注了五笔字型86版和98版的字根及录入编码，方便用户即查即用。

本书既适合无基础又想快速掌握五笔打字的读者，也适合专业打字人员、文秘和各行业需要快速打字的人员使用，同时也可以作为五笔字型打字培训班的培训教材。

**图书在版编目（ＣＩＰ）数据**

无师自通：不背字根学五笔打字 / 凤凰高新教育编著 . —— 北京：北京大学出版社，2016.12
ISBN 978–7–301–27768–3

Ⅰ . ①无… Ⅱ . ①凤… Ⅲ . ①五笔字型输入法 – 基本知识 Ⅳ . ① TP391.14

中国版本图书馆 CIP 数据核字 (2016) 第 277648 号

| | |
|---|---|
| 书　　　名 | 无师自通——不背字根学五笔打字 |
| | WU SHI ZI TONG |
| 著作责任者 | 凤凰高新教育　编著 |
| 责 任 编 辑 | 尹毅 |
| 标 准 书 号 | ISBN　978–7–301–27768–3 |
| 出 版 发 行 | 北京大学出版社 |
| 地　　　址 | 北京市海淀区成府路 205 号　100871 |
| 网　　　址 | http：//www. pup. cn　　　新浪微博：@ 北京大学出版社 |
| 电 子 信 箱 | pup7@ pup. cn |
| 电　　　话 | 邮购部 62752015　发行部 62750672　编辑部 62580653 |
| 印 刷 者 | 北京大学印刷厂 |
| 经 销 者 | 新华书店 |
| | 787 毫米 ×1092 毫米　16 开本　12.5 印张　266 千字 |
| | 2016 年 12 月第 1 版　2016 年 12 月第 1 次印刷 |
| 印　　　数 | 1–3000 册 |
| 定　　　价 | 28.00 元 |

# 前言
PREFACE

　　一说到输入法，五笔输入法不仅人人皆知，更是很多人都想掌握的输入法类型。那是因为五笔输入法具有输入速度快、效率高、字词兼容、容易实现盲打等优点。但是，一谈到学习五笔打字，很多人就退缩了。究其原因，字根难记，汉字难拆，学习一周、一个月不用就会忘掉大半，遇到难拆的字时束手无策。

　　基于此，我们为初学五笔打字的读者编写了这本《无师自通——不背字根学五笔打字》一书。书中内容告诉您以下几个方面。

　　一是五笔打字并不难学，

　　二是字根不需要死记硬背，

　　三是汉字拆字是有方法和规律的，

　　四是提高五笔打字速度其实也很简单！

　　本书将传授给您五笔字根记忆的诀窍和方法，通过本书相关的"经验与技巧"讲解，能让您快速掌握五笔打字的技能。

　　另外，为了方便读者学习和工作使用，特别策划了如下福利。

　　赠送一张"五笔字型多功能指法训练卡"，方便读者练习和学习。

　　本书最后还附有"五笔字型编码速查表"，收集了 6 000 多个汉字，囊括汉字中常见的疑难字、生僻字，并且标注了五笔字型 86 版和 98 版的字根及录入编码，方便用户即查即用。

　　读者可以打开浏览器并在【地址栏】中输入 http://www.wps.cn/，按【Enter】键进入金山软件下载页面，下载"金山打字通"软件，然后安装在计算机中进行打字练习。

　　本书既适合无基础又想快速掌握五笔打字的读者，也适合专业打字人员、文秘和各行业需要快速打字的人员学习使用，同时也可以作为五笔打字培训班的培训教材。

　　在本书的编写过程中，我们竭尽所能地为您呈现最好、最全的实用功能，但仍难免有疏漏和不妥之处，敬请广大读者不吝指正。若您在学习过程中产生疑问或有任何建议，可以通过 E-mail 或 QQ 群与我们联系。

投稿信箱：pup7@pup.cn

读者信箱：2751801073@qq.com

读者交流群：218192911（办公之家）、363300209

# 目　录
## CONTENTS

第6章 汉字输入有规则
　　　——不同类汉字的输入方法

第7章 提高速度有捷径
　　　——简码与词组的输入方法

第8章 五笔输入法的升级版
　　　——98版五笔输入法的使用

**? 新手问答**

## 第 1 章

# 从零开始学五笔打字
## ——键盘与指法的正确操作

键盘是计算机最基本的输入设备，也是用来向计算机输入文字和信息的主要工具。初学计算机打字的用户需先掌握键盘的结构，学会正确使用键盘。这是学习计算机打字的基础。

### 学习要点

※ 认识键盘并掌握各分区
※ 掌握打字的正确坐姿
※ 掌握键盘的指法分工
※ 掌握手指击键的正确方法
※ 掌握常用功能键的作用

## 1.1 认识键盘并掌握分区

键盘是由多个按键组合而成的，每个键上标有不同的符号，操作者即是通过手指敲击键盘上的按键来操作计算机，达到录入文字的目的。

### 1.1.1 认识键盘

我们通过键盘可以向计算机中输入文字、数字、符号、标点及发送指令等。统一按照各键功能的不同将键盘分为 4 个区。键盘的外观如下图所示。

### 1.1.2 主键盘区

主键盘区，用来输入中英文字符、数字及符号，是一个实现输入的键位区，是键盘上使用最频繁的区域。一般键盘主键盘有 61 个键位，包括字母键、数字键、控制键、标点符号及一些特殊符号键，如下图所示。

主键盘区中间最大一块区域就是字母键位区，如下图所示。它包括从 A~Z 的 26 个字母键，字母键位区的主要功能是用来输入字符。

数字键位区位于字母键位区上面，它是上下双排字符键，同一个键可输入数字和符号，如下图所示。

![数字键位区图]

Shift 键，称为上档键，共两个，分别位于字母键位区两侧。两键的功能完全相同，可根据按键方便进行选择。按住【Shift】键后再按字母键，就会输入对应的大写字母。按住【Shift】键再按数字键，即会输入对应数字键的上排字符。

Caps Lock 键，称为大小写字母锁定状态转换键，它只对字母键起作用。按一下此键，指示灯区的第二个指示灯会变亮，此时输入的字母是大写状态；再按一下此键，对应的指示灯熄灭，此时输入的字母是小写状态。

Enter 键，称为回车键，是计算机操作中应用最为频繁的键，表示确定执行某种命令。在文字录入环境中，按回车键文档会自动分段。

空格键，位于最下排位置，键面很长，非常显眼，容易找到，有些键盘就直接用白键代替，也有的键盘在其上面标有"Space"字样。它的作用就是在文本录入状态下输入空格。

Backspace 键，称为退格键，位于回车键上方，用【Backspace】或【←】来标示。退格键的作用是删除光标前面的字符。

Tab 键，称为跳格键，在文字处理环境下，按此键可使光标向右移动，在 Microsoft Word 文字处理软件中，默认的移动距离为 2 个汉字宽，相当于 4 个空格的位置。

Ctrl Alt 键，这两个键称为控制键，键盘下方左右各两个，共 4 个键。它们只能与其他键组合使用，不能单独使用。

键，左右各一个，其功能作用完全相同，可根据操作的方便进行选择。按一下此键可打开 Windows 操作系统的"开始"菜单。

### 1.1.3　功能键区

功能键区包括【Esc】【F1】~【F12】【Power】【Sleep】【Wake Up】共 16 个键，如下图所示。使用它们能快速完成一些操作命令，在不同的软件应用环境，其功能不同，有时还可以自己定义。

【F1】~【F12】，这 12 个键统称为功能键，各键均能执行一些快捷而特殊的操作。如按【F1】键，则表示打开帮助文档。

Esc 键，称为取消键，可以快速取消当前的操作或命令。

Power 键，称为电源键，按下该键，可以快速关闭计算机，相当于执行"关机"命令。

Wake UP 键，称为电源唤醒键，按下该键，可以将处于待机状态的计算机唤醒，恢复正常工作状态。

Sleep 键，称为休眠键，按下该键，可使计算机快速进入休眠状态。相当于执行"睡眠"命令。

> **新手提示**
>
> 短时间不使用计算机时，可使用休眠键将计算机中的硬盘等组件处于休眠状态，节省用电。再次使用时可使用电源唤醒键快速恢复工作状态，并节省开机时间。

### 1.1.4　光标控制键区

光标控制键区的位置在主键盘区与数字小键盘区的中间，如下图所示。它集合了所有对光标进行操作的键以及一些页面操作功能键。

键，称为光标移动键，分为上、下、左、右 4 个键，可将光标向 4 个方向移动一个字符的位置。

Insert 键，称为改写 / 插入键，此键主要用在文档编辑中，按一下该键，输入字符将改写光标后现有字符；再按一下该键，输入的字符插入在光标当前位置。

Home 键，称为行首键，在文字处理软件环境下，按一下此键，可以使光标回到一行的行首，如果按【Ctrl + Home】组合键，则会使光标快速移动到文章的开头。

End 键，称为行尾键，在文字处理软件环境下，按一下此键，可以使光标回到一行的行尾，如果按【Ctrl + End】组合键，则会使光标快速移动到文章的末尾。

Page Up 键，称为向前翻页键，按一下此键，可以使屏幕快速向前翻一页。

Page Down 键，称为向后翻页键，与向前翻页键的功能相反。按一下此键，可以使屏幕快速向后翻一页。

Delete 键，称为删除键，用来删除光标右面的字符，与退格键的功能正好相反。

Print Screen SysRq 键，称为屏幕拷贝键，按一下此键可以复制计算机屏幕，再粘贴到文档中即可显示该屏幕的图片。

Scroll Lock 键，称为屏幕滚动锁定键，按一下此键屏幕会停止自动滚动便于浏览，并且指示灯区第三盏灯亮。再按一下此键时，屏幕重新滚动，并且指示灯区的第三盏灯熄。

Pause Break 键，称为暂停键，按一下此键将暂停当前正在进行的操作。

### 1.1.5　数字小键盘区

数字小键盘区位于键盘的右边，有 17 个键，如下图所示。这个区提供了数字操作键，包括数字键和运算符号键。

Num Lock 键，称为数字锁定键，它的作用主要是用来打开与关闭数字小键盘区。

【+】【–】【*】【/】运算符号键，依次表示加、减、乘、除。其他字面的意思与前面讲的键功能相同，如【Enter】键，Del 为 Delete 的简写，Ins 为 Insert 的简写。

## 1.2　打字的3个规范

初学者要熟练使用与操作键盘，除了对键盘有所了解外，还应掌握正确的操作姿势、指法分工及击键方式等。

### 1.2.1　打字的正确姿势

在使用电脑打字前，首先要养成正确的打字姿势，这样不仅能大大提高工作效率，减轻工作劳累，而且有利于身心健康。正确坐姿如下图所示。

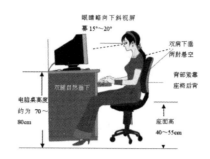

※ 桌椅要求：最好配备专门的计算机桌椅，且最好是可以调节高度的转椅。计算机桌的高度以到达自己臀部为准。

※ 身体：将重心置于椅子上，向前稍微倾斜，身体与键盘的距离保持约50cm。

※ 坐姿：使用者平坐在椅子上，双腿平放在桌下，身体微向前倾，人体与键盘的距离为 20 ~ 30cm。

※ 背部：背部打直，贴住背靠椅。

※ 双手：双手、肘、肩放松，小臂与手腕略向上倾斜。打字者两肘悬空，手腕平放，手指自然下垂，轻放在键盘基准键位上。

※ 双脚：最好自然垂下，不应翘二郎腿，不要一条腿压着另一条腿，以保持腿部血液流通。

※ 其他要求：操作电脑时应保持桌面干净整洁，房间内光线充足。

**新手提示**

连续操作计算机时间达到 45 分钟后，应稍作休息，可以采用远眺、做眼保健操等方式减轻眼睛的压力，最好是用温水洗洗脸，以消除聚集在脸部的静电。

### 1.2.2 手指的键位分工

键盘上有 107 个键，双手一共只有 10 个手指，如何使 10 个手指来敲击这些键位呢？如果手指没有明确的分工，每击一个键各个手指都无规则随意击键，会十分混乱。为了更高效、准确地录入，我们必须使各个手指分工明确，各司其职。

**1. 基准键位**

人们规定键盘中央的【A】【S】【D】【F】【J】【K】【L】【；】8 个键为基准键，如下图所示。其中的【F】【J】两个键上各有一个凸起的小横杠或小圆点，以便于盲打时手指能通过触觉定位。字母键【A】【S】【D】【F】为左手的基准键位，字母键【J】【K】【L】【；】为右手的基准键位。操作者每次操作键盘时，应将手指放到这 8 个基准键上。

A S D F G H J K L ；

**2. 手指分区**

每个手指在键盘上都有明确的分工，如下图所示。在击键过程中，凡两曲线范围内的字键，都必须由规定的手同一手指管理，这样既便于操作，又便于记忆。

按图中的曲线，将各手指负责的按键分区如下。

※ 左小指按键为：【Z】【A】【Q】【1】【Shift】【Caps Lock】【Tab】【`】

※ 左无名指按键为：【X】【S】【W】【2】

※ 左中指按键为：【C】【D】【E】【3】

※ 左食指按键为：【V】【F】【R】【4】【B】【G】【T】【5】

※ 右食指按键为：【N】【H】【Y】【6】【M】【J】【U】【7】

※ 右中指按键为：【，】【K】【I】【8】

※ 右无名指按键为：【。】【L】【O】【9】

※ 右小指按键为：【/】【；】【P】【0】

3. 指法操作

开始准备打字时，把左手食指放在【F】键上，右手食指放在【J】键上，再把其他手指依次放在相应的基准键上，同时大拇指虚放在空格键上（用大拇指敲击空格键），整个手形就像半握住一个物体一样，如下图所示。

此姿势在打字期间要一直保持，击打其他任何键，手指都从基准键位置出发。每当击键结束时，手指要立即撤回到基准键位置。

### 1.2.3 正确的击键方式

在键盘操作中，必须从最开始就坚持盲打，即眼睛不看键盘不看屏幕，只看稿件，通过大脑来控制要击键的位置。手指击键时应遵守如下规则。

（1）击键前，将双手轻放于基准键位上，左右拇指轻放于空格键位上。

（2）手掌以腕为支点略向上抬起，手指保持弯曲，略微抬起，以指头击键，注意一定不要以指尖击键，击键动作应轻快，干脆，不可用力过猛。如下图所示。

错误　　　　正确

击键要求

（3）敲击键盘时，只有击键手指才做动作，其他不相关手指放基准键位不动。

（4）手指击完键后，马上回到基准键位区相应位置，准备下一次击键。

**新手提示**

初学者在练习键盘时由于对键盘不熟悉，常常会犯一些错误，所以应该注意以下几点问题。

（1）通常情况，一个人的小指无论是力度还是手指的长度都不及其余四指，因此，由小指负责击打的键是最容易出错的地方，归结起来就是以下几个键：【Q】【A】【Z】【P】【;】【/】，这种错误在初学者中尤其明显。所以在练习的时候我们需要认真练习这几个键位。做到能用小手指准确击中为止。

（2）有很多初学者在练习击键时，往往会出现按住一个键不放开的情况。计算机会认为你是在连续击打该键，容易引起误操作。正确的击键方法是，应快速有力地击键，击完键后，手指马上回到基准键位上。

（3）初学打字的读者不容易掌握击键的正确力度，有的读者击键力度太小，没有将键击中就将手松开了，根本没有达到录入目的，要解决这个问题只有多上机实践，逐步掌握敲击键盘的力度。

## 1.3　指法强化练习

初学者在学习键盘时，必须有充足的时间进行键盘练习。认识了键盘以后，就要对键盘进行指法练习，做到手随眼动，快速有力地击键，逐步提高录入的速度。

### 1.3.1　食指训练

**1. 左食指练习**

左食指击键范围为：【4】【5】【R】【T】【F】【G】【V】【B】。左手食指负责击打的键比较多，需要认真练习才能掌握。练习时不看键盘，将左手食指从基准键位【F】键上提起，快速有力地击键，然后回到基准键位。请在写字板中练习，输入以下字符，练习左手食指。

| FFFF | GGGG | RRRR | TTTT | VVVV |
|------|------|------|------|------|
| BBBB | 4444 | 5555 | FFGG | RRTT |
| VVBB | 4455 | VBFG | GFBV | VRT4 |
| TRBF | FV5B | GVFR | GBVT | BGR5 |
| 54BV | 5FTB | FVFV | 4F4F | FTFT |

#### 2. 右食指练习

右食指击键范围为：【6】【7】【Y】【U】【H】【J】【N】【M】。右食指与左食指一样，击打的键比较多，需要认真练习并熟练掌握。练习时同样要求不看键盘，将右手食指从基准键位上提起，快速有力地击键，然后回到基准键位。反复输入如下字符，练习右食指击键。

| HHHH | JJJJ | NNNN | mmmm | YYYY |
|------|------|------|------|------|
| UUUU | JJHH | NmjH | yyuu | jjhh |
| YMJ6 | UHm7 | mUuH | 6666 | NJNJ |
| MJMJ | 6YHN | 7UJM | 7UJM | 7UJM |
| MJUU | HJNM | HJHJ | 67YU | HJNM |

### 1.3.2 中指训练

#### 1. 左中指练习

左中指击键范围为：【3】【E】【D】【C】。左中指虽然只负责击打 4 个键，但这是在五笔字型输入中包含字根非常多的键位。请按照下表中的字符反复练习左中指击键，并坚持盲打，击键有力，击键后马上让手指回到基准键位"原地待命"。

| DDDD | CCCC | 3333 | EEEE | EEDD |
|------|------|------|------|------|
| EECC | CCEE | 33CC | 33DD | CCE3 |
| E33C | 3EDC | 3EDC | 3EDC | CDE3 |
| CDE3 | F3F3 | CDE3 | FDFD | FDFD |
| CDE3 | F3F3 | CDE3 | FEFE | CDE3 |

#### 2. 右中指练习

右中指击键范围为：【8】【I】【K】【，】。击键时，右中指从【K】键上抬起击键，击打完后，马上回到【K】键上，其他手指位置不变。请在写字板中反复练习下表所列的字符，达到用右中指熟练击键的目的。

| KKKK | IIII | 8888 | ，，，， | KKII |
|------|------|------|------|------|
| II88 | II，， | IIKK | I8，K | 8IK， |
| ，，I8 | ，，KI | 88IK | IIK， | KIKI |
| K8K8 | ，I，I | KIKI | K，K， | K8K8 |
| ，，IK | K，I8 | 8IK， | ，I，K | KkK8 |

### 1.3.3 无名指训练

#### 1. 左无名指练习

左无名指击键范围为：【2】【W】【S】【X】。击键时，左无名指从【S】键上抬起击打相应键，击打完后，马上回到【S】键上，其他手指位置不变。请在写字板中反复输入下表所列的字符，达到用左无名指熟练击键的目的。

| WWww | SSSS | XXXX | WW22 | WWSS |
| XX22 | XSW2 | 2WSX | SW2X | WSX2 |
| 22SX | X2SW | 2XWS | 2X2X | XWS2 |
| XWWS | SS2X | WWX2 | 2S2S | W22W |
| XXW2 | 22X2 | WWXW | XX22 | SSXX |

2. 右无名指练习

右无名指击键范围为：【9】【O】【L】【。】。击键时右无名指从【L】键上抬起击打目标键，击打完后，马上回到【L】键上，其他手指位置不变。请在写字板中反复输入下表所列的字符，达到用右中指熟练击键的目的。

| 。。99 | 9。9。 | OL。9 | 9OL。 | O9LO |
| LO99 | OOL9 | OO9。 | L。99 | LLL9 |
| O99L | 9999 | LLLL | 0000 | LOLO |
| L9L9 | OOOO | L.L. | 9OL。 | L9L9 |
| 9999 | 。LL。 | OLOL | 9OLo | LLLL |

### 1.3.4 小指训练

1. 左小指练习

左小指击键范围为：【1】【Q】【A】【Z】。击键时右左小指从【A】键上抬起击打目标键，击打完后，马上回到【A】键上，其他手指位置不变。请在写字板中反复输入下表所列的字符，达到用左小指熟练击键的目的。

| AAAA | QQQQ | 1111 | ZZZZ | AAQQ |
| AAZZ | QQZZ | QQ11 | AQ1Z | AZQ1 |
| QQA1 | ZZA1 | AA1Q | AA11 | Q1ZA |
| 1QAZ | 1QAZ | 1QAZ | 1QAZ | 1QAZ |
| AZAZ | 1A1Z | AAZA | 1AAA | 1A1A |

2. 右小指练习

右小指击键范围为：【0】【P】【；】【/】。右小指击键无力，在它的范围内只有"P"一个字母键，但其他的标点键和符号键在录入过程中使用频率非常高。所以，也要加紧练习，做到快捷准确。

| 0000 | ；；；； | //// | P0P0 | P；P； |
| P；P； | ；/；/ | /0/0 | /P/P | P；/0 |
| 0P// | PP0/ | /0；； | P；00 | P0// |
| PPP/ | /P00 | 0/0/ | /0；； | /PPP |
| 0p；/ | ；P；P | 0p；/ | /0；； | 000P |

除了练习使用最多的字母键,常用的几个符号键也需要加强指法训练。

空格键:空格键在键盘的最下方,它用大拇指控制。击键方法是右手从基准键位垂直上抬 1~2cm,大拇指横着向下击空格键,击键完毕立即缩回。

回车键:回车键在键盘上用【Enter】键来表示,它应该由右手的小手指来控制。击键方法是抬右手,伸小指击【Enter】键,击键完毕立即回到基准键。返回基准键的过程中小指要提前弯曲,以免带动其他键而造成错误。

【Shift】与【Ctrl】键:【Shift】和【Ctrl】键都是由小指控制的。为使操作方便,键盘的左右两端均设有一个【Shift】和【Ctrl】键。如果待输入的字符是由左手控制的,则先用右手的小指按住【Shift】或【Ctrl】键,再用左手的相应指头击字符键。

## 1.3.5 常用中文符号输入训练

由于键盘是按照英文打字的标准来进行设计的,所以有些中文标点在键盘上找不到,如顿号(、),省略号(……)等。要输入中文标点符号时,除了输入法要切换到相应的中文输入法状态外,还要将输入法状态条中的"中文/英文标点■"图标,转换到"中文标点输入状态"才行。在这种状态下,就可以用英文键盘输入所有的中文标点符号。

各中文标点符号与主键盘区的键位对应如下表所示。

| 中文标点符号 | 对应键位 | 中文标点符号 | 对应键位 |
|---|---|---|---|
| 、顿号 | \ | 《左书名号 | Shift +< |
| 。句号 | . | 》右书名号 | Shift +> |
| ·居中实心点 | Shift +@ | !感叹号 | Shift +! |
| ——破折号 | Shift + — | (左小括号 | Shift + ( |
| ……省略号 | Shift + 6 | )右小括号 | Shift + ) |
| '左单引号 | '(第一次) | ,逗号 | , |
| '右单引号 | '(第二次) | :冒号 | Shift +: |
| "左双引号 | Shift + "(第一次) | ;分号 | ; |
| "右双引号 | Shift + "(第二次) | ?问号 | Shift +? |

练习数字键盘:将右手从主键位区上抬起,然后向右平移大约 20cm 的距离,找到数字小键盘区后,应将右手的食指、中指、无名指放在小键盘区的 4、5、6 数字键位上(4、5、6 数字键位也称为数字小键盘区的基准键位,其中 5 这个数字键位又称为数字小键盘区的定位键,它上面也有一个突起的小横杠方便找到它,放手指时,先用中指去寻找【5】键,然后将食指与无名指依次放下即可)。

**❓ 新手问答**

下面针对初学者在学习本章内容的过程中,容易出现的疑难问题进行针对性的解答。

**疑问 1:为什么输入的字母全是大写?**

答 【CapsLock】键,即大写锁定键,按下此键,指示灯区中间的灯会亮,键盘锁定为大写字母输入状态,此时所输入的英文字母为大写。反之,再按下此键,指示灯熄灭,输入的英文字母为小写。

**疑问 2:为什么数字键盘不能输入数字?**

答 【Num Lock】键又叫数字锁定键,是用来控制键盘右侧数字小键盘是否起作用的,按下该键,若指示灯区上面的【Num Lock】键指示灯亮,表示此时数字小键盘区为开启状态,可以输入数字;再按下此键,指示灯灭,此时数字小键盘区为关闭状态,则不能输入数字。

例如,按【Num Lock】键,灯亮时,按【6】键,输入"6";再次按【Num Lock】键,灯熄时,按【6】键即按【→】键,光标向右移动。

**疑问 3:为什么无法输入双字符键上面的字符?**

答 在主键盘区中,数字键和符号键都是上下双排字符键,同一个键可输入上下两个字符。如果需要输入双字符键上排的字符,则需要先按住【Shift】键,再按对应的字符键即可。

**◎ 同步训练:使用"金山打字通"练习指法**

通过前面内容的学习后,为了方便练习五笔打字,可以通过一些专业的五笔打字练习软件来上机练习,如金山打字通、五笔打字员等。下面以"金山打字通"为例,通过字母练习、玩打字游戏等,来学习与掌握键盘知识、练习指法。具体操作如下。

**1. 打字练习**

先复习前面的打字常识,然后通过做关卡题,来学习与掌握打字常识,掌握后即可进行指法练习,具体操作方法如下。

第 1 步 打开"金山打字通"程序,❶单击右上角"登录"按钮。❷在弹出的"登录"面板中创建一个昵称(如果之前有创建昵称,这里直接选择登录即可)。❸单击"下一步"按钮。操作如左下图所示。

第 2 步 提示绑定 QQ 账号,便于时时查看打字成果。❹单击"绑定"按钮。操作如右下图所示。

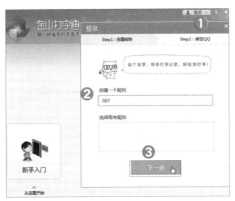

**第3步** ❶输入 QQ 账号及密码。❷单击"授权并登录"按钮（如果当前电脑中有登录 QQ 账号，可直接快速登录）。操作如左下图所示。

**第4步** ❸单击页面左侧的"新手入门"选项。❹弹出提示框，单击选择练习模式为"关卡模式"。❺单击"确定"按钮，操作如右下图所示。

**第5步** ❶在"新手入门"界面单击"打字常识"选项，操作如左下图所示。

**第6步** ❷进入"认识键盘"知识点页面中，复习键盘分区相关知识后，单击"下一页"按钮，操作如右下图所示。

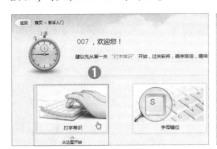

**第7步** ❶进入"打字姿势"知识页面中，复习坐姿，单击"下一页"按钮，操作如左下图所示。

**第8步** 知识点了解完后，进入"过关测试"第一题的界面。❷输入正确答案所对应的字母项。❸单击"下一题"按钮，操作如右下图所示。

第9步 ❶依次作答各题，最后一题中输入正确答案字母项。❷单击"交卷"按钮，操作如左下图所示。

第10步 程序会自动根据作答情况，视当前常识水平是否过关。❸通过"打字常识"这关后，单击"下一关"按钮，操作如右下图所示。

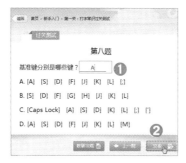

第11步 进入第二关"字母键位"练习界面，根据显示的字母按钮，按下键盘中对应的字母键，操作如下图所示。继续进行指法练习。

**新手提示**

如果不能记住该字母使用哪根手指敲击时，可查看下面提示，手指上有一个蓝色小圆点🔵。

当输入字母及上面的提示字母为红色，且按键呈▨时，即表示输入错误，一般情况是因为大小写错误或者前面漏掉了空格的位置，删除后重新输入即可。

## 2. 游戏字母练习

在"金山打字通"中还可以通过玩字母游戏，趣味训练指法，具体操作方法如下。

第1步 ❶单击"金山打字通"首页右下角的"打字游戏"按钮，操作如左下图所示。

第2步 ❷单击要玩的游戏图标或文字链接"激流勇进"，操作如右下图所示。

> **新手提示**
>
> 如果是第一次运行"打字游戏"中的某游戏时，需要先进行下载，下载完成后再次单击即可进入。

**第3步** ❶单击"开始"按钮，开始游戏，操作如左下图所示。

**第4步** ❷按游戏规则输入荷叶上的单词，操作如右下图所示。不再玩时，单击"退出"按钮即可。

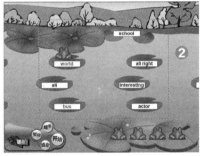

> **新手提示**
>
> "金山打字通"游戏中的激流勇进游戏：目的是将6只青蛙成功引渡过河，不受时间的限制。过河的方式是漂流在河面上的荷叶共有三层，荷叶按一定方向水平漂动。先输入第一层任意荷叶上的单词，然后是第二层、第三层荷叶上任意的单词，若能正确输入三层荷叶上的单词，一只青蛙就过河成功了。它的规则是如果荷叶完全消失在屏幕之前输入上面的单词，青蛙就会跳到荷叶上，否则就会回退到刚才的位置；一旦开始输入某块荷叶的单词就不能输入该层的另一个荷叶上的单词，除非按【Esc】键取消对该单词的选择才可输入；必须一层一层地输入，不可跳跃层次；青蛙只能垂直跳跃不能水平跳跃，也就是说每层输入对一个单词，就可以输入下一层的单词。

# 第 2 章
## 熟练运用汉字输入法
## ——汉字输入法安装与设置

我们在输入汉字之前，需要先选择输入法，用户可以根据每种输入法的不同特点和自身的需要来选择，达到快速、精准输入汉字的目的。本章主要介绍几种常见的五笔、拼音输入法，并详细讲解输入法的安装、选择与设置等知识。

### 学习要点

※ 了解汉字输入法
※ 了解常用五笔输入法
※ 安装、认识与卸载五笔输入法
※ 掌握输入法的选择与切换
※ 添加与删除系统自带输入法

## 2.1 认识汉字输入法

汉字输入可分为两种情况，非键盘输入法和键盘输入法。这里主要介绍键盘输入法，可使用拼音和五笔两种输入法。

### 2.1.1 拼音输入法

对初学者来说，输入汉字最直接的方法就是使用拼音输入法，因为我们使用的汉语拼音即是由 26 个英文字母组成的。

拼音输入法简单易学，一个人只要会汉语拼音，就可以使用拼音输入法。常用的有智能 ABC 输入法、全拼输入法、搜狗拼音输入法等。

### 2.1.2 五笔输入法

五笔输入法属于形码编码的输入法，它主要是依据笔画和字形特征对汉字进行编码。五笔相对于拼音输入法具有重码率低的特点，具有输入速度快、效率高、字词兼容、容易实现盲打等优点。

使用五笔输入法输入汉字的基本原理：先将汉字拆分成一些最常用的基本单位，叫作"字根"（字根可以是汉字的偏旁部首，也可以是部首的一部分，甚至是笔画）。取出这些字根后，把它们按一定的规律分类；然后把这些字根依据科学原理分配在键盘上，作为输入汉字的基本单位，当要输入汉字时，我们就按照汉字的书写顺序依次按键盘上与字根对应的键，组成一组代码；系统就会根据输入字根组成的代码，在五笔输入法的字库中检索出需要输入的汉字。

## 2.2　了解常用五笔输入法

用户在为自己选择一种合适的五笔输入法时，需要先对各五笔输入法的特性进行了解。常用的五笔输入法包括王码、QQ、搜狗、极品、万能、极点等，每种输入法都有其各自的特点。

### 2.2.1　极品五笔输入法

极品五笔输入法完美兼容王码五笔字型 4.5 版。该输入法可适应多种操作系统，通用性能较好。精心筛选词组 50 000 条，创五笔词汇新标准。左下图所示为标准输入状态，右下图所示为生僻字与繁体字输入状态。

### 2.2.2　王码五笔输入法

王码五笔输入法，是由中国著名的汉字输入研究专家王永民教授所研发的一种五笔输入法，王码五笔 86 版一经推出，便受到了广大用户的青睐，使用人数众多。其输入法状态条如下图所示。

### 2.2.3　搜狗五笔输入法

搜狗五笔输入法是当前互联网新一代的五笔输入法，它与传统输入法不同的是，不仅支持随身词库——超前的网络同步功能，并且兼容目前强大的搜狗拼音输入法的所有皮肤。

搜狗五笔输入法提供五笔拼音混合输入、纯五笔、纯拼音多种输入模式供用户选择，使输入适合更多的人群，尤其在混输模式下，用户再也不用切换到拼音输入法去输入暂时用五笔打不出的字词了，并且所有五笔字词均有编码提示，是增强五笔能力的有力助手；对于五笔高手来说，纯五笔的输入能让用户更得心应手，不影响输入习惯，其输入法状态条如下图所示。

### 2.2.4 极点五笔输入法

极点五笔输入法，全称为"极点中文汉字输入平台"。极点五笔是一款完全免费的，以五笔输入为主，拼音输入为辅的中文输入软件。它同时支持 86 版和 98 版两种五笔编码，全面支持 GBK。同时，极点五笔支持一笔、二笔等各种"型码"及"音型码"输入法。

与传统的五笔输入法不同，极点五笔允许用户在输入的过程中为系统词库添加新词组，默认的快捷键位为【CTRL+=】，主要功能有以下 7 点。

※ 五笔拼音同步输入：会五笔打五笔不会五笔打拼音，且不影响盲打。

※ 屏幕取词：随选随造，可以包含任意标点与字符。

※ 屏幕查询：在屏幕上选词后复制到剪切板再按快捷键【Ctrl+=】就可以查询。

※ 在线删词：有重码时可以使用快捷键【Ctrl+=】删除不需要的词组。

※ 在线调频：当要调整重码的顺序时按此键，同时也可选用自动调频。

※ 删除刚输入的词组：从系统词库中删除刚输入的词组。

※ 自动智能造词：首次以单字输入，第二次后即可以词组形式输入。

### 2.2.5 QQ五笔输入法

QQ 五笔输入法，简称 QQ 五笔。是腾讯公司继 QQ 拼音输入法之后，推出的一款功能强大的五笔输入法软件。它吸取了 QQ 拼音的优点和经验，结合五笔输入的特点，专注于易用性、稳定性和兼容性，实现各输入风格的平滑切换，同时引入分类词库、网络同步、皮肤等个性化功能。让五笔用户在输入中不但感觉更流畅、打字效率更高，界面也更漂亮、更容易享受书写的乐趣，其输入法状态条如下图所示。

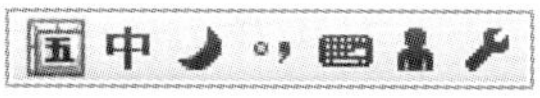

### 2.2.6 万能五笔输入法

万能五笔输入法是由深圳市世强软件公司开发出来的一款方便实用、功能强大的五笔字型输入法软件。它的最大优点是一种输入法里面集成了多种编码方案供用户使用，而且无须用户作任何转换，可以自动判断用户的编码类型。对一个字而言，会打五笔就打五笔，不会打五笔可以打拼音；如果连这个字的拼音都不知道，还可以选择五笔单笔画来输入。系统会自动判断用户输入的是哪一种编码而不用用户转换输入法，节约了大量的时间，提高了工作效率且能够保证用户能打出每一个汉字。万能五笔输入法状态条如下图所示。

# 2.3 安装与认识、卸载输入法

通常情况下，我们的系统中自带了微软输入法，但五笔输入法属于第三方输入法，所以需要手动安装，安装好后即可对其输入法状态条认识掌握。当不再使用该输入法时将其删除，以节约空间。

## 2.3.1 安装五笔输入法

除了系统自带的输入法，其他输入法都需要自己手动安装。例如，安装"极点五笔"第三方输入法，具体操作方法如下。

**第1步** ❶下载后在目标位置双击安装程序图标，操作如左下图所示。

**第2步** 弹出"极品五笔输入法安装向导"窗口。❷单击"下一步"按钮，操作如右下图所示。

**第3步** 进入"许可协议"界面。❶单击选中"我同意此协议"复选框；❷单击"下一步"按钮，操作如左下图所示。

**第4步** 进入"选择目标位置"界面，❸单击"浏览"按钮，选择"安装极品五笔"文件夹的位置；❹单击"下一步"按钮，操作如右下图所示。

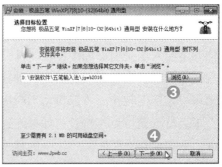

第5步 进入"选择开始菜单"文件夹，❶设置开始菜单文件夹或保持默认，单击"下一步"按钮。操作如左下图所示。

第6步 进入"选择附加任务"界面，❷单击取消勾选"2345网址导航"复选框；❸单击"下一步"按钮。操作如右下图所示。

第7步 ❶进入"准备安装"界面，单击"安装"按钮，操作如左下图所示。

第8步 ❷开始安装输入法，需稍等片刻，在安装向导界面单击取消勾选相关操作前的复选框；❸单击"完成"按钮，完成该输入法的安装，操作如右下图所示。

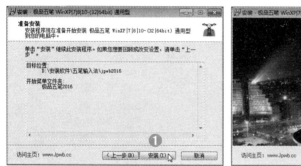 

## 2.3.2 认识五笔输入法状态条

当选择了一种中文输入法后，屏幕上都会显示出一个输入法的状态条。例如，当选择"极品五笔"输入法后，其输入法状态条如下图所示。

| | |
|---|---|
| ❶ | 中/英文切换按钮中或A：当按钮图标显示为中时，表示现在已处于汉字输入状态，只要输入汉字的五笔字型编码就可以输入汉字。如果要输入英文字母，只需要单击一下中，当该图标变为A时，就可以输入英文了 |
| ❷ | 全/半角切换按钮☽或●：当按钮图标为●时，表示现在处于全角状态；当按钮图标显示为☽时，表示现在处于半角状态。要在这两个状态之间转换，只需用鼠标单击☽或●。在全角状态下，输入的英文字母、标点与符号都占据两个字符的位置。在半角状态下，输入的英文字母、标点与符号占据一个字符的位置 |

| ③ | 中/英文标点切换按钮 ■■ 或 ■■：当按钮图标为 ■■ 时，表示此时处于中文标点状态下，单击一下该按钮，则转换为英文标点状态，按钮图标变为 ■■ |
|---|---|
| ④ | 软键盘按钮 ▦：单击一下小键盘按钮，屏幕上将会出现虚拟键盘，如下图所示。使用鼠标单击小键盘的键位，会达到与敲击键盘相同的目的。当不需要使用小键盘时，再次单击一下小键盘按钮图标即可关闭<br><br>（虚拟键盘图） |

### 2.3.3 卸载不使用的输入法

一段时间过后，不再使用某种第三方输入法时，可直接从电脑中将其卸载，具体操作方法如下。

**第1步** 打开"控制面板"窗口，❶单击"程序和功能"选项，操作如左下图所示。

**第2步** 进入"程序和功能"界面，❷单击选择需要卸载的输入法；❸单击"卸载 / 更改"按钮。操作如右下图所示。

**第3步** 打开"卸载向导"对话框，❶单击选中"卸载输入法"单选按钮；❷勾选"删除个人信息，用户词库等信息"复选框；❸单击"下一步"按钮，操作如左下图所示。

**第4步** ❹进入"卸载反馈"界面，用户可以根据自己的卸载原因进行勾选，也可以直接单击"卸载"按钮，操作如右下图所示。

第 5 步　此时，开始卸载该输入法，并显示卸载进度，操作如左下图所示。

第 6 步　稍等片刻，卸载完成。单击"完成"按钮即可。操作如右下图所示。

## 2.4　输入法的选择与切换

一般来说，系统中安装的输入法不止一种，所以要想使用某种输入法时必须先进行选择，或直接切换。然后才能用该输入法输入汉字。

### 2.4.1　查看与选择输入法

用户可以通过任务栏中"输入法指示器"图标▇查看电脑中所安装的输入法，单击任务栏右侧"输入法指示器"图标▇，即可打开输入法列表。前面有"✔"的即为当前输入法，如下图所示。

当用户需要众多输入法中的其中一项输入法时，可通过"输入法指示器"图标选择，具体操作步骤如下。

第 1 步　❶单击任务栏右侧"输入法指示器"图标▇，即可打开输入法列表。操作如左下图所示。

第 2 步　❷在打开的输入法列表中单击选择需要的输入法，操作如右下图所示。

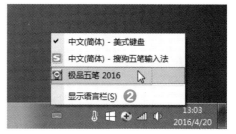

### 2.4.2　中/英文输入法的快速切换

在使用汉字输入法输入汉字时，有时会遇到中英文内容的混合输入，此时，就需要在中文输入法与英文输入法之间进行切换。方法有以下两种。

※　直接用鼠标单击任务栏右侧的"输入法指示器"图标▦，在打开的输入法列表中单击选择"中文（简体）– 美式键盘"命令即可。

※　按【Ctrl+Space】组合键，即可在中文与英文输入法之间快速切换。

**新手提示**

> 　如果输入法列表中存在多个中文输入法，那么按下【Ctrl+Space】组合键，可以在上一次使用的中文输入法与英文输入法之间相互切换；而不会切换到其他中文输入法。

**新手问答**

下面，针对初学者在学习本章内容的过程中，容易出现的疑难问题进行针对性的解答。

疑问 1：如何找出隐藏的输入法图标？

答　默认状态下，在任务栏会显示出输入法的状态条，或在任务栏右边的指示器区域中会显示出输入法图标▦。如果没有，就需要用户自己通过设置，重新将其显示到任务栏中，具体操作方法如下。

第 1 步　打开"所有控制面板项"窗口，❶单击"区域和语言"链接，操作如左下图所示。

第 2 步　打开"区域和语言"对话框，❷单击"键盘和语言"选项卡；❸单击"更改键盘"按钮，操作如右下图所示。

第3步　打开"文本服务和输入语言"对话框，❶单击"语言栏"选项卡；❷单击选中"停靠于任务栏"单选按钮，并勾选"在任务栏中显示其他语言栏图标"复选框；❸单击"确定"按钮，操作如左下图所示。

第4步　经过以上操作，即可在任务栏中查看到重新显示的"输入法指示器图标"，如右下图所示。

疑问 2：键盘上没有的特殊符号怎么输入？

答　在输入文字的过程中，如果需要插入键盘中没有的特殊符号，那么可以从输入法中选择插入，具体操作方法如下。

第1步　❶右击"极品五笔"的输入法状态条；❷在打开的快捷菜单中单击"特殊符号"选项，操作如左下图所示。

第2步　❸在打开的符号面板中单击选择所需的符号，即可插入，操作如右下图所示。

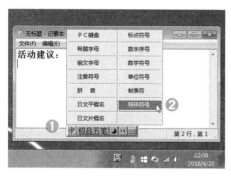

疑问 3：如何修改系统启动默认的输入法？

答　Windows 7 中默认的输入法是英文输入法，如果经常输入中文字符，则可以将系统的默认输入法更改为中文输入法。

例如，将"极品五笔"输入法设置为系统默认输入法，具体操作方法如下。

第1步　❶在任务栏右侧右击"输入法指示器"图标；❷单击"设置"命令，操作如左下图所示。

**第2步** 打开"文本服务和输入语言"对话框，❸单击"默认输入语言"下拉按钮；
❹在下拉列表中单击选择输入法，操作如右下图所示。

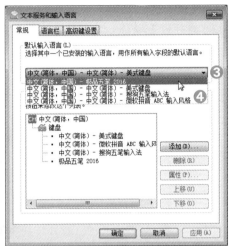

**第3步** 经过上步操作，即可将该输入法设置为系统默认输入法，单击"确定"
按钮即可，操作如左下图所示。

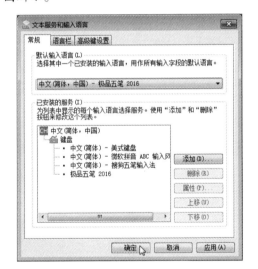

**新手提示**

　　如果经常使用某个输入法，可为该输入法设置切换快捷键。打开"文本服
务和输入语言"对话框，单击"高级键设置"选项卡，在列表框中选择要设置
快捷键的输入法，单击"更改按键顺序"按钮，打开"更改按键顺序"对话框，
单击勾选 "启用按键顺序"复选框，设置输入法快捷键为"Ctrl+ 数字"，
单击"确定"按钮即可。

**同步训练：添加与删除系统内置输入法**

为了方便文字输入，Windows 7 系统中自带了多种输入法，但并没有全部显示在输入法列表中，用户可根据自己的需要，对系统自带的输入法进行添加与删除。

1. 添加内置输入法

例如，将系统自带的"中文（简体）- 微软拼音 ABC 输入风格"添加到输入法列表中，具体操作方法如下。

第 1 步　❶右击任务栏中的"输入法指示器"图标▣；❷在打开的快捷菜单中单击"设置"命令，操作如左下图所示。

第 2 步　打开"文字服务和输入语言"对话框，❸在默认的"常规"选项卡中单击"添加"按钮，操作如右下图所示。

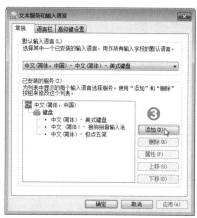

第 3 步　弹出"添加输入语言"对话框，❶在语言列表框中向下拖动滑块；❷单击勾选需添加输入法前的复选框；❸单击"确定"按钮，操作如左下图所示。

第 4 步　返回"文字服务和输入语言"对话框，❹在"键盘"列表框中可查看到新添加的输入法，单击"确定"按钮，完成设置，操作如右下图所示。

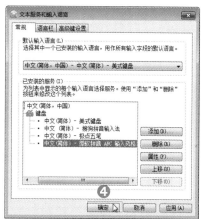

### 2. 删除内置输入法

用户习惯使用某个输入法后，就会觉得其他输入法是多余的，此时可以将其删除，例如，将自带的"简体中文双拼"输入法删除，具体操作方法如下。

**第1步** 打开"文本服务和输入语言"对话框，❶单击选中"简体中文双拼"输入法；❷单击右侧"删除"按钮，操作如左下图所示。

**第2步** 此时，成功将"简体中文双拼"输入法从列表中删除，❸单击"确定"按钮，确定删除，操作如右下图所示。

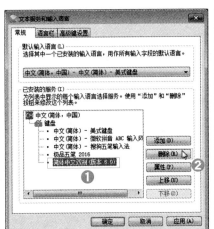
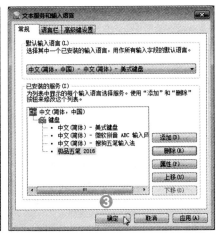

> **新手提示**
>
> 这里删除系统自带输入法,是指将系统自带的输入法从输入法列表中删除,该输入法实质上还存在系统中,当再次需要使用时,在"文本服务和输入语言"对话框中单击"添加"按钮,再次添加即可。

# 第 3 章
## 五笔打字快速入门
## ——五笔字型的字根与汉字结构

我们要学习五笔字型输入法，首先需要对五笔字型的字根、汉字的笔画及字型等知识有所了解。本章将详细介绍五笔字型与字根的相关内容。

## 学习要点

※ 认识五笔字型

※ 掌握汉字的基本笔画

※ 掌握汉字的字型结构

※ 掌握笔画、字根、汉字间的关系

## 3.1 熟悉五笔字型与字根

使用五笔字型输入法之前，我们需要先认识五笔字型，了解汉字的五种基本笔画，及汉字的字型结构等相关知识。

### 3.1.1 认识五笔字型

计算机内部编码程序采用的全部是英文字母，因此中文计算机用户必须借助汉字输入法才能输入汉字。王永民教授经过潜心研究，于 1986 年发明了五笔字型输入法，与其他汉字输入法相比，五笔字型输入法具有许多其他输入法不具备的优点，主要有以下几方面。

※ 速度快，效率高：学会五笔字型输入法要达到每分钟输入 80 汉字以上的速度易如反掌，曾经还有人创下了每分钟输入 200 多个汉字的纪录。

※ 重码率低：不需要像有的输入法那样用数字去选择想要输入的字，大部分汉字可以一次上屏。

※ 学习快，不易忘记：五笔字型编码规则有序，易学易记，一次学会，一生铭刻。

五笔字型自问世以来，先后推出王码五笔字型 86 版、98 版、WB18040 等几个版本。其中，以王码五笔字型 86 版使用人数最多。

### 3.1.2 汉字的基本笔画

大家都知道，所有的汉字都是由一笔一笔的笔画组合而成的。但是笔画的种类变化繁多，而且划分笔画没有统一的标准，有把笔画划分成几种的，也有把笔画划分成几十种的。

为了方便学习并富有规律，五笔字型输入法的发明者经过研究创新，认为把组成汉字的所有笔画划分成 5 种是最科学而且便于学习的划分方法。在五笔字型输入法中对笔画的定义是：在书写汉字时，不间断地一次写成的一条线段叫作汉字的笔画。

根据笔画的特点，可以将笔画划分成 5 种，即：横（一）、竖（丨）、撇（丿）、捺（丶）、折（乙）。在这 5 种笔画中，前 4 种是单方向的笔画，第 5 种代表所有带转折拐弯的笔画。根据使用频率的高低，依次用 1、2、3、4、5 数字代码来表示。五种笔画及其定义见下表所示。

| 数字代码 | 笔画名称 | 笔画走向 | 笔画及变形 |
| --- | --- | --- | --- |
| 1 | 横 | 左→右 | 一 ╱ |
| 2 | 竖 | 上→下 | 丨 亅 |
| 3 | 撇 | 右上→左下 | 丿 |
| 4 | 捺 | 左上→右下 | 丶 、 |
| 5 | 折 | 带转折 | 乙 乛 𠃌 𠃋 丁 |

**新手提示**

因为五笔字型输入法是使用编码来输入汉字的，因此必须将汉字的不同笔画进行数字代码编号。

为了进一步了解 5 种笔画的含义，这里分别对 5 种笔画进行详细说明。

横（一）：凡是运笔方向从左到右或从左下到右上的笔画都归结为横笔画。横笔画中特殊笔画为上提。

竖（丨）：运笔方向从上到下的笔画都归结于竖笔画。注意，竖左钩归结于竖。

撇（丿）：运笔方向从右上到左下的笔画都归结于撇笔画，不管这个笔画的长短及斜角大小。

捺（丶）：运笔方向从左上到右下的笔画都归结于捺笔画，不管这个笔画的长短及斜角大小。注意我们把点笔画也归结于捺笔画。

折（乙）：所有带转折的笔画（除了左竖勾）均为折笔画。折笔画是 5 种笔画中较难掌握的一种笔画，因为它的笔画变形太多，因此没有必要掌握每一种折笔画，只要知道它的规律就可以了。

## 3.2　汉字的字型结构

五笔字型输入法认为汉字是由一个一个单独的部分构成的，称这些单独的部分为"字根"。不同的字根按照不同的顺序组合就构成了形状各异的不同汉字，这也就形成了汉字各种各样的字型。

虽然汉字的字型很多，但汉字的字型还是有规律可循的。五笔字型输入法的发明者根据组成汉字字根的位置关系，把汉字所有的字型统一划分成 3 种：左右型、上下型和杂合型。

3 种字型的划分是基于对汉字整体轮廓的认识，整个汉字中有无明显界限，彼此是否有一定的距离。

按照每种字型的汉字多少，人们对汉字的字型编上数字编码，将左右型命名为 1 型，字型代号 1；将上下型命名为 2 型，字型代号 2；将杂合型命名为 3 型，字型代号 3，如下表所示。

| 字型代号 | 字型 | 图示 | 字例 | 特 征 |
|---|---|---|---|---|
| 1 | 左右型 | ▮▮ | 对、代、村 | 字根间有间距，总体呈左右排列 |
| | | ▮▮▮ | 辩、树、储 | |
| | | ▮▬ | 结、投、播 | |
| | | ▬▮ | 部、彩、却 | |
| 2 | 上下型 | ▬▬ | 吉、吕、苗 | 字根间有间距，总体呈上下排列 |
| | | ▬▬ | 勇、意、慧 | |
| | | ▮▮ | 花、菽、药 | |
| | | ▮▮ | 型、碧、盟 | |
| 3 | 杂合型 | ▣ | 困、回、国 | 字根间有间距，不分上下左右 |
| | | ▣ | 凶、出、函 | |
| | | ▣ | 司、句、可 | |
| | | ▣ | 同、本、问 | |
| | | ▮ | 乖、在、本 | |

上表中的杂合型又称独体字，前两种又统称合体字。合体字又分为双合字和三合字，两部分合并一起的汉字为双合字，三部分合并一起的即为三合字。

## 3.2.1 左右型汉字

如果一个汉字能分成有一定距离的左右两部分或左、中、右三部分，则这个汉字就称为左右型汉字。

（1）双合字：两个部分分列左右，中间有一定的距离，例如：

| 理 | 村 | 坡 | 独 | 改 | 汉 | 则 | 明 |
|---|---|---|---|---|---|---|---|

（2）三合字：整字的三个部分从左至右并列，或者单独占据一边的部分与另外两个部分呈左右排列。

三部分从左到右并列，例如：

| 做 | 湘 | 游 | 涨 | 树 | 彻 | 粥 | 渐 |
|---|---|---|---|---|---|---|---|

整体部分分为左右两大块，右侧部分分为上下两部分，例如：

| 临 | 错 | 结 | 浮 | 清 | 设 | 指 | 暗 |
|---|---|---|---|---|---|---|---|

整体部分分为左右两大块，左侧部分分为上下两部分。

| 别 | 新 | 乳 | 刮 | 数 | 削 | 乱 | 部 |
|---|---|---|---|---|---|---|---|

### 3.2.2 上下型汉字

如果一个汉字能分成有一定距离的上下两部分或上、中、下三部分，则这个汉字就称为上下型汉字。上下型汉字同样包括双合字和三合字。

（1）双合字：两个部分分列上下，其间有一定的距离，例如：

| 吉 | 军 | 节 | 李 | 尘 | 全 | 当 |
|---|---|---|---|---|---|---|

（2）三合字：整字的三个部分上中下排列，或者单独占据一层的部分与另外两个部分呈上下排列。

分为上中下三层，例如：

| 章 | 意 | 算 | 黄 | 苔 | 菜 | 豆 |
|---|---|---|---|---|---|---|

分为上下两层，上层又分为左右两部分，例如：

| 型 | 想 | 然 | 耸 | 丛 | 坚 | 盟 |
|---|---|---|---|---|---|---|

分为上下两层，下层又分为左右两部分，例如：

| 荫 | 蔼 | 箱 | 花 | 茫 | 晶 | 筑 |
|---|---|---|---|---|---|---|

### 3.2.3 杂合型汉字

如果组成一个汉字的各部分之间没有明确的左右型或上下型关系，则这个汉字称为杂合型汉字。组成整字的各部分之间不能明显地分隔为上下两部分和左右两部分的汉字都属杂合型。这一类字主要有内外型汉字和单体汉字两种，也包括非上下型、非左右型汉字。

（1）内外型：组成汉字的各字根的关系是包围或半包围的关系。例如：

| 闪 | 回 | 这 | 幽 | 飞 | 团 | 达 |
|---|---|---|---|---|---|---|

（2）单体汉字，本身独立成字的汉字，即不能将这个汉字拆分独立的两个部分。

例如：

| 土 | 石 | 王 | 木 | 工 | 干 | 斤 |
|---|---|---|---|---|---|---|

**❓ 新手问答**

下面，针对初学者在学习本章内容的过程中容易出现的疑难问题进行针对性的解答。

疑问 1：五笔字型输入法是怎样输入汉字的？

答 在了解五笔输入及五笔字型与字根后，那么怎样利用五笔字型输入汉字的呢？

听 可以看出，"听"是由"口"和"斤"组成的。到字根表中找到"口"和"斤"所在的键位【K】和【R】，直接输入"KR+ 空格"，即可输入此字。

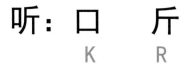

测 可以看出，"测"字是由"氵""贝""刂"组成的，到字根表中找到"氵""贝""刂"所在的键【I】【M】【J】，直接输入"IMJ+空格键"，即可输入此字。

由上述两例可知，利用五笔字型输入汉字时，只要能在字根表中找到汉字组成部分所在键即可输入。因此，用五笔字型输入汉字首先需要熟悉组成汉字的字根对应的键位。

疑问 2：如何归类独体字的结构？

答 凡是由一个单笔画与一个字根相连，或单独由一个字根所构成的汉字，均视为杂合型，如万、尤、丈、自、久、太等汉字。

字根之间相交的汉字均为杂合型，如：果、未、末、里、东、出、本等汉字。

例如：汉字"旦"，虽然是由字根"日"与字根"一"组成，但字根之间并没有相连或相交，因此该字属于上下型结构。

疑问 3：笔画、字根、汉字之间存在怎样的关系？

答 汉字可以划分为 3 个层次：笔画、字根、单字。

五笔字型编码方案设计者王永民认为，汉字是一种意形结合的象形文字，形体复杂，笔画繁多，它最基本的成分是笔画，由基本笔画构成汉字的偏旁部首，再由基本笔画及偏旁部首就可组成全部的有形有意的汉字。

一个完整的汉字，既不是一系列不同笔画的线性排列，也不是一组组各种笔画的任意堆积。由若干笔画复合连接交叉所形成的相对不变的结构、绝大多数是由古汉字中的基本图形衍变而来，我们把它们叫作"字根"。一般来说，字根是有形有意，在多数情形下还有称谓的构字基本单位，这些基本单位，经过拼形组合，新产生出为数众多的汉字。

汉字都是由横、竖、撇、捺、折5种笔画组合而成的，但是我们在书写汉字的时候，例如，"李"字，并不是说"李"这个汉字是由"一横一竖，一撇一捺，一折一竖钩加一横"组成，而是说"李"字是由"木"与"子"构成。这里所说的"木"和"子"就是字根，它是构成汉字最重要、最基本的单位，将字根按一定的位置组合起来就组成了汉字。虽然字根也是由笔画结合而成，但构成汉字的基本单位是字根而不是笔画。

汉字拼形编码既不考虑读音，也不把汉字全部肢解为单一笔画，而是遵从人们的习惯书写顺序，以字根为基本单位来组字编码、拼形输入汉字。

例如，"伽"由"亻""力""口"3个基本字根组成，而"亻"由"丿""丨"两个基本笔画组成；"力"由"乙"和"丿"两个基本笔画组成；"口"由"丨""乙""一"3个基本笔画组成，如下图所示。

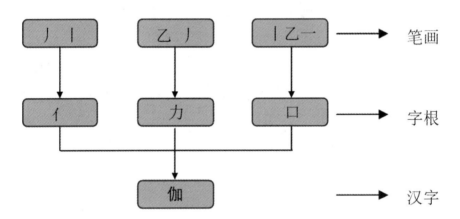

由上图可以看出，五笔字型中笔画、字根、汉字的关系是笔画构成字根，字根构成汉字，字根是组字的基本单位。

### 同步训练：在"金山打字通"中过关测试五笔基础知识

通过前面内容的学习后，为了加深对五笔字型、字根及字型结构的理解，可以在"金山打字通"中进行复习过关测试。具体操作如下。

**第1步** 启动"金山打字通"程序，❶在首页左侧单击"五笔打字"选项，操作如左下图所示。

**第2步** 弹出提示框，选择练习模式。❷单击选择练习模式为"关卡模式"；❸单击"确定"按钮。操作如右下图所示。

第3步　在"五笔打字"界面中单击"五笔输入法"图标，操作如左下图所示。

第4步　进入"五笔组成原理"页面，复习相关知识后，单击右下角"进入测试"按钮，操作如右下图所示。

第5步　进入"过关测试"界面，❶输入切换输入法的快捷键选项字母；❷单击"下一题"按钮，操作如左下图所示。

第6步　❸输入汉字可以拆分成几个字根的选项字母；❹单击"交卷"按钮。操作如右下图所示。

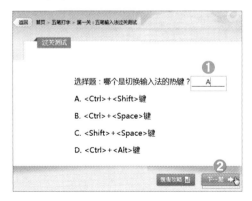
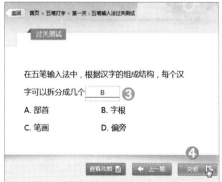

第7步　交卷后，金山打字通程序会自动根据作答情况，视当前五笔输入法知识是否过关。❶通过这关后，单击"下一关"按钮，操作如左下图所示。

第8步　❷进入到巩固汉字的3个层次知识页面，单击"下一页"按钮，操作如右下图所示。

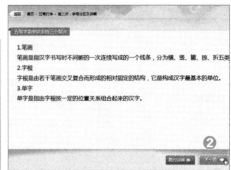

**第 9 步** 进行"汉字的笔画"界面，巩固该知识后单击"下一页"按钮，操作如左下图所示。

**第 10 步** 进行"汉字的字型"界面，巩固该知识。如右下图所示。

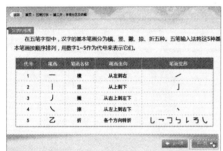

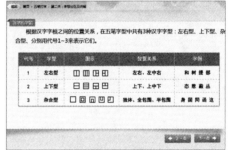

# 第 4 章
## 字根记忆有诀窍
### ——五笔字根的分布规律与特点

在五笔字型输入法中，字根是构成汉字的基本单位，因此要学习五笔字型输入法，必须掌握五笔字根表。字根的学习不需要死记硬背，通过了解它的分布规律及分类，再运用助记词可以轻松地记住。

**学习要点**

※ 认识五笔字根
※ 掌握字根在键盘的分布规律
※ 掌握字根的分类
※ 掌握记忆字根的方法

## 4.1　认识五笔字根

在五笔字型中，共有 130 个基本字根，加上其他变形的字根共有 200 多个。

### 4.1.1　字根分布键位图

这些字根以形、音、意归类，同时兼顾计算机标准键盘上 25 个英文字母（不包括【Z】键）的排列方式，将其合理地分布在字母键上，这就构成了五笔字型的字根表。五笔字型字根表如下图所示。

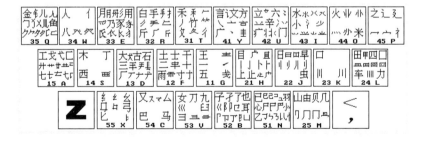

### 4.1.2　字根分布规律

从字根表中可以看出，字根的排列是有一定规则的，掌握其中的分布规则，只需熟悉主要的基本字根即可掌握其他的大量字根。字根的分布规律主要有以下 5 点。

（1）以起笔为准分配到相应的区中。

例如："大"起笔为"一"，因此在横区。

（2）以第二笔为准分配到相应的位中。

例如："大"第二笔为"丿"，因此在第三位上。

（3）相似的字根都在同一个键位上。

例如："乙"相似的"己已巳"都在同一个键位上，只需记忆一个即可。

（4）根据区位号排列字根。

例如：

横区第一个到第三个键分别有"一""二""三"的字根；

竖区从第一个到第三个键分别有"丨""刂""川"的字根；

撇区从第一个到第三个键分别有"丿""彡""彡"的字根；

捺区从第一个到第四个键分别有"丶""冫""氵""灬"的字根；

折区从第一个到第三个键分别有"乙""巜""巛"的字根。

（5）每个字根所在的键都有对应的汉字偏旁部首。

例如"言"对应"讠"旁。

## 4.2　字根的分类

字根虽然是组成汉字的基本单位，但是每个字根都有其不同的固有属性，根据各自的属性，可以将字根划分为4类：键名字根、成字字根、笔画字根和普通字根。

### 4.2.1　键名字根

观察五笔字型键盘的字根表时，可以发现每一个键上的第一个字根都是一个完整的汉字（【X】键上的"彡"除外），这就是键名汉字字根，键名汉字字根如下图所示。

### 4.2.2　成字字根

成字字根既是字根，同时又是一个完整的汉字。如"一""五""也""西"等字根均为成字字根。成字字根与键名字根的区别就在于成字字根没有排列在字根键位的第一位置上，而是排列在了其次位置上。如下面所示的键位中，方框内的字根都是成字字根。

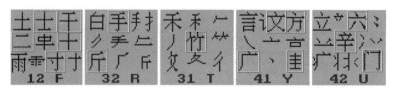

**新手提示**

　　键名字根与成字字根虽然属性相同，既是汉字，又是字根，但其意义完全不一样，输入方法也不一样，键名字根的主要作用是来标识键位，它就是所在键位的代表字根，所有的键名字根都是经常使用到的常用汉字，而成字字根使用频率不及键名字根。因此两者的差别很大，故而要划分为两类。

### 4.2.3　笔画字根

　　笔画字根即"横（一）、竖（丨）、撇（丿）、捺（丶）、折（乙）"5 个字根，它们分别排在每一区的第一个键位上，如下面所示的键位中，方框内的字根都是笔画字根。

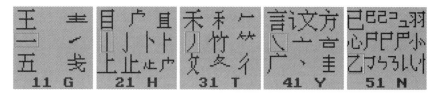

### 4.2.4　普通字根

　　除了前面 3 类字根，其余的为普通字根。如下图所示的键位中，方框内的字根都是普通字根。

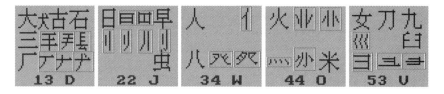

## 4.3　快速记忆键盘上的字根

　　掌握了字根的基本概念后，下面开始分区分键位对字根进行记忆，在记忆时不仅要掌握字根的基本形状，而且要记住字根在键盘上的位置。

### 4.3.1　口诀理解记忆字根

　　王永民教授把五笔字型中的字根编写成类似口诀的助记词，读起来轻松上口。平日里反复背诵，定会在不知不觉中深悟字根的含义。下面给出了 86 版五笔字型的字根助记词。由于许多字根不是汉字，没有读音，所以我们借用外形近似的汉字的读音来表示，它们被放在被替代字根后的括号内。

**横区**

G—11：王旁青头戈（兼）五一（"兼"与"戈"同音）

F—12：土士二干十寸雨，一二还有革字底

D—13：大犬三羊古石厂，羊有直斜套去大（"羊"指羊字底"⺶"）

S—14：木丁西

A—15：工戈草头右框七（"右框"即"匚"）

**竖区**

H—21：目具上止卜虎皮

J—22：日早两竖与虫依

K—23：口与川，字根稀

L—24：田甲方框四车力（"方框"即"囗"）

M—25：山由贝，下框几

**撇区**

T—31：禾竹一撇双人立,（"双人立"即"彳"）反文条头共三一（"条头"即"夂"）

R—32：白手看头三二斤

E—33：月彡(衫)乃用家衣底，爱头豹头和豹脚，舟下象身三三里

W—34：人和八登祭取字头

Q—35：金勹缺点无尾鱼，（指"勹"）犬旁留又多点少点三个夕,氏无七（妻）

**捺区**

Y—41：言文方广在四一，高头一捺谁人去

U—42：立辛两点六门病(疒)

I—43：水旁兴头小倒立（指"氵"）

O—44：火业头，四点米

P—45：之字军盖建道底（即"之、宀、冖、廴、辶"），摘礻(示)衤(衣)

**折区**

N—51：已半巳满不出己，左框折尸心和羽

B—52：子耳了也框向上,两折也在五二里（"框向上"即"凵"）

V—53：女刀九臼山朝西（"山朝西"即"彐"）

C—54：又巴马，经有上，勇字头，丢矢矣（"矣"去"矢"为"厶"）

X—55：慈母无心弓和匕，幼无力（"幼"去"力"为"幺"）

---

> **新手提示**
>
> 　　可不要小看了这些顺口溜助记词，其实每句中都包含有字根信息，通过背诵这些顺口溜我们就能达到间接掌握字根的目的,比单纯背诵字根效率高多了。

## 4.3.2　字根的分布特点

　　五笔字型字根的键盘分布，看似杂乱无章，其实却是有规律可循，掌握这些规律将会更容易记住字根。在字根表中，所有的 130 个基本字根的排列并不是随意的，主要遵循以下一些规律。

　　（1）大部分字根的首笔代号与它所在的区号相同。有许多字根都遵循这个规律，我们可以利用这种规律进行记忆。

举例如下。

| 字根 | 首笔（区号） | 字根 | 首笔（区号） |
|---|---|---|---|
| 王 | 横（1区） | 人 | 撇（3区） |
| 西 | 横（1区） | 言 | 捺（4区） |
| 且 | 竖（2区） | 讠 | 捺（4区） |
| 刂 | 竖（2区） | 卩 | 折（5区） |
| 严 | 撇（3区） | 弓 | 折（5区） |

（2）大部分字根的首笔区号加上次笔位号，与该字根所在的键位号一致。

举例如下。

| 字根 | 首笔（区号） | 次笔（位号） | 键位 |
|---|---|---|---|
| 王 | 横（1区） | 横（1号键） | 11（G） |
| 犬 | 横（1区） | 撇（3号键） | 13（D） |
| 止 | 竖（2区） | 横（1号键） | 21（H） |
| 角 | 撇（3区） | 折（5号键） | 35（Q） |
| 门 | 捺（4区） | 竖（2号键） | 42（U） |
| 口 | 折（5区） | 折（5号键） | 55（X） |

（3）部分字根的笔画个数与它所在键的位号一致，即字根的位号与各键位上字根的笔画数保持一致。

举例如下。

| 字根 | 首笔（区号） | 笔画数（位号） | 键位 |
|---|---|---|---|
| 一 | 横（1区） | 1（1号键） | 11（G） |
| 二 | 横（1区） | 2（2号键） | 12（F） |
| 三 | 横（1区） | 3（3号键） | 13（D） |
| 木 | 横（1区） | 4（4号键） | 14（S） |
| 丨 | 竖（2区） | 1（1号键） | 21（H） |
| 刂 | 竖（2区） | 2（2号键） | 22（J） |
| 川 | 竖（2区） | 3（3号键） | 23（K） |
| 川 | 竖（2区） | 4（4号键） | 24（L） |
| 丿 | 撇（3区） | 1（1号键） | 31（T） |
| 彡 | 撇（3区） | 2（2号键） | 32（R） |
| 彡 | 撇（3区） | 3（3号键） | 33（E） |
| 丶 | 捺（4区） | 1（1号键） | 41（Y） |
| 冫 | 捺（4区） | 2（2号键） | 42（U） |
| 氵 | 捺（4区） | 3（4号键） | 43（I） |
| 灬 | 捺（4区） | 4（4号键） | 44（O） |
| 乙 | 折（5区） | 1（1号键） | 51（N） |
| 巜 | 折（5区） | 2（2号键） | 52（B） |
| 巛 | 折（5区） | 3（3号键） | 53（V） |

（4）外形相似，来源相同的字根在同一个键位上。

举例如下。

| 字根 | 相似字根 | 键位 |
|---|---|---|
| 戈 | 弋 | 11（G） |
| 厂 | ㄱ 厂 丆 | 13（D） |
| 刂 | 刂 刂 | 22（J） |

续表

| 字根 | 相似字根 | 键位 |
|---|---|---|
| 四 | ⺲ 罒 皿 | 24（L） |
| 己 | 己巳 | 51（N） |
| 阝 | 阝巴 | 52（B） |

（5）其他注意事项。

在字根表上的每一个笔画字根键位上，并没有写完所有变形笔画的字根，例如：【N】键上只有"乙"字根，而没有"フ乚乛"等字根。但是，在应用"フ乚乛"这些字根时，都一律敲【N】键。

在字根表中，【D】键上有一个字根"ⅲ"和【R】键上的"ⅲ"字根很相似，便是有本质区别的。很多初学者对这两个字根都没有明确和清楚的认识。【D】键上的"ⅲ"字根是三横加上一撇，而【R】键上的"ⅲ"字根是一撇加两横，再加一撇。例如，"差"字是由"丷、ⅲ、工"三个字根构成的，完整编码为UDAF；"看"字是由"ⅲ、目"两个字根构成的，完整编码为"RHF+空格"。

大部分字根是按照前面介绍的规律进行分配，但有些字根的规律是不符合以上规律的，就需要多练习增强记忆。

### 4.3.3 通过字根助记词速记字根

王码五笔给每一个键位上的字根都编上了一句顺口溜，读者在学习字根时，先将顺口溜背熟，然后将顺口溜中的字根一步一步地解析出来，这样就通过间接学习顺口溜达到了记住每个字根的目的。

现在我们分区来学习字根。

1. 第一区字根

时　雪　鞋　才

|  | 助记词："大犬三羊古石厂，羊有直斜套去大（'羊'指羊字底'羊'）" |
| --- | --- |
| | 讲解：记字根时联想记忆"羊"为"羊"（羊字底）；记住"厂"，就可联想记住"ナ"、"ア"、"犬"。记住"三"时就可联想记住"手"、"长"。 |

字根组字：

达　突　艳　羊　差
拓　苦　历　左　肆

|  | 助记词："木丁西" |
| --- | --- |
| | 讲解：此键位上所有字根都没有规律，只有三个字根，不要规律也容易记住。 |

字根组字：

宋　攀　订　醒　栗

|  | 助记词："工戈草头右框七（'右框'即'匚'）" |
| --- | --- |
| | 讲解："草头"为偏旁部首"艹"，并记忆"艹"相似的字根"廿"、"廿"、"卅"；"右框"指向右开口的方框"匚"。 |

字根组字：

攻　或　代　节　错
世　并　区　切

2. 第二区字根

|  | 助记词："目具上止卜虎皮" |
| --- | --- |
| | 讲解："具上"指具字的上部"且"；"虎皮"分别指字根"广"、"广"。 |

字根组字：

泪　具　巾　叔　贞
此　走　扑　皮　虎

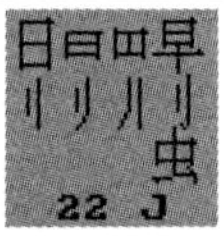

| | |
|---|---|
| 日曰四早<br>刂刂川<br>虫<br>**22 J** | 助记词："日早两竖与虫依" |
| | 讲解：联想记忆"日"的变形字根"曰""四"等；"两竖"即字根"刂"，同时记住"刂"和"刂"；"与虫依"指字根"虫"。 |

字根组字：

时　晨　临　草　竖
师　利　介　蛇

| | |
|---|---|
| 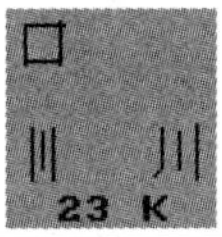 口<br>川　川<br>**23 K** | 助记词："口与川，字根稀" |
| | 讲解：字根稀就是字根少；记忆字根"川"时要注意其变形字根"川"。 |

字根组字：

叶　问　带　圳

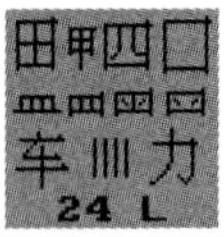

| | |
|---|---|
| 田甲四口<br>皿皿皿<br>车川力<br>**24 L** | 助记词："田甲方框四车力（'方框'即'口'）" |
| | 讲解："田""甲""四""车""力"都是基本字根，其中"方框"指字根"口"，注意与【K】键上的"口"字根的区别。 |

字根组字：

胃　押　困　驷　罪
黑　曾　军　轻　益
历　劲　舞

| | |
|---|---|
| <br>**25 M** | 助记词："山由贝，下框骨头几" |
| | 讲解："骨"指字根"冎"，"下框"指字根"冂"。 |

字根组字：

### 3. 第三区字根

| | |
|---|---|
| <br>**31 T** | 助记词："禾竹一撇双人立（'双人立'即'彳'），反文条头共三一（'条头'即'夂'）" |
| | 讲解："竹"即"⺮"；"一撇"即"丿"；"双人立"即"彳""反文"指"攵"；"条头"即"夂"；"共三一"指编码为31。 |

字根组字：

| | |
|---|---|
| <br>**32 R** | 助记词："白手看头三二斤" |
| | 讲解："看头"指"看"字的上部分"𠂊"注意与【D】键中"𠂊"字根的区别；"三二"指这些字根位于代码32的键上；记忆字根"斤"及其变体字根"厂"和"斤"。 |

字根组字：

| | |
|---|---|
| <br>**33 E** | 助记词："月彡（衫）乃用家衣底，爱头豹头和豹脚，舟下象腿三三里" |
| | 讲解："彡"读衫；"家衣底"指字根"豕、衣"，特别记忆在助记词中没有反映出来的字根"乛、爫、丹"。 |

字根组字：

阴　且　船　须　乳
孕　拥　貌　家　象
衣　畏　派

|  | 助记词："人和八登祭取字头" |
| --- | --- |
| 34 W | 讲解："人和八"指字根"人""八"；"登祭取字头"指字根"癶"和"癶"。 |

字根组字：

伞　公　伟　登　察
空　夷

|  | 助记词："金勺缺点无尾鱼（指'勹'），犬旁留叉多点少点三个夕，氏无七（妻）" |
| --- | --- |
| 35 Q | 讲解："勺缺点"指"勹"；"无尾鱼"指"鱼"；"犬"旁指字根"犭"；"留叉"指字根"义"；"氏"去掉"七"为"𠂊"；另外记忆字根"夕"时注意字根"夕"；记忆字根"儿"时注意字根"儿"。 |

字根组字：

鉴　针　勾　希　狠
抚　克　鲜　然　外
流　仰　兜

### 4. 第四区字根

|  | 助记词："言文方广在四一，高头一捺谁人去" |
| --- | --- |
| 41 Y | 讲解：高头指"亠"和"古"两部分；"一捺"即"㇏"；"谁"去"亻"为"讠""圭"字根；另外"、"字根也属捺部分 |

字根组字：

| | 助记词："立辛两点六门病（疒）" |
| --- | --- |
| 42 U | 讲解："两点"指字根"冫"和"丷"，还包括其变形字根"刂"和"⺍"；字根"立"可看作是"六"的相似字根进行记忆。 |

字根组字：

| | 助记词："水旁兴头小倒立（指'氵'）" |
| --- | --- |
| 43 I | 讲解："水旁"指"氵"；"兴头"指"⺍""⺌"；"小倒立"指"⺌"；另外注意字根"米""⺀""⺀""⺌"的记忆。 |

字根组字：

| | 助记词："火业头，四点米"（"业头"即"⺌"） |
| --- | --- |
| 44 O | 讲解："火""米"这两字就是字根；"业头"指业字的上部"⺌"，同时记住其相似字根"⺌"；"四点"指字根"灬"。 |

字根组字：

|  | 助记词："之字军盖建道底（即'之、宀、冖、又、辶'），摘礻（示）衤（衣）" |
| --- | --- |
| | 讲解："字军盖"指字根"宀""冖"；"之"是字根，"建道底"指字根"又""辶"；"摘礻（示）衤（衣）"指去掉"礻、衤"的修饰部分取其相同"衤"。 |

字根组字：

### 5. 第五区字根

|  | 助记词："已半巳满不出己，左框折尸心和羽" |
| --- | --- |
| | 解："已半"指字根"已"；"巳满"指字根"巳"；"不出己"指字根"己"；"左框"即"匚"；"折"指基本字根"乙"；"尸"是字根的同时记住"尸"，"心和羽"指字根"心""羽"；记忆"心"字根的同时记住"忄""小"字根。 |

字根组字：

 凯 抱  异

忆 与 专 刷 岷

声 志 翻 怀 添

|  | 助记词："子耳了也框向上，两折也在五二里（'框向上'即'凵'）" |
| --- | --- |
| | 讲解："子""耳""了""也"都是字根；"框向上"指字根"凵"；记忆"耳"时同时记忆"阝""卩"；记忆"子"时区别记忆"孑"；另外还有"巳""巛"两个字根。 |

字根组字：

 好 队  宛

| 字根 | 助记词与讲解 |
|---|---|
| 女刀九臼<br>ヨ彐<br>**53 U** | 助记词："女刀九臼山朝西（'山朝西'即'ヨ'）" |
| | 讲解："山朝西"指字根"ヨ"；其余都是基本字根。 |

字根组字：

案 搜 热 扫 隶
招 巡 录

| 字根 | 助记词与讲解 |
|---|---|
| 又スムム<br>巴 马<br>**54 C** | 助记词："又巴马，经有上，勇字头，丢矢矣（'矣'去'矢'为'ム'）" |
| | 讲解："丢矢矣"指"矣"字的下半部"矢"不见了即字根"ム"。 |

字根组字：

圣 艰 茎 予 参
芭 闯

| 字根 | 助记词与讲解 |
|---|---|
| 幺幺纟<br>弓幺彐<br>匕 乡<br>**55 X** | 助记词："慈母无心弓和匕，幼无力（'幼'去'力'为'幺'）" |
| | 讲解："慈母无心"指字根"口"；"幼"去掉"力"为字根"幺"；"弓"和"匕"均是基本字根，记忆"匕"时注意相似字根"⺊"。 |

字根组字：

红 幽 丝 莓 缘
此 引 顷

## ? 新手问答

下面，针对初学者在学习本章内容的过程中容易出现的疑难问题进行针对性的解答。

疑问1：字根的位与区有着怎样的关系？

答 在五笔字型中，按照字根的起笔笔画将字根表分为5个区，每个区5个键，一共有25个字根键位（【Z】键不包括在内）。并规定横起笔的为1区，竖起笔的为2区，撇起笔的为3区，捺起笔的为4区，折起笔的为5区。1区包含【G】【F】【D】【S】【A】5个键；2区包含【H】【J】【K】【L】【M】5个键；3区包含【T】【R】【E】【W】【Q】5个键；4区包含【Y】【U】【I】【O】【P】5个键；5区包含【N】【B】【V】【C】【X】5个键。

例如：

字根"三"的第一笔画是横就归为横区，即第1区；

字根"止"的第一笔画是竖就归为竖区，即第2区；

字根"禾"的第一笔画是撇就归为撇区，即第3区；

字根"广"的第一笔画是捺就归为捺区，即第4区；

字根"女"的第一笔画是折就归为折区，即第5区。

每个字母键占一个键位，简称为"位"。每个区的五个位从键盘中间开始，向左或右扩展编号，叫区位号。

例如：

【D】键为1（横）区第3位，它的区位号就是13；

【M】键为2（竖）区第5位，它的区位号就是25；

【W】键为3（撇）区第4位，它的区位号就是34；

【P】键为4（捺）区第5位，它的区位号就是45；

【X】键为5（折）区第5位，它的区位号就是55。

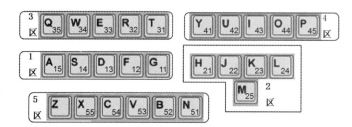

疑问2：【D】键上的字根"手"与【R】键上的字根"手"看似相同，如何区别？

**答** 【D】键上的字根"手"第一笔笔画是"横（一）"，该字根组字如"差""着"等字，其中间就是【D】键上的字根"手"；

而【R】键上的字根"手"第一笔笔画是"撇（丿）"，该字根组字如"看""拜"等字，其上部分和左边部分就是【R】键上的字根"手"。

**疑问 3：键位上有些相似字根如何快速记忆？**

**答** 在五笔字型输入法的字根中，有很多字根结构、形状都大致相同，我们可以把这类字根放在一起对比记忆效果会很好。

下表中列出了大部分的相似字根。请读者仔细观察它们的异同，辨清每个字根的形状。请注意，下表列出的所有形状相似的字根都分布在同一个键位上。

| 相似字根 | 键位 | 相似字根 | 键位 | 相似字根 | 键位 |
|---|---|---|---|---|---|
| 戈弋 | A | 皿 罒 血 四 | L | 水 氺 小 ⺌ 业 业 | I |
| 土士 | F | 夂 攵 | T | ⺌ 业 | O |
| 一厂ナ犭 | D | 忄 忄 | E | 之辶廴 | P |
| 上止龰 | H | 彐 豕 豕 | E | 尸 ⼫ | N |
| 丨丨卜 | H | 月 且 | E | 已己巳 | N |
| 广 户 | H | 人 亻 | W | 阝 阝 | B |
| 四 目 日 | J | 少 夕 | Q | マ ㄨ 厶 | C |
| 刂 川 刂 | J | 金 钅 | Q | 纟 幺 纟 | X |
| 川 川 | K | 丷 丷 丷 ⺉ | U | | |

**同步训练：在"金山打字通"中练习字根记忆**

通过前面内容的学习后，为了加深对字根的认识以及分类掌握，可以通过一些专业的五笔打字练习软件，进行复习，巩固对字根的记忆，具体操作如下。

**第 1 步** 启动"金山打字通"程序，进入到"五笔打字 – 字根分区及讲解"界面，复习字根的 5 个区后，❶单击"下一页"按钮，操作如左下图所示。

**第 2 步** ❷继续复习字根的区位号知识，单击"下一页"按钮。操作如右下图所示。

**第 3 步** 复习基本字根的分布知识，❶单击"下一页"按钮，操作如左下图所示。

**第 4 步** 复习字根的分布规律知识；❷单击"下一页"按钮。操作如右下图所示。

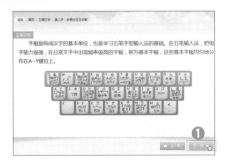

**第5步** 复习字根的位与区的关系，❶单击"下一页"按钮，操作如左下图所示。

**第6步** 熟记五笔字根的助记词。❷单击"字根练习"按钮，操作如右下图所示。

**第7步** 默认进入"横区字根"练习界面，❶根据提示输出相应字根，操作如左下图所示。

**第8步** ❷单击"课程选择"下拉按钮；❸单击选择 "竖区字根"，操作如右下图所示。

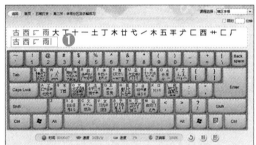 

**第9步** 练习竖区字根，操作如下图所示。使用同样的方法继续练习其他区字根。

# 第 5 章

# 汉字拆分有原则
## ——字根结构关系与拆分

用五笔输入法输入汉字。首先要在脑海中将汉字拆分成五笔字型中的基本字根，然后将这些字根映射到键盘的键位上，最后敲击对应的键。所以，本章主要介绍如何正确拆分汉字，以及在拆分的过程中应遵循的一些原则。

**学习要点**

※ 汉字的字型结构

※ 字根间的结构关系

※ 汉字的分类

※ 字根的拆分原则

※ 常见易错汉字的正确拆分

## 5.1　五笔字根之间的结构关系

汉字结构中的字根关系，是五笔字型输入法的关键，它直接关系到汉字的拆分编码与输入速度。在汉字组成中，可以将字根间的关系归纳为 4 种，即单、散、连、交。

### 5.1.1　"单"结构

单结构关系，是指由基本字根本身单独构成的一个汉字。该情况下的字根和单笔画之间不能当作散的关系。

还有一种特殊情况，就是所谓的"带点结构"。为了简化问题，在五笔字型中规定，一个基本字根之前或之后的孤立点，不论字中的点与基本字根远还是近，连还是不连，一律视为与基本字根相连。例如："勺"是基本字根"勹"与基本笔画"丶"相连。"术"是基本字根"木"与基本笔画"丶"相连，"太"是基本字根"大"与基本笔画"丶"相连。因此，把一切基本字根与单笔相连之后形成的汉字都看作不能分的整体，在判断这一类型的字型时，它们不可能是左右型、上下型，而只能是杂合型字型了。

在五笔字型输入法中的键名字和成字字根都属于"单"关系。例如：

| 方 | 辛 | 米 | 马 |
|---|---|---|---|
| 马 | 由 | 耳 | 竹 |

| 女 | 山 | 西 | 用 |
|---|---|---|---|

这类汉字既是字根，又是汉字，就属于"单"结构关系。在输入这类汉字时，它们有专门的编码规则。

### 5.1.2 "散"结构

散结构关系，是指构成汉字的基本字根之间具有一定的距离。在散结构中，这些汉字要么是左右结构、上下结构，要么是杂合结构。

例如：

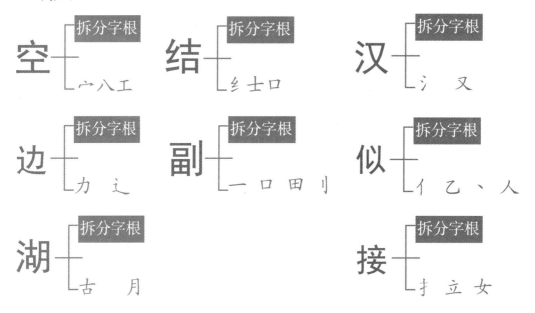

### 5.1.3 "连"结构

连结构关系，是指组成汉字的字根之间是相连接的。在五笔字型中规定一个单笔画与一个字根紧挨着而构成的汉字，一律视为"连"的结构。

例如：

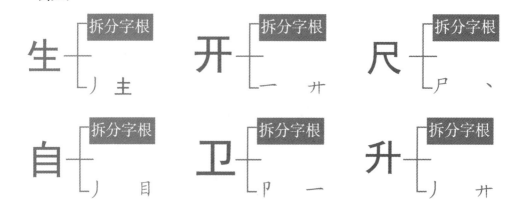

### 5.1.4 "交"结构

交结构关系，是指由两个或两个以上的基本字根交叉套叠之后所构成的汉字。如末、未、果、夷、束等字，凡属于与这类字型相似的汉字均为杂合型。例如：

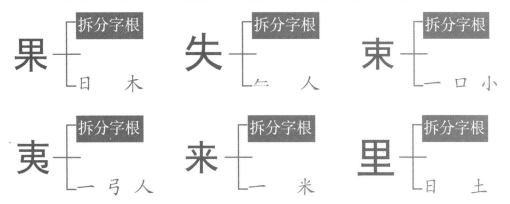

> **新手提示**
>
> 　　属于"散"结构的汉字，才可以分为左右型、上下型；属于"连"与"交"的汉字，一律属于杂合型；不分左右、上下的汉字，一律属于杂合型。

## 5.2 字根拆分原则

凡是字根表上没有的汉字即"键外字"，都可以认为是由笔画和字根组合而成的，我们称这类字为"合体字"。在输入合体字时必须先将其拆分为字根，才能输入；因此快速、准确地拆分字根是输入合体字的基础。拆分时我们应遵循以下几个规则。

### 5.2.1 拆出的字根必须是基本字根

本规则的意思是指：拆分出的组字结构，必须是在字根表中能找到的基本字根。如果出现一个非基本字根的笔画结构，此种方法毫无疑问即为错误的拆分方法。这是汉字拆分中最基本、最重要的规则。

（1）在拆分"按"字时，"安"不是基本字根，所以下面一个是错误的拆分方法。

（2）在拆分"陈"字时，"东"不是基本字根，需要将"东"再拆分成"七""小"

两个基本字根。

（3）在拆分"格"字时，因为"各"不是基本字根，而"夂"和"口"则是基本字根。

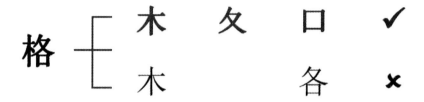

（4）在拆分"保"字时，由于"呆"不是基本字根，所以下面一个是错误的拆分方法。

### 5.2.2 按"书写顺序"原则拆分

我们在书写汉字时，总是按照"先左后右，先上后下，先横后竖，先撇后捺，先外后内，先进门后关门"的顺序来书写，五笔字型输入法在拆分汉字时同样要遵照这些书写顺序。

下面举一些例子来说明这一规则。

（1）在拆分"树"字时，将"树"拆分为"木""寸""又"时，虽然拆出来的部分都是字根，但字根排列顺序没有按从左到右的顺序排列，因此是错误的。违背了按"从左到右"顺序拆分字根的规则。

（2）在拆分"碧"字时，将"碧"字拆分成"石""王""白"时，违背了按照"从上到下"顺序拆分的规则，是错误的拆分方法。

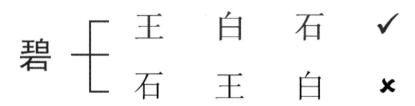

（3）在拆分"杯"字时，拆分为"木""小""一"时，违背了按"从上到下"顺序拆分汉字的规则。

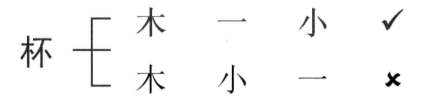

（4）在拆分"奇"字时，拆分为"大""口""丁"时，违背了"先外后里"的拆分顺序。

（5）在拆分"赵"字时，严格按照"从左到右，从上到下的顺序"拆分。如果拆分为"乂""土""走"，则违背了"从左到右"的拆分规则。

（6）在拆分"围"字时，拆分为"二""丨""口"时，违背了"从包围到被包围"的拆分规则。

### 5.2.3 按"取大优先"原则

本原则规定在拆分汉字的时候，按照书写顺序拆分出尽可能大的字根，保证拆分出的字根数量最少。也就是说，在拆分汉字的时候，如果面临一个汉字有多种拆分方法，且每种拆分方法都保证了拆分出来的是基本字根，也是按书写顺序来拆分的，那么，这其中字根最少的拆分方法一定是正确的。

例如，"生"字可以拆分成"丿""圭"，也可以拆分成"丿""土"。很明显，拆分成"丿""土"没有拆分成"丿""圭"直观，同时字根也是最大的，因此根据"取大优先"规则，拆分成"丿""圭"是正确的拆分方法。

### 5.2.4 按"能散不连"原则

"能散不连"规则的含义为：如果一个汉字能拆分成几个"散"结构的字根，就不要拆分成字根相"连"的结构。在拆出的字根数目相同情况下，按"散"的结构拆分比按"连"的结构拆分优先。

例如，"主"应拆成"丶""王"而不是拆分成"亠""土"。

"主"字拆分为"丶""王"时，两字根是"散"的关系。拆分为"亠""土"时，两字根为"连"的关系，根据"能散不连"规则，拆分为"丶""王"是正确的拆分方法。

### 5.2.5 按"能连不交"原则

"能连不交"规则的含义为：如果一个汉字可以拆分成几个相"连"的字根，就不要拆分成"交"的字根。在拆出的字根数相同情况下，按"连"的结构拆分比按"交"的结构拆分优先。

下面举两个例子来说明这一规则。

（1）"矢"应拆成"丿""大"而不是拆分成"𠂉""人"，因为拆分成"丿""大"时两个字根是相"连"的关系，而拆分成"𠂉""人"时两个字根是相"交"的关系。

根据"能连不交"规则，拆分成"𠂉""大"是正确的拆分方法。

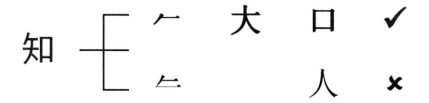

（2）汉字"天"应拆成"一""大"而不是拆分成"二""人"，因为拆分成"一""大"时字根之间的关系是"连"，而拆分成"二""人"时两个字根的关系是相"交"的。

### 5.2.6　按"兼顾直观"原则

"兼顾直观"和"取大优先"原则是相通的，规定在拆分时笔画不能重复或是截断，尽量符合一般人的直观感受。通俗一点地讲就是要使每一个拆分出来的字根看起来不别扭，符合人们的第一印象。

例如"青"字拆分成"龶""月"看起来比拆分成"三""丨""冂""二"要直观一些。总之，"兼顾直观"原则讲究的是视觉感受，力求拆分出的字根看起来自然。

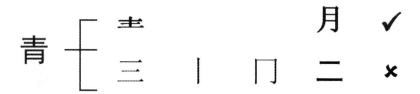

## 5.3　五笔汉字的拆分典例解析

通过前面入门部分知识的学习，相信初学者已经学会并掌握了汉字拆分的相关基础知识。为了更好地掌握五笔拆字，下面给初学者列出相关常用汉字、偏旁、难拆字、易错字的正确拆分方法。

### 5.3.1　常用汉字拆分实例

前面讲了五笔字型输入法将一个汉字拆分成基本字根的所有规则，为了能对这些规则熟练掌握，下面将对具有代表性的一些汉字进行拆字讲解。

出：该字如果按书写习惯将拆为"凵""丨""凵"，就违背了"取大优先"的原则，而且字根交叉了。如果要兼顾两者，只有拆成"凵""山"才可以，但这又和我们习惯的笔顺不一致。所以，只能坚持"取大优先"而忽略"能连不交"的原则了。"出"字的拆分及其编码如下。

$$出 \rightarrow 出出 \rightarrow BM$$

东：该字的第一个字根与【A】键上的"七"形状相似，所以我们将它看成是"七"的变形字根。"东"字的拆分及其编码如下。

$$东 \rightarrow 东东 \rightarrow AI$$

果：该字如果拆成"田""木"两个字根，则违背了"书写顺序"的原则，所以应拆分成"日""木"两个字根。"果"字的拆分及其编码如下。

$$果 \rightarrow 果果 \rightarrow JS$$

知：该字根据"取大优先"的原则，应拆分为"丿""大""口"，而并非"二""人""口"。"知"字的拆分及其编码如下。

$$知 \rightarrow 知知知 \rightarrow TDK$$

牙：该字如果拆成"一""乚""丨""丿"。则违背了"取大优先"的原则，"牙"字的拆分及其编码如下。

$$牙 \rightarrow 牙牙牙 \rightarrow AHT$$

于：该字根据"能连不交"的原则，如果将"于"字拆成"二""丨"则是错误的，因为两个字根交叉在一起了。"于"字的拆分及其编码如下。

$$于 \rightarrow 于于 \rightarrow GF$$

兰：该字根据"能散不连"的原则，如果将"兰"字拆成"丷""三"则是错误的，因为两个字根交叉在一起了。"兰"字的拆分及其编码如下。

$$兰 \rightarrow 兰\ 兰 \rightarrow UF$$

**万**：该字的第一个字根是【D】键上的字根"ア"，是以横为首笔的。"万"字的拆分及其编码如下。

$$万 \rightarrow 万\ 万 \rightarrow DN$$

**丑**：该字的第二个字根与【F】键的"土"相似，所以我们将它看成是"土"的变形字根。"丑"字的拆分及其编码如下。

$$丑 \rightarrow 丑\ 丑 \rightarrow NF$$

**朱**：该字如果拆成"￩""木"两个字根，则违背了"取大优先"的原则。但该字无论怎样拆，两字根总是要交叉的，所以"能连不交"就不是必要的条件。"朱"字的拆分及其编码如下。

$$朱 \rightarrow 朱\ 朱 \rightarrow RI$$

**史**：该字的第二个字根与【Q】键的"乂"象形，在五笔字型拆字时，象形则归一。"史"字的拆分及其编码如下。

$$史 \rightarrow 史\ 史 \rightarrow KQ$$

**报**：该字的第二个字根与【B】键的"卩"象形，在五笔字型拆字时，象形则归一。"报"字的拆分及其编码如下。

$$报 \rightarrow 报\ 报\ 报 \rightarrow RBC$$

**与**：该字的第二个字根是"带拐弯"的笔画，"带拐弯"的字根一般都是在【N】键上。"与"字的字根拆分及其编码如下。

与 → 与 与 与 → GNG

**年**：该字如果按我们习惯的书写笔画，"年"字应拆成"丿一""一""丨""十"，但在五笔字型中，也有个别字的笔顺与习惯不一样，这些字需要我们多实践才能掌握。"年"字的拆分及其编码如下。

年 → 年 年 年 → RHF

**讽**："讽"拆分成"讠""冂""乂"，是按照书写顺序"从上到下，从左到右，从外到内"来拆分的，如果拆分成"讠""乂""冂"，则违背了"从外到内"的书写顺序，所以是错误的拆分方法。

讽 → 讽 讽 讽 → YMQ

**着**：该字的第二个字根"⺶"应与"看"的第一个字根"⺧"区分开，由于"⺶"的第一笔是横，而"⺧"的第一笔是撇，因此应看作是【D】键上"羊"字的变形。因此"着"字的拆分及其编码如下。

着 → 着 着 着 → UDH

**逃**：该字为半包围结构，根据"书写顺序"的原则"由里往外"。"逃"字的拆分及其编码如下。

逃 → 逃 逃 逃 → IQP

**夹**：该字如果拆成"二""丷""人"三个字根，则是错误的，一是与书写的笔顺不一致，二是违背了"取大优先"的原则。"夹"字的拆分及其编码如下。

夹 → 夹 夹 夹 → GUW

**临**：该字刚好拆分为四码，第二个字根和第三个字根组成"单个竹字头"。"临"字的拆分及其编码如下。

**丈**：该字的第一个字根是【D】键上的字根"ナ"，是以横为首笔的。"丈"字的拆分及其编码如下。

**毛**：该字如果拆分成为"丿""一""一""乙"，拆出来的字根数不是最少的，未遵守"取大优先"原则。因此"毛"字的拆分及其编码如下。

毛 → 毛 毛 毛 → TFN

**离**：该字不能将上半部分拆分成"亠""乂""凵"，因为【Y】键上有字根"ⅹ"，因此应拆分为"ⅹ""凵""冂""厶"。"离"字的拆分及其编码如下。

离 → 离 离 离 离 → YBMC

**产**：在拆分"产"字时，可以将其拆分成"立""丿"，也可以将其拆分为"六""厂"，根据"取大优先"的原则，拆出来的字根尽可能大，所以我们取"立"这个字根和"丿"这个笔画字根。

产 → 产 产 → UT

**舌**：在拆分"舌"字时，可以将其拆分为"丿""古"，也可以将其拆分为"丿""十""口"，由于字根"十""口"组成的"古"也是字根，因此拆分为"丿""古"是正确的。

舌 → 舌 舌 → TD

**千**：该字一般容易拆成两种情况，一种是拆分成"丿""十"，还有一种是拆分成"丿""一""丨"。经过比较这两种拆分方法，根据"取大优先"规则，拆分成"丿""十"是正确的。

千 → 千 千 → TF

**卵**：该字在书写第二个字根时，往往把"丶"写成"丿"，因此在拆字时如果不注意，很容易把它们与【T】键的"丿"混淆。"卵"字的拆分及其编码如下。

卵 → 卵 卵 卵 卵 → QYTY

**物**：该字的偏旁为"牛"，是很常用的，但五笔字型的字根中没有它，需拆分成"丿""扌"。"物"字的拆分及其编码如下。

物 → 物 物 物 物 → TRQR

**筹**：该字的第一个字根"⺮"属【T】键上的字根"竹"，凡是"⺮"都相应地输入【T】键。"筹"字的拆分及其编码如下。

筹 → 筹 筹 筹 筹 → TDTF

**乖**：该字按书写顺序拆分为"二""丨""⺝""匕"，但不符合"能散不连"的原则。因此"乖"字的拆分及其编码如下。

乖 → 乖 乖 乖 乖 → TFUX

**叉**："叉"字有两个基本字根，我们平时的书写习惯是最后写"丶"，根据"按书写顺序拆分汉字"规则，拆分成"又""丶"是正确的。

叉 → 叉 叉 → CY

**高**：该字拆分成"亠""冂""口"时，有三个基本字根；拆分成"丶""口""冂""口"时，有四个基本字根。第一种拆分方法是正确的，因为它满足了"取大优先"的原则。

高 → 高 高 高 → YMK

尺："尺"字可以拆分成"彐""人"两个字根，也可以拆分成"尸""乀"两个字根，很显然，后者更符合一般人的直观感觉，拆分字根更自然。根据"兼顾直观"规则，拆分成"尸""乀"两个字根是正确的。

尺 → 尺尺 → NY

册：该字拆分成"冂""冂""一"是正确的，而拆分成"一""冂""冂"是错误的。虽然这两种拆分方法字根都是相同的，但是我们的书写顺序，最后写的是"一"，所以拆分成"冂""冂""一"是正确的。

册 → 册册册 → MMG

麦："麦"字拆分成"𡗗""夂"，是按照"取大优先"和"能连不交"原则来拆分的；如果拆分成"𡗗""ク""乀"，就违背了"取大优先"的原则，因为拆出来的字根数不是最少的。

麦 → 麦麦 → GT

### 5.3.2 部分偏旁的拆分原则

在汉字输入过程中，有许多常用部首但在五笔字根键盘中根本找不到（冫、犭、礻等），这就需要对这些部首进行拆分后才能输入汉字。下面我们一起来学习这些偏旁部首的拆分。

| 偏 旁 | 拆分字根 | 编码 | 偏 旁 | 拆分字根 | 编码 |
|---|---|---|---|---|---|
| 艹 | 艹一丨丨 | AGHH | 彡 | 彡丿丿丿 | ETTT |
| 廾 | 廾一丿丨 | AGTH | 彳 | 彳丿丨 | WTH |
| 廿 | 廿一丨一 | AGHG | 勹 | 勹丿乙 | QTN |
| 匚 | 匚一乙 | AGN | 、 | 单笔 | YYLL |
| 弋 | 弋一乙、 | AGNY | 辶 | 辶、乙 | PYNY |
| 丨 | （单笔） | HHLL | 又 | 又乙、 | PNY |
| 刂 | 刂丨丨 | JHH | 宀 | 宀、、乙 | PYYN |
| 口 | 口丨乙一 | LHNG | 冖 | 冖、乙 | PYN |
| 钅 | 钅丿一乙 | QTGN | 阝 | 阝乙丨 | BNH |
| 冫 | 冫、一 | UYG | 巛 | 巛乙乙乙 | VNNN |
| 犭 | 犭、一丨 | UYGH | 厶 | 厶乙、 | CNY |
| 礻 | 礻、一一 | UYGG | 尢 | 尢乙巛 | DNV |

续表

| 偏旁 | 拆分字根 | 编码 | 偏旁 | 拆分字根 | 编码 |
|------|----------|------|------|----------|------|
| 氵 | 氵、、一 | IYYG | 礻 | 礻、氵 | PYI |
| 灬 | 灬、、、 | OYYY | 系 | 丿幺小丷 | TXIU |
| 忄 | 忄、丨、 | NYHY | 乛 | 一乙巛 | QNB |
| 凵 | 凵乙丨 | BNH | 隹 | 亻圭一 | WYG |
| 阝 | 阝乙丨 | BNH | 冂 | 冂丨乙 | MHN |
| 纟 | （键名） | XXXX | 丿 | （单笔） | TTLL |
| 衤 | 衤丨氵 | PUI | 攵 | 攵丿乙丶 | TTNY |
| 虍 | 广七巛 | HAV | 彳 | 彳丿丿丨 | TTTH |
| 犭 | 犭丿彡 | QTE | 扌 | 扌一丨一 | RGHG |

### 5.3.3 难拆汉字的正确拆分

#### 1. 横起笔类

| 汉字 | 拆分 | 编码 | 汉字 | 拆分 | 编码 |
|------|------|------|------|------|------|
| 未 | 二小 | FII | 成 | 厂乙乙丿 | DNNT |
| 末 | 一木 | GS | 甫 | 一月丨丶 | GEHY |
| 下 | 一卜 | GH | 臣 | 匸丨⊐丨 | AHNH |
| 无 | 二儿 | FQ | 瓦 | 一乙、乙 | GNYN |
| 井 | 二丿丨 | FJK | 牙 | 匚丨丿 | AHT |
| 丏 | 一卜乚 | GHN | 戒 | 戈廾 | AAK |
| 事 | 一口彐丨 | GKVH | 歹 | 一夕 | GQI |
| 再 | 一冂土 | GMF | 死 | 一夕匕 | GQX |
| 来 | 一米 | GO | 爽 | 大乂乂乂 | DQQQ |
| 世 | 廿乙 | AN | 夹 | 一丷人 | GUW |
| 甘 | 廾二 | AFD | 与 | 一勹一 | GNG |
| 辰 | 厂二⺆ | DFE | 屯 | 一凵乙 | GBN |
| 丈 | 𠂇丶 | DYI | 夷 | 一弓人 | GXW |
| 互 | 一彑一 | GXG | | | |

#### 2. 竖起笔类

| 汉字 | 拆分 | 编码 | 汉字 | 拆分 | 编码 |
|------|------|------|------|------|------|
| 丹 | 冂一 | MYD | 史 | 口乂 | KQ |
| 甩 | 月乙 | EN | 串 | 口口丨 | KKH |
| 册 | 冂冂一 | MMGD | 电 | 日乙 | JN |
| 占 | 卜口 | HK | 曳 | 日匕 | JXE |
| 果 | 日木 | JS | 禺 | 日冂丨丶 | JMHY |
| 里 | 日土 | JFD | | | |

3. 撇起笔类

| 汉字 | 拆分 | 编码 | 汉字 | 拆分 | 编码 |
|---|---|---|---|---|---|
| 重 | 丿一日土 | TGJF | 气 | 𠂉乙 | RNB |
| 垂 | 丿一艹士 | TGAF | 长 | 丿七、 | TAY |
| 失 | 𠂉人 | RW | 爪 | 厂丨八 | RHYI |
| 壬 | 丿士 | TFD | 禹 | 丿口冂 | TKMY |
| 牛 | 𠂉丨 | RH | 乎 | 丿䒑丨 | TUH |
| 朱 | 𠂉小 | RI | 乏 | 丿之 | TPI |
| 夭 | 丿大 | TDI | 臾 | 白人 | VWI |
| 生 | 丿𦫳 | TG | 鱼 | 鱼一 | QGF |
| 升 | 丿廾 | TAK | 兔 | 夕口儿、 | QKQY |
| 秉 | 丿一ヨ小 | TGVI | 风 | 冂乂 | MQ |
| 毛 | 丿二乙 | TFN | 乌 | 勹乛一 | QNG |
| 午 | 𠂉十 | TFJ | 勿 | 勹彡 | QRE |
| 乐 | 匚小 | QI | 氏 | 匚七 | QA |
| 身 | 丿冂三丿 | TMDT | | | |

4. 捺起笔类

| 汉字 | 拆分 | 编码 | 汉字 | 拆分 | 编码 |
|---|---|---|---|---|---|
| 永 | 、𠃌水 | YNI | 兆 | ㇆儿 | IQV |
| 良 | 、ヨ𧘇 | YVE | 首 | 䒑丿目 | UTH |
| 产 | 立丿 | UT | 义 | 、乂 | YQ |
| 半 | 䒑十 | UF | 农 | 冖𧘇 | PEI |
| 北 | 丬匕 | UX | 户 | 、尸 | YNE |

5. 折起笔类

| 汉字 | 拆分 | 编码 | 汉字 | 拆分 | 编码 |
|---|---|---|---|---|---|
| 书 | 乙乙丨、 | NNHY | 习 | 乙一 | NGD |
| 幽 | 幺幺山 | XXM | 出 | 凵山 | BM |
| 尺 | 尸、 | NYI | 发 | 乚丿又、 | NTCY |
| 丑 | 乙士 | NFD | 母 | 口一丷 | XGU |
| 尹 | ヨ丿 | VTE | | | |

**? 新手问答**

下面,针对初学者在学习本章内容的过程中容易出现的疑难问题进行针对性的解答。

疑问1:"尴"字怎么拆分?

答 在拆分该字时,很容易把前面的字根认为是"九",这是错误的。"尴"字的拆分及编码如下。

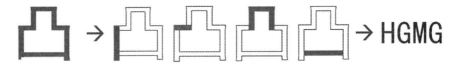

疑问2："凸"字怎么拆分？

**答** 该字看起来比较难拆，但因与书写习惯相同，所以并不难拆，只要注意第三个字根不要再被拆，就容易了。"凸"字的拆分及其编码如下。

疑问3："基"字怎么拆分？

**答** 在拆分该字时，先将拆分成"其""土"两部分，所以属于上下结构。但是"其"不是基本字根，继续将"其"拆分成"廿""三""八"。"基"字的拆分字根如下。

基 → 基 基 基 基 → ADWF

**同步训练：按字根结构分类汉字**

请将下面的汉字按字根的结构进行分类。

| 然 | 磋 | 功 | 多 | 觉 |
|---|---|---|---|---|
| 汉 | 如 | 单 | 回 | 时 |
| 问 | 西 | 讲 | 德 | 部 |
| 女 | 易 | 相 | 边 | 重 |
| 同 | 清 | 学 | 治 | 有 |
| 发 | 明 | 词 | 白 | 逃 |

单：_____

散：_____

连：_____

交：_____

# 第 6 章
# 汉字输入有规则
## ——不同类汉字的输入方法

掌握五笔输入法的相关基础知识后，接着重要的是掌握五笔汉字的输入方法。五笔汉字可分为键面字和键外字两大类。这里将详细给初学读者讲解这两类汉字的输入方法。通过本章内容的学习后，相信读者就会利用五笔输入法进行汉字的输入。

**学习要点**

※ 掌握键面汉字的输入方法

※ 掌握键外汉字的输入方法

※ 掌握末笔识别码的正确应用

※ 掌握万能键的使用

## 6.1 键面字的输入规则

键面字主要分为键名字和成字字根两种。下面分别介绍这两种汉字的输入方法。

### 6.1.1 键名字的输入

所谓键名字，就是指既是基本字根，又是每个字母键上第一个字根的汉字。键名字每个区都有 5 个，总共有 25 个。其分布如下图所示。

输入规则：连续敲该字根所在键四下即可。

键名字的输入举例如下。

### 6.1.2 成字字根汉字的输入

成字字根，就是指每个键位上，除键名字以外成汉字的字根。如【F】键上的"二""干""十""寸""雨"等字根，【M】键上的"几""由""贝"等字根。输入规则如下。

首先按下该字根所在键，叫作"报户口"，然后再按照该字根的笔画顺序，分别敲第一笔画、第二笔画和最后一个单笔画所对应的键位。

> **新手提示**
>
> 如果该字根的笔画数不足3个时，则后面用空格键补齐。

成字字根的汉字输入举例如下。

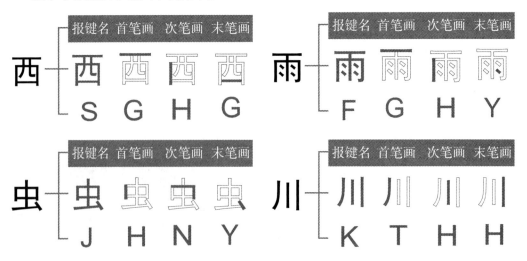

如果要输入单笔笔画时，需敲该笔画所在键两下，然后再加两个【L】键即可。例如，需要输入"丨"，则按键【H】【H】【L】【L】即可。

## 6.2 键外字的输入规则

由多个字根组成的键外汉字，可以分为 3 种类型：汉字的字根个数刚好 4 个、汉字的字根个数多于 4 个和汉字的字根个数少于 4 个。

其中，不论输入哪种类型的汉字，都必须按照下面的步骤来进行。

（1）首先将汉字分成一个个独立的字根（记住，一定要保证拆出来的每一个字根都是基本字根，否则就是错误的拆分方法）。

（2）其次找到每个字根在键盘上的对应键位。

（3）然后按书写顺序输入每个键的编码，就完成了整字的输入过程。

### 6.2.1　4个字根汉字的输入

由 4 个字根组成的汉字，称为刚好四码汉字。其输入规则如下。

第一字根编码 + 第二字根编码 + 第三字根编码 + 第四字根编码

例如："落"字刚好4个字根。

将第一、第二、第三和第四字根按书写顺序输入编码。

为了让读者对刚好4个字根汉字的输入规则更加了解，举例如下。

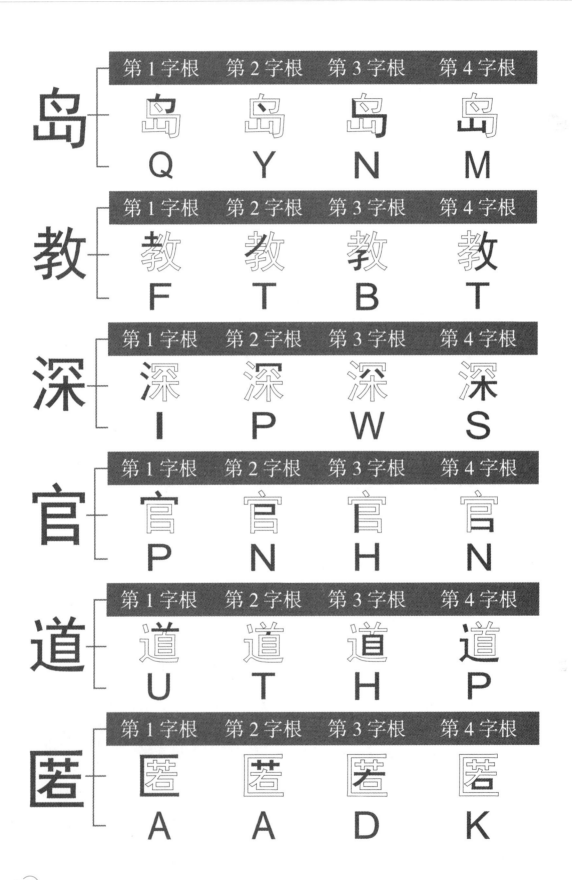

| | 第1字根 | 第2字根 | 第3字根 | 第4字根 |
|---|---|---|---|---|
| 岛 | 岛 | 岛 | 岛 | 岛 |
| | Q | Y | N | M |

| | 第1字根 | 第2字根 | 第3字根 | 第4字根 |
|---|---|---|---|---|
| 教 | 教 | 教 | 教 | 教 |
| | F | T | B | T |

| | 第1字根 | 第2字根 | 第3字根 | 第4字根 |
|---|---|---|---|---|
| 深 | 深 | 深 | 深 | 深 |
| | I | P | W | S |

| | 第1字根 | 第2字根 | 第3字根 | 第4字根 |
|---|---|---|---|---|
| 官 | 官 | 官 | 官 | 官 |
| | P | N | H | N |

| | 第1字根 | 第2字根 | 第3字根 | 第4字根 |
|---|---|---|---|---|
| 道 | 道 | 道 | 道 | 道 |
| | U | T | H | P |

| | 第1字根 | 第2字根 | 第3字根 | 第4字根 |
|---|---|---|---|---|
| 匿 | 匿 | 匿 | 匿 | 匿 |
| | A | A | D | K |

### 6.2.2 超过4个字根汉字的输入

组成汉字的字根个数多于4个的汉字，称之为超过四码的汉字。具体输入规则如下：

第一字根编码 + 第二字根编码 + 第三字根编码 + 最后一个字根编码。

例如："输"字共有 5 个字根。

从中挑选出第一、第二、第三和最末字根凑足四码，再按书写顺序输入编码。

下面再举一些例子来说明这个问题，请注意每个汉字的取码规则。

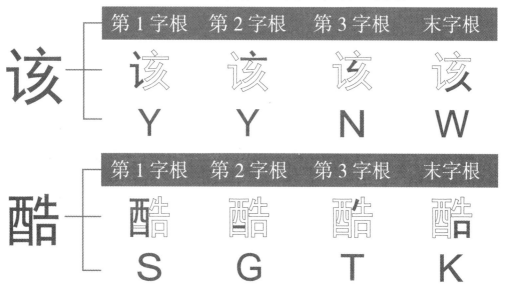

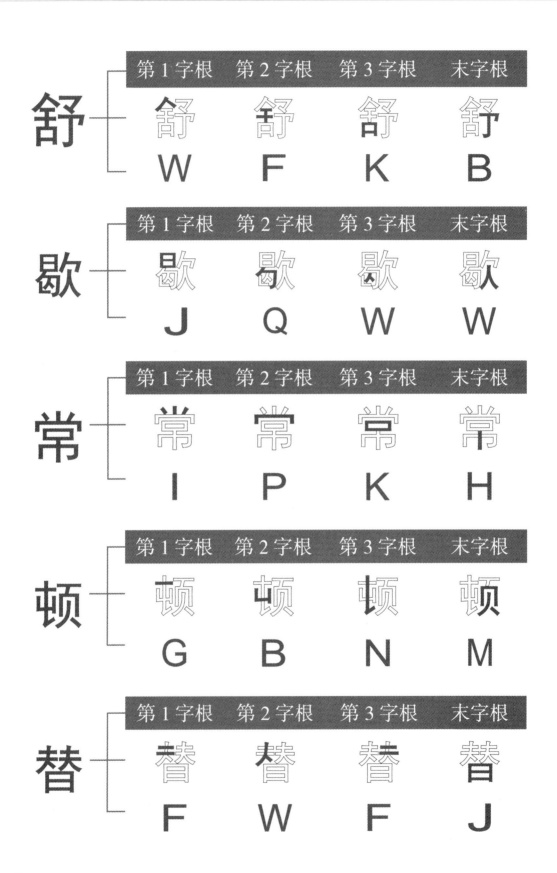

| | 第1字根 | 第2字根 | 第3字根 | 末字根 |
|---|---|---|---|---|
| 舒 | 舒 | 舒 | 舒 | 舒 |
| | W | F | K | B |

| | 第1字根 | 第2字根 | 第3字根 | 末字根 |
|---|---|---|---|---|
| 歇 | 歇 | 歇 | 歇 | 歇 |
| | J | Q | W | W |

| | 第1字根 | 第2字根 | 第3字根 | 末字根 |
|---|---|---|---|---|
| 常 | 常 | 常 | 常 | 常 |
| | I | P | K | H |

| | 第1字根 | 第2字根 | 第3字根 | 末字根 |
|---|---|---|---|---|
| 顿 | 顿 | 顿 | 顿 | 顿 |
| | G | B | N | M |

| | 第1字根 | 第2字根 | 第3字根 | 末字根 |
|---|---|---|---|---|
| 替 | 替 | 替 | 替 | 替 |
| | F | W | F | J |

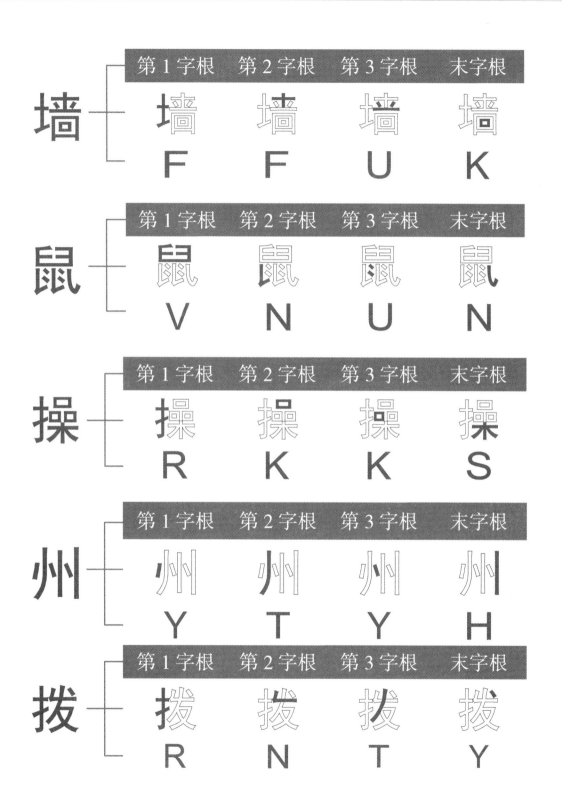

| | 第 1 字根 | 第 2 字根 | 第 3 字根 | 末字根 |
|---|---|---|---|---|
| 墙 | 墙 F | 墙 F | 墙 U | 墙 K |

| | 第 1 字根 | 第 2 字根 | 第 3 字根 | 末字根 |
|---|---|---|---|---|
| 鼠 | 鼠 V | 鼠 N | 鼠 U | 鼠 N |

| | 第 1 字根 | 第 2 字根 | 第 3 字根 | 末字根 |
|---|---|---|---|---|
| 操 | 操 R | 操 K | 操 K | 操 S |

| | 第 1 字根 | 第 2 字根 | 第 3 字根 | 末字根 |
|---|---|---|---|---|
| 州 | 州 Y | 州 T | 州 Y | 州 H |

| | 第 1 字根 | 第 2 字根 | 第 3 字根 | 末字根 |
|---|---|---|---|---|
| 拨 | 拨 R | 拨 N | 拨 T | 拨 Y |

### 6.2.3 不足4个字根汉字的输入

组成汉字的字根个数少于4个的汉字可以分为两种：一是由两个字根组成的汉字；二是由3个字根组成的汉字。

#### 1. 两个字根的汉字

两个字根汉字的输入规则如下：第一字根编码 + 第二字根编码 + 末笔交叉识别码 + 空格。两个字根的汉字输入举例如下。

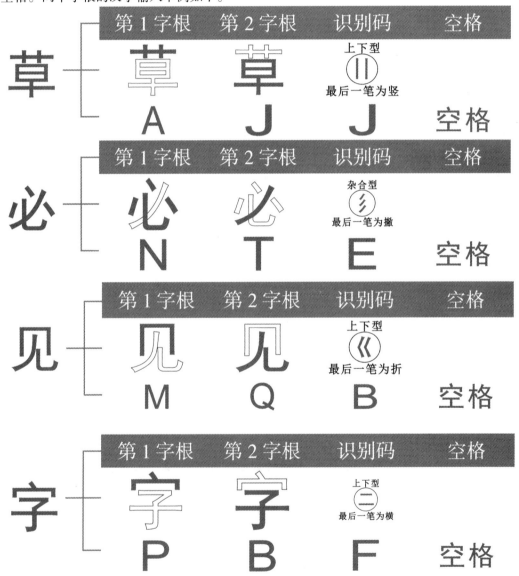

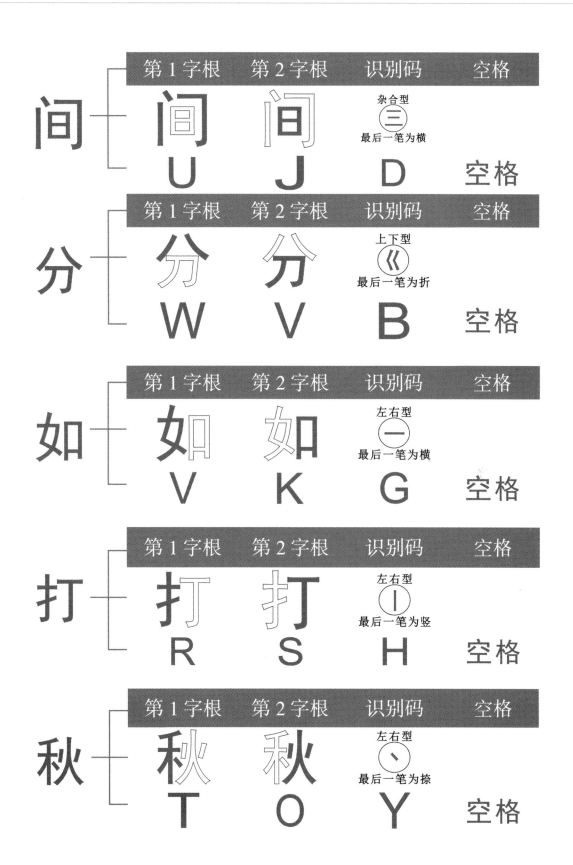

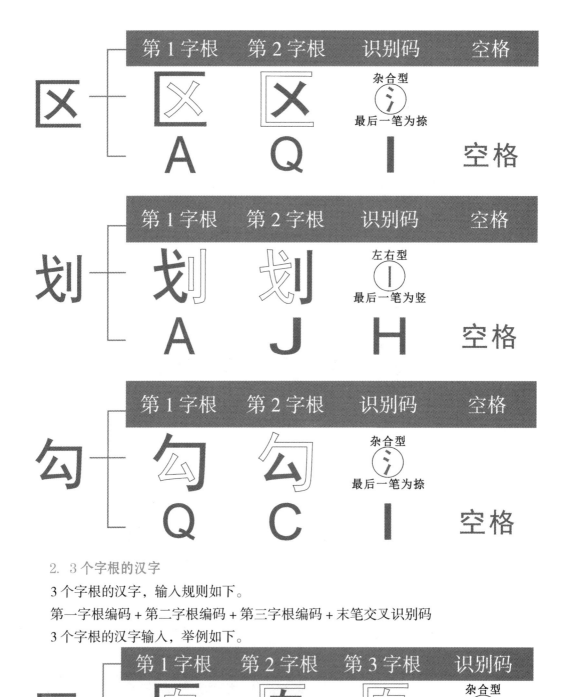

2. 3个字根的汉字

3个字根的汉字，输入规则如下。

第一字根编码 + 第二字根编码 + 第三字根编码 + 末笔交叉识别码

3个字根的汉字输入，举例如下。

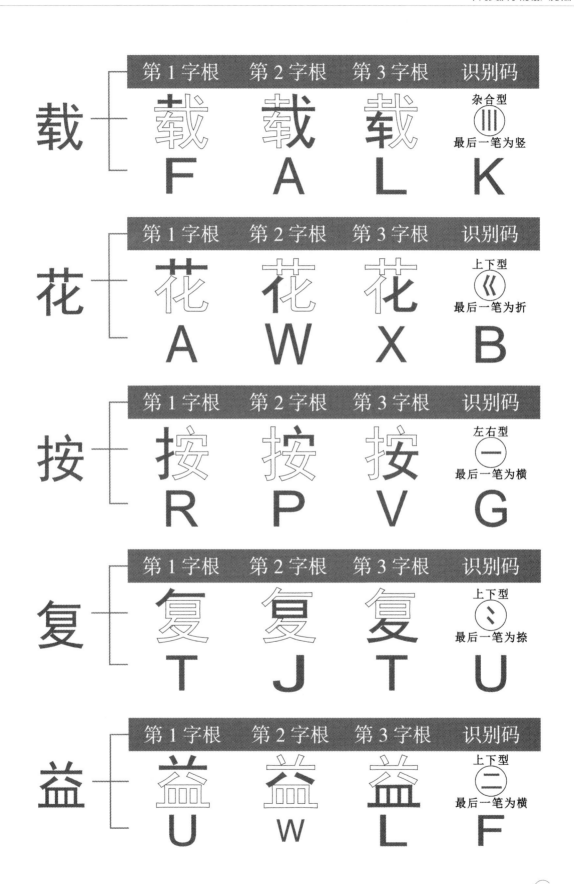

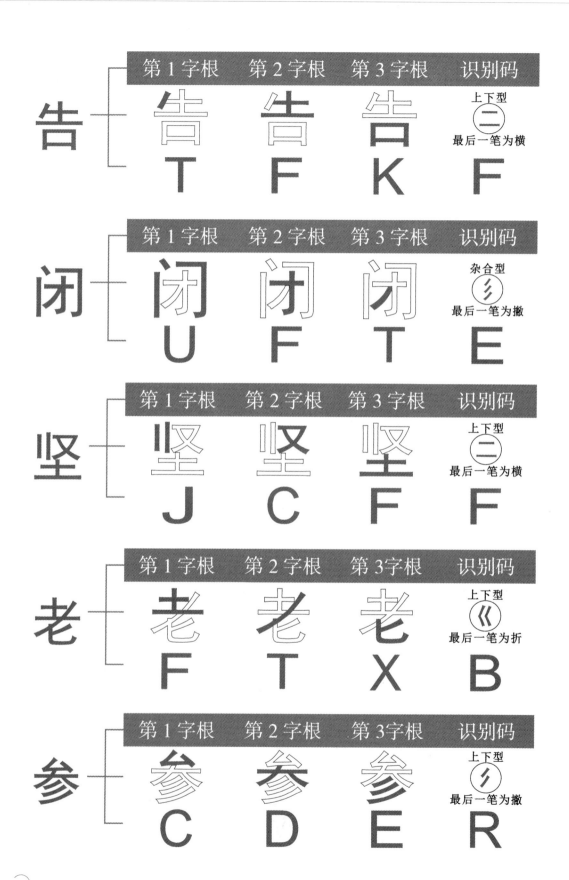

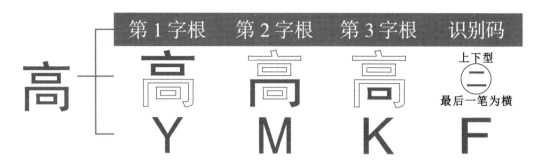

> **新手提示**
>
> 组成汉字的字根不足 4 个（要么该汉字由 3 个字根组成，要么该汉字由两个字根组成），在输入该汉字时，可先依次按下各字根所对应的键，再输入"末笔交叉识别码"，如果输入识别码后仍不足四码，补打空格键进行补位。

## 6.3 末笔交叉识别码的应用

在五笔输入法中，为了减少重码率，可以使用末笔交叉识别码来准确标识汉字。

### 6.3.1 需要添加识别码的汉字

值得注意的是，只有少于 4 个字根的键外字才需要添加末笔交叉识别码，其他键面字、多于 4 个字根的汉字与刚好 4 个字根的汉字都不需要添加末笔交叉识别码。

在输入字根个数少于 4 个的汉字时，可先输入各字根对应的键位，如果能打出该汉字，也可以不用加识别码，这是因为此类汉字属于简码汉字，具体内容详见第 7 章。

### 6.3.2 识别码在键盘上的分布

所谓"末笔交叉识别码"，是指用汉字末笔的笔画代码和该字的字型结构码组成的两位数字，十位上的数字与末笔画代码对应，个位上的数字与汉字的字型结构代码对应，把这个两位数看成是键盘上的区码与位码，该区位码所对应的英文字母键就是这个汉字的识别码。五笔汉字的末笔交叉识别码在键盘上的分布如下表所示。

需要添加识别码的汉字，其识别码只与下表中的 15 个键有关。

| 末笔画＼结构 | 左右型 | 上下型 | 杂合型 |
| --- | --- | --- | --- |
| 横区1 | 11 G | 12 F | 13 D |
| 竖区2 | 21 H | 22 J | 23 K |
| 撇区3 | 31 T | 32 R | 33 E |
| 捺区4 | 41 Y | 42 U | 43 I |
| 折区5 | 51 N | 52 B | 53 V |

### 6.3.3 识别码的添加方法

为少于 4 个字根的汉字添加识别码的方法如下。

※ 末笔定区：根据其字的最后一笔笔画确定识别码在哪一区。

※ 结构定位：根据其字的结构确定识别码在该区的哪一个键。

例如："根"字只有三个字根，依次输入第一个字根编码（S）、第二个字根编码（V）、第三字根编码（E），然后再输入识别码（Y），即可打出该字。

"根"字的末字根是"k"，"k"的末笔画是"乀"，数字编码为 4；"根"字为左右型汉字，数字编码为 1，"根"字的数字识别码为 41，对应的键位是【Y】，所以"根"字的识别码为 Y。

为了让读者更加熟练地掌握需要添加识别码汉字输入规则，举例如下。

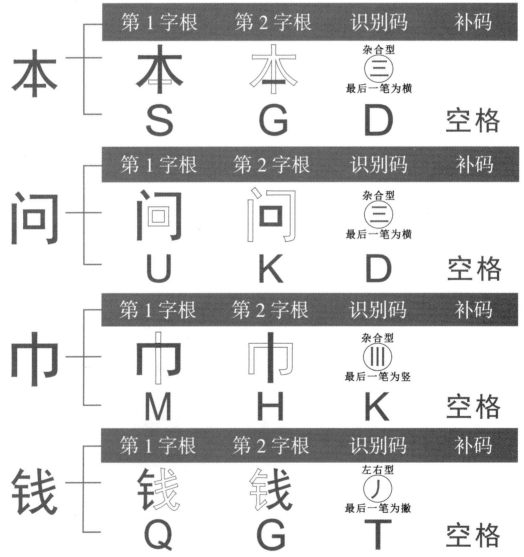

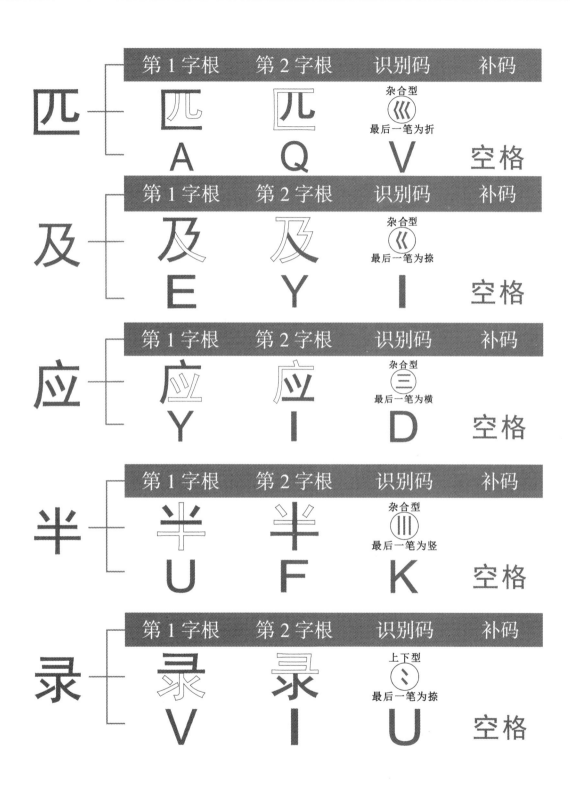

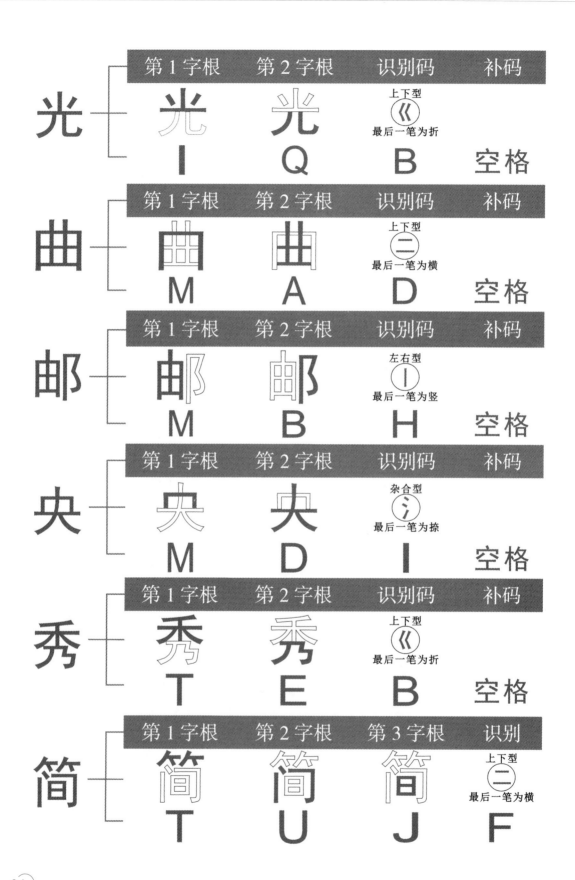

| 约 | 第 1 字根 | 第 2 字根 | 第 3 字根 | 识别码 |
| --- | --- | --- | --- | --- |
| | 约 | 约 | 约 | 左右型<br>最后一笔为捺 |
| | X | Q | Y | Y |

| 局 | 第 1 字根 | 第 2 字根 | 第 3 字根 | 识别码 |
| --- | --- | --- | --- | --- |
| | 局 | 局 | 局 | 杂合型<br>最后一笔为横 |
| | N | N | K | D |

| 突 | 第 1 字根 | 第 2 字根 | 第 3 字根 | 识别码 |
| --- | --- | --- | --- | --- |
| | 突 | 突 | 突 | 上下型<br>最后一笔为捺 |
| | P | W | D | U |

| 求 | 第 1 字根 | 第 2 字根 | 第 3 字根 | 识别码 |
| --- | --- | --- | --- | --- |
| | 求 | 求 | 求 | 杂合型<br>最后一笔为捺 |
| | F | I | Y | I |

| 印 | 第 1 字根 | 第 2 字根 | 第 3 字根 | 识别码 |
| --- | --- | --- | --- | --- |
| | 印 | 印 | 印 | 左右型<br>最后一笔为竖 |
| | Q | G | B | H |

| 奔 | 第 1 字根 | 第 2 字根 | 第 3 字根 | 识别码 |
| --- | --- | --- | --- | --- |
| | 奔 | 奔 | 奔 | 上下型<br>最后一笔为竖 |
| | D | F | A | J |

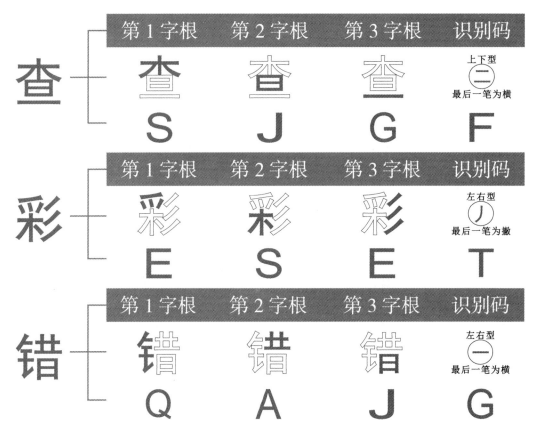

### 6.3.4 识别码的几个特殊规定

为不足四码的汉字添加识别码，并非所有的汉字识别码都由末笔笔画决定的，其中还有一些特殊的规定。

**1. 汉字末笔画的特殊规定**

在五笔输入法中，对某些汉字的末笔笔画进行了一些特殊规定，具体如下。

※ 对于"辶""廴"做偏旁的字（如还、延）和全包围字（如困、园），它们的末笔规定为被包围部分的末笔。

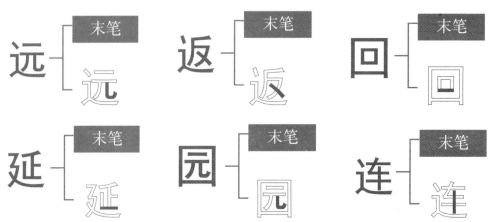

**新手提示**

如果用"辶"包围一个字根组成的部分位于另一个字根的后面或下面，所得到的字根末笔为"辶"字的末笔"丶"。例如，"链"字的末笔画为"辶"的末笔画"丶"，其结构为左右型，识别码为Y。

※ 对于"刀""力""九"等字根，当它们参与"识别码"时一律用"折"笔作为末笔。

※ 对于"浅""咸""我"等相似形状的字，取末笔为"丿"。

※ 有些字单独带一个点，如"太""叉""丸""刃"等字，规定把"丶"当作末笔。

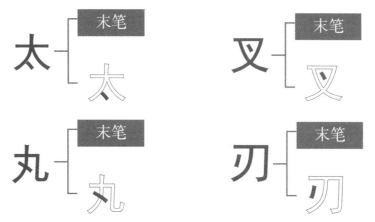

2. 汉字结构的特殊规定

另外，关于汉字的字型结构有以下规定。

※ 凡单笔画与字根相连或单点与一个字根所构成的汉字均视为杂合型，如"万""尤""自"等汉字。

※ 字根相交的汉字为杂合型，如"果""末""未""东""丸"等汉字。

※ 带"辶"的汉字、内外型汉字都视为杂合型，如"连""延""国""母"等汉字。

**? 新手问答**

下面,针对初学者在学习本章内容的过程中容易出现的疑难问题进行针对性的解答。

疑问1: 什么是重码?

答 重码,顾名思义,就是编码相同,如果两个或几个汉字的编码相同,我们就说它们重码。如"对"与"圣"的编码都为"CF",那它们就是重码字。单字不足四码常容易构成重码。

相同字根按不同顺序组合,构成重码,如同样是"口""八"两个字根,可组成"只"也可组成"叭"字。

字根不同时,也有可能出现重码,如"付"是由"亻""寸"组成,而"仕"是由"亻""士"组成,但他们的编码却都是WF。

疑问2: 忘记某一字根对应的键怎么办?

答 学习中最大的困难是经常碰到输入不了的"疑难字"。例如:由于书写顺序不对,拆分"黄"字时把中间的"由"错拆成"田",因而无法正确输入。某字不能正确输入,主要是笔顺不对或者拆分方法有问题,应该在得到正确的答案以后把它记下来,并分类整理出一个专门供自己用的"疑难字"表,像记忆外语单词一样进行背记,同时细细体会这些字的输入代码是如何取的,自己无法输入的原因是什么。

标准英文键盘上面有26个字母键,五笔字型的码元共有25个,占用了25个键位,剩下一个【Z】键,这就是万能学习键。当对键盘字根不太熟悉或对某一汉字输入的拆分一时难以确定时,可用【Z】键来代替。例如,借助万能键输入"版"字和"载"字,分别如左下图和右下图所示。

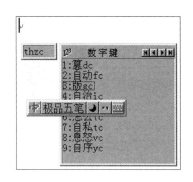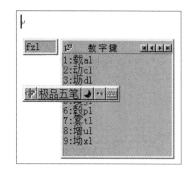

此时，即可发现"版"字出现在第3项，输入的万能键【Z】代替的是【G】键，"版"字的正确编码为"THGC"；"载"字出现在第1项，输入的万能键【Z】代替的是【A】键，"载"字的正确编码为"FAL"。

五笔字型汉字输入法的研制者让【Z】键承担了一个万能的角色，用【Z】键来代替任何一个键。可使用【Z】键帮助用户掌握和巩固前面所学的字根拆分，也在拆分有困难时给予适当的帮助。每次上机操作时都应该把"疑难字"表放在旁边，不断对它进行更新。实践证明，只要坚持这样做上一两个月，错误的笔顺和拆分方法基本上可以得到纠正，对五笔字型汉字编码法则的体会越来越深入。用不了多长时间，也就熟练了。

疑问3：如何从拼音输入法中得到五笔编码？

**答** 在使用五笔输入法输入汉字过程中，有时会遇到拆分不出来或者记不住字根编码的汉字，这时用户可以通过搜狗五笔输入法输入拼音来获取其五笔编码，具体操作方法如下。

第1步 ❶右击搜狗五笔输入法状态条，❷在打开的快捷菜单中单击选择"五笔拼音混输"命令。操作如左下图所示。

第2步 ❸在"搜狗五笔"输入法中遇到有不清楚编码的汉字时输入该字拼音，❹从中选择所需汉字，其右侧带有该字五笔输入编码。操作如右下图所示。

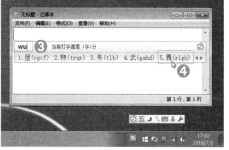

第3步 使用同样的方法，继续输入汉字拼音，查看其编码。操作如下图所示。

**同步训练：在"金山打字通"中练习五笔打字**

通过前面内容的学习后，为了方便练习五笔打字，可以通过一些专业的五笔打字练习软件来上机练习，如金山打字通、五笔打字员等。下面，以"金山打字通"为例，介绍练习五笔打字的方法。具体操作如下。

第1步 启动"金山打字通"程序，进入"五笔打字"界面。❶单击"单字练习"选项，操作如左下图所示。

第2步 默认进入"一级简码一区"练习区，将输入法切换至五笔输入法，❷根据给出的简码字一一输入对应的汉字，操作如右下图所示。

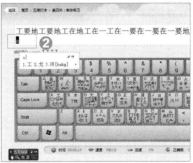

第3步 ❶单击右上角"课程选项"右侧的下拉按钮；❷在打开的下拉列表中单击选择需要练习的课程，如"常用字1"，操作如左下图所示。

第4步 ❸根据输入规则依次输入提示栏中的常用字，操作如右下图所示。

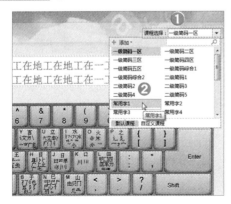

# 第 7 章

# 提高速度有捷径
# ——简码与词组的输入方法

掌握了五笔打字的正确拆分与输入后，为了提高汉字的输入速度，减少击键次数，那么接下来就得掌握简码及词组输入的两大重要途径。本章主要为初学者介绍快速打字的妙招。

 学习要点

※ 简码字的输入

※ 词组的输入

※ 自定义新词组

※ 删除多余词组

## 7.1 简码的输入

为了提高输入速度，五笔输入法规定了一些特殊的汉字，在输入这些汉字时，只需要输入编码中的一个或者几个字根就可达到输入目的。因此，我们又称这类汉字为"简码汉字"。五笔字型共分为三类简码，分别为一级简码、二级简码和三级简码。

### 7.1.1 一级简码的输入

在 25 个字母键位上各有一个一级简码汉字，如下图所示。

因为它们是汉语中使用频率极高的 25 个汉字，又叫高频字。一级简码汉字在编码时只取一个编码再加打一个空格即可快速输入。

※ 横区的一级简码字有：一地在要工

※ 竖区的一级简码字有：上是中国同

※ 撇区的一级简码字有：和的有人我

※ 捺区的一级简码字有：主产不为这

※ 折区的一级简码字有：民了发以经

例如：

### 7.1.2 二级简码的输入

二级简码是由汉字全码中的第一、二个字根的代码作为汉字的编码，再加一个空格键完成输入，规则如下表所示。五笔字型输入法挑选了一些常用的汉字作为二级简码的汉字。

| 取码顺序 | 第1码 | 第2码 | 第3码 |
| --- | --- | --- | --- |
| 取码要素 | 第1字根 | 第2字根 | 空格 |

下面列出了一些二级简码输入示例供读者学习参考。

王码 86 版五笔字型中的二级简码如下表所示。

| | GFDSA | HJKLM | TREWQ | YUIOP | NBVCX |
|---|---|---|---|---|---|
| G | 五于天末开 | 下理事画现 | 玖珠表珍列 | 玉平不来 | 与屯妻到互 |
| F | 二寺城霜载 | 直进吉协南 | 才垢圾夫无 | 坟增示赤过 | 志地雪支坶 |

续表

| | GFDSA | HJKLM | TREWQ | YUIOP | NBVCX |
|---|---|---|---|---|---|
| D | 三夯大厅左 | 丰百右历面 | 帮原胡春克 | 太磁砂灰达 | 成顾肆友龙 |
| S | 本村枯林械 | 相查可楞机 | 格析极检构 | 术样档杰棕 | 杨李要权楷 |
| A | 七革基苛式 | 牙划或功贡 | 攻匠菜共区 | 芳燕东篓芝 | 世节切芭药 |
| H | 晴睦睚盯虎 | 步旧占卤贞 | 睡睥肯具餐 | 眩瞳步眯瞎 | 卢 眼皮此 |
| J | 量时晨果虹 | 早昌蝇曙遇 | 昨蝗明蛤晚 | 景暗晃显晕 | 电最归紧昆 |
| K | 呈叶顺呆呀 | 中虽吕另员 | 呼听吸只史 | 嘛啼吵咪喧 | 叫啊哪吧哟 |
| L | 车轩因困轼 | 四辊加男轴 | 力斩胃办罗 | 罚较 辚边 | 思辄轨轻累 |
| M | 同财央朵曲 | 由则迥蕲册 | 几贩骨内风 | 凡赠峭嵝迪 | 岂邮 凤巍 |
| T | 生行知条长 | 处得各务向 | 笔物秀答称 | 入科秒秋管 | 秘季委么第 |
| R | 后持拓打找 | 年提扣押抽 | 手折扔失换 | 扩拉朱搂近 | 所报扫反批 |
| E | 且肚须采肛 | 胪胆肿肋肌 | 用遥朋脸胸 | 及胶膛脒爱 | 甩服妥肥脂 |
| W | 全会估休代 | 个介保佃仙 | 作伯仍从你 | 信们偿伙仁 | 亿他分公化 |
| Q | 钱针然钉氏 | 外旬名甸负 | 儿铁角欠多 | 久匀乐炙锭 | 包凶争色锴 |
| Y | 主计庆订度 | 让刘训为高 | 放诉衣认义 | 方说就变这 | 记离良充率 |
| U | 闰半关亲并 | 站间部曾商 | 产辫前闪交 | 六立冰普帝 | 决闻妆冯北 |
| I | 汪法尖洒江 | 小浊澡渐没 | 少泊肖兴光 | 注洋水淡学 | 沁池当汉涨 |
| O | 业灶类灯煤 | 粘烛炽烟灿 | 烽煌粗粉炮 | 米料炒炎迷 | 断籽娄烃我 |
| P | 定守害宁宽 | 寂审宫军宙 | 客宾家空宛 | 社实宵宊之 | 官字安 它 |
| N | 怀导居怅民 | 收慢避惭屈 | 必怕 愉懈 | 心习悄屡忱 | 忆敢恨怪尼 |
| B | 卫际承阿陈 | 耻阳职阵出 | 降孤阴队隐 | 防联孙耿辽 | 也子限取陛 |
| V | 姨寻姑杂毁 | 叟旭如舅妯 | 九姝奶叟婚 | 妨嫌录灵巡 | 刀好妇妈姆 |
| C | 骊对参骤戏 | 在骒台劝观 | 矣年能难允 | 驻骈 驼 | 马邓艰双 |
| X | 线结顷 红 | 引旨强细纲 | 张绵级给约 | 纺弱纱继综 | 纪弛绿经比 |

## 7.1.3 三级简码的输入

三级简码是用单字全码中的前三个字根来作为该字的代码。选取时，只要该字的前三个字根能唯一地代表该字，就把它选为三级简码。此类汉字输入时不能明显地提高输入速度，因为在打了三码后还必须打一个空格键，也要按【4】键。取码规则如下表所示。由于省略了最后的字根码或末笔字型交叉识别码，故对于提高速度来说，还是有一定的帮助的。

| 取码顺序 | 第1码 | 第2码 | 第3码 | 第4码 |
|---|---|---|---|---|
| 取码要素 | 第1字根 | 第2字根 | 第3字根 | 空格 |

下面列出了一些三级简码输入示例供学习参考。

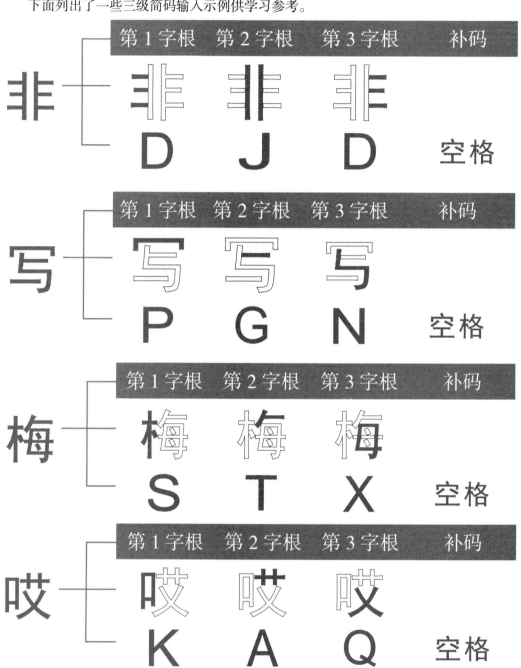

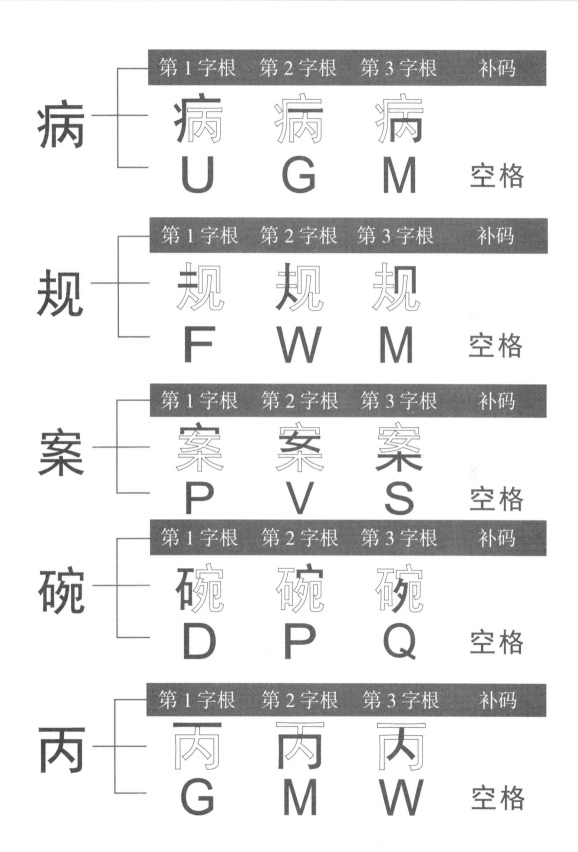

| | 第1字根 | 第2字根 | 第3字根 | 补码 |
|---|---|---|---|---|
| 病 | 病 U | 病 G | 病 M | 空格 |

| | 第1字根 | 第2字根 | 第3字根 | 补码 |
|---|---|---|---|---|
| 规 | 规 F | 规 W | 规 M | 空格 |

| | 第1字根 | 第2字根 | 第3字根 | 补码 |
|---|---|---|---|---|
| 案 | 案 P | 案 V | 案 S | 空格 |

| | 第1字根 | 第2字根 | 第3字根 | 补码 |
|---|---|---|---|---|
| 碗 | 碗 D | 碗 P | 碗 Q | 空格 |

| | 第1字根 | 第2字根 | 第3字根 | 补码 |
|---|---|---|---|---|
| 丙 | 丙 G | 丙 M | 丙 W | 空格 |

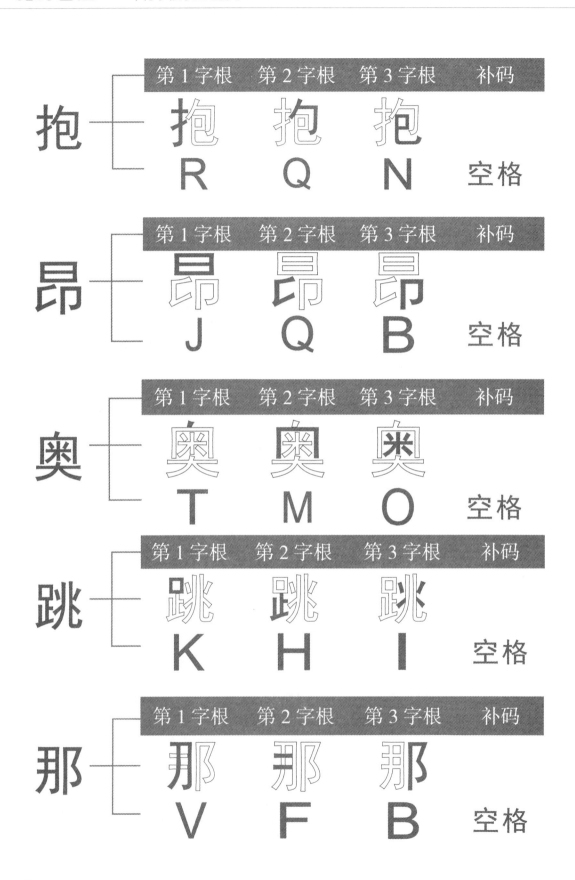

| | 第1字根 | 第2字根 | 第3字根 | 补码 |
|---|---|---|---|---|
| 抱 | 抱<br>R | 抱<br>Q | 抱<br>N | 空格 |
| 昂 | 昂<br>J | 昂<br>Q | 昂<br>B | 空格 |
| 奥 | 奥<br>T | 奥<br>M | 奥<br>O | 空格 |
| 跳 | 跳<br>K | 跳<br>H | 跳<br>I | 空格 |
| 那 | 那<br>V | 那<br>F | 那<br>B | 空格 |

## 7.2 词组的输入

在五笔字型输入法中，还可以通过词组来提高打字速度。这些词组又分为二字词组、三字词组、四字词组及多字词组，所有词组的编码一律为四码。下面将分别介绍它们的输入方法。

### 7.2.1 二字词组的输入

构成一个词组的汉字个数为两个，即属于二字词组。需要从这两个汉字里面选择出

4 个字根作为两字词组的编码，取码规则为：第一个字的前两个字根编码 + 第二个字的前两个字根编码。

二字词组的输入举例如下。

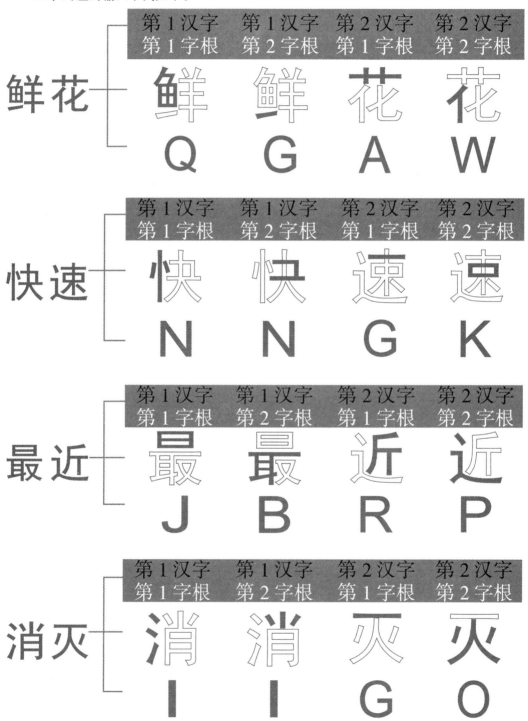

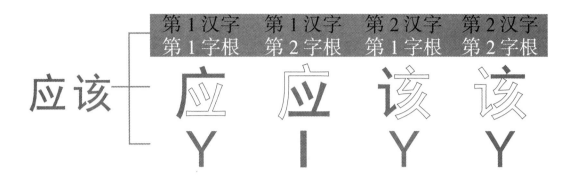

### 7.2.2 三字词组的输入

如果构成一个词组的汉字个数为 3 个，那么这类词组就属于三字词组。需要由这 3 个汉字里面选出 4 个字根作为这个词组的编码。三字词组的取码规则为：第一个字的第一个字根编码 + 第二个字的第一个字根编码 + 第三个字的前两个字根编码。

三字词组的输入举例如下。

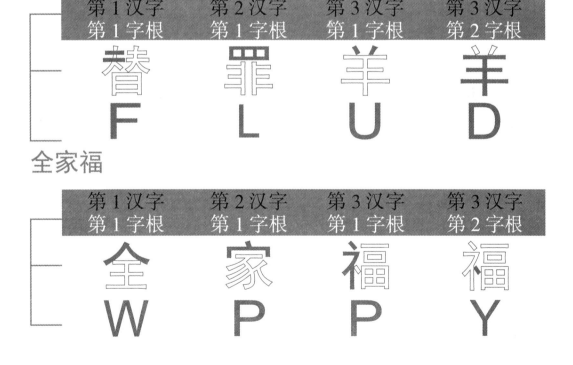

## 混合物

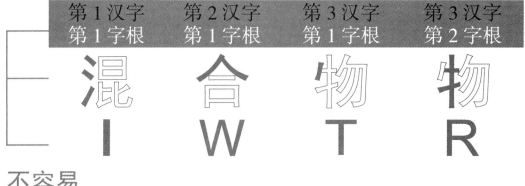

| 第1汉字 | 第2汉字 | 第3汉字 | 第3汉字 |
|---------|---------|---------|---------|
| 第1字根 | 第1字根 | 第1字根 | 第2字根 |
| 混 | 合 | 物 | 物 |
| I | W | T | R |

## 不容易

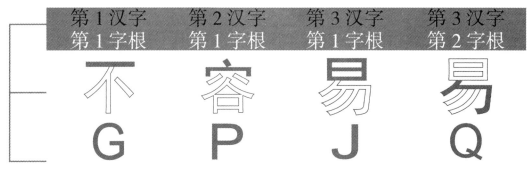

| 第1汉字 | 第2汉字 | 第3汉字 | 第3汉字 |
|---------|---------|---------|---------|
| 第1字根 | 第1字根 | 第1字根 | 第2字根 |
| 不 | 容 | 易 | 易 |
| G | P | J | Q |

### 7.2.3 四字词组的输入

如果构成一个词组的汉字个数为 4 个，那么这类词组就属于四字词组。四字词组需要从 4 个汉字里面挑选 4 个字根出来代表这个词组。三字词组的取码规则为：

第一个字的第一个字根编码 + 第二个字的第一个字根编码 + 第三个字的第一个字根编码 + 第四个字的第一个字根编码

四字词组的输入举例如下。

## 强颜欢笑

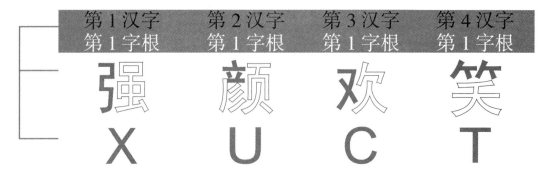

| 第1汉字 | 第2汉字 | 第3汉字 | 第4汉字 |
|---------|---------|---------|---------|
| 第1字根 | 第1字根 | 第1字根 | 第1字根 |
| 强 | 颜 | 欢 | 笑 |
| X | U | C | T |

鸟语花香

悄无声息

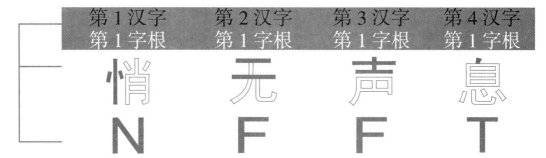

千方百计

迫不及待

## 知书达理

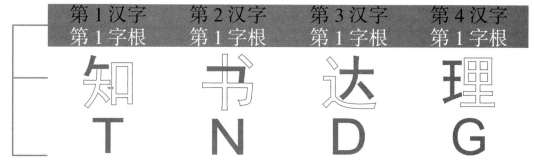

| 第1汉字 | 第2汉字 | 第3汉字 | 第4汉字 |
| 第1字根 | 第1字根 | 第1字根 | 第1字根 |
|---|---|---|---|
| 知 | 书 | 达 | 理 |
| T | N | D | G |

### 7.2.4 多字词组的输入

如果构成一个词组的单字个数达到4个以上，那么这个词组就属于多字词组。要输入多字词组，需要从词组中的汉字里面挑选出4个字根来代表这个词组。多字词组的取码规则为：

第一个字的第一个字根编码 + 第二个字的第一个字根编码 + 第三个字的第一个字根编码 + 最后一个字的第一个字根编码

多字词组的输入举例如下。

## 隔行如隔山

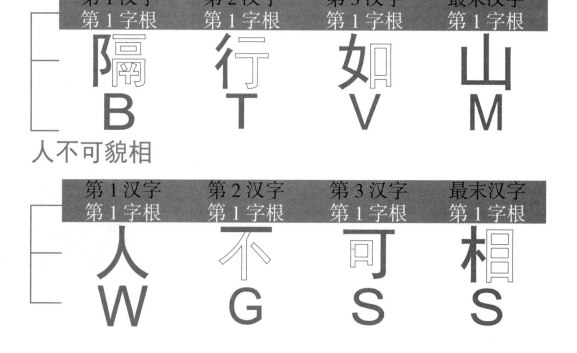

| 第1汉字 | 第2汉字 | 第3汉字 | 最末汉字 |
| 第1字根 | 第1字根 | 第1字根 | 第1字根 |
|---|---|---|---|
| 隔 | 行 | 如 | 山 |
| B | T | V | M |

## 人不可貌相

| 第1汉字 | 第2汉字 | 第3汉字 | 最末汉字 |
| 第1字根 | 第1字根 | 第1字根 | 第1字根 |
|---|---|---|---|
| 人 | 不 | 可 | 相 |
| W | G | S | S |

后来者居上

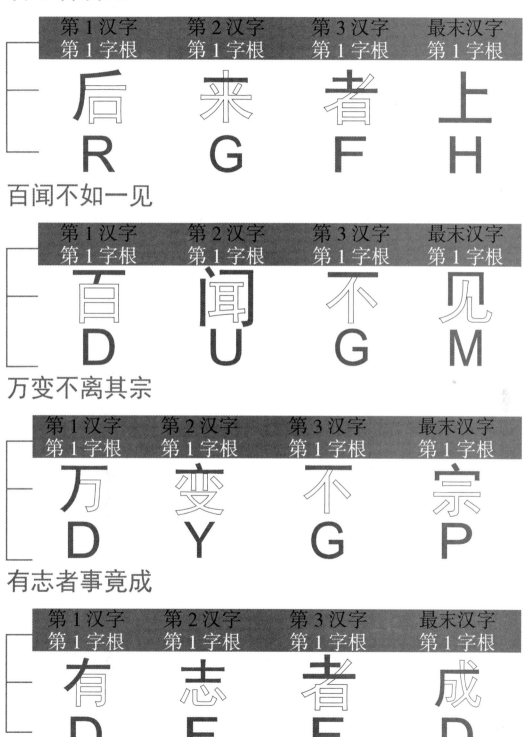

百闻不如一见

万变不离其宗

有志者事竟成

## 车到山前必有路

## 心有灵犀一点通

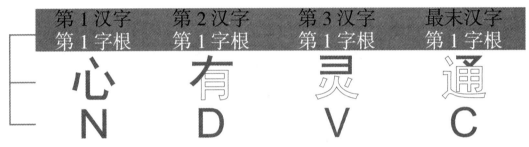

## 新疆维吾尔自治区

| 第1汉字 | 第2汉字 | 第3汉字 | 最末汉字 |
|---|---|---|---|
| 第1字根 | 第1字根 | 第1字根 | 第1字根 |
| 新 | 疆 | 维 | 区 |
| U | X | X | A |

## 7.3  自定义新词组

在五笔输入法中，我们除了可以通过简码与词组的输入来提高打字速度外，还可以使用手工造词的方法来提高打字速度。

### 7.3.1  添加与定义新词组

在输入文字的过程中经常遇到一些不是词组的短句、术语、公司名称以及地址等，这时我们可以采用手工造词方法，将经常需要使用的短语或名称添加到五笔输入法词库中，然后通过词组输入方法，就可以快速输入自定义的词组或短句了。

例如：在"极品五笔"输入法中，将"深圳市立锋科技有限公司"定义为多字词组，具体操作方法如下。

第1步 ❶在"极品五笔"输入法图标上右击鼠标，❷在打开的快捷菜单中单击"手
工造词"命令，操作如左下图所示。

第2步 弹出"手工造词"对话框，❸单击选中"造词"单选按钮，❹在"词语"
文本框中输入"深圳市立锋科技有限公司"，❺单击"添加"按钮，操作如右下图所示。

第3步 这时可在"词语列表"中查看到新添加的词组及其编码，单击"关闭"按钮，
操作如下图所示。

## 7.3.2 输入新词组

定义好词组后，就可以采用多字词组的输入方法来输入新定义的词组了。例如，在
"记事本"程序中，使用"极品五笔"输入法输入词组"深圳市立锋科技有限公司"，
具体操作方法如下。

第1步 ❶选择"极品五笔"输入法，❷在打开的文档中输入该词组的编码"IFYN"，
操作如左下图所示。

第2步 经过上步操作，即可输入该自定义词组，操作如右下图所示。

**新手问答**

下面,针对初学者在学习本章内容的过程中容易出现的疑难问题进行针对性的解答。

疑问1: 自定义词组的编码可以改吗?

**答** 手工造词的编码是可以更改的。由于自定义的词组比较多,为了方便记忆,用户可以自己手动更改某一些词组的编码,具体操作方法如下。

**第1步** 打开"手工造词"对话框,❶单击选中"维护"单选按钮;❷在"词语列表"中选中需要更改编码的词组;❸单击"修改"按钮,操作如左下图所示。

**第2步** 弹出"修改"对话框,❹在"外码"文本框中输入新的编码;❺单击"确定"按钮,应用设置,此时,即可在"词语列表"中查看到更改后的编码;❻单击"关闭"按钮即可,操作如右下图所示。

疑问2: 多余的自定义词组能否删除?

**答** 一段时间过后,先前定义的词组已经不再使用了,就可以将其删除,具体操作方法如下。

**第1步** 打开"手工造词"对话框,❶单击选中"维护"单选按钮;❷在"词语列表"中选中需要删除的词组;❸单击"删除"按钮,操作如左下图所示。

**第2步** ❹在弹出的"警告"对话框中单击"是"按钮,确认删除;❺返回"手工造词"对话框,单击"关闭"按钮即可,操作如右下图所示。

疑问3: 在"五笔打字通"中能查汉字的五笔编码吗?

**答** 在遇到有拆不出来的汉字或者是记不住某字编码时,可以在"五笔打字通"软件中查询该字的字根及编码，具体操作方法如下。

第1步 在"五笔打字通"首页，❶单击"练习选项区"的"编码查询"选项，
操作如左下图所示。

第2步 弹出"五笔编码查询"对话框，❷在拼音输入法状态下输入需要查询汉
字的拼音，❸单击列表中所对应的汉字，操作如右下图所示。

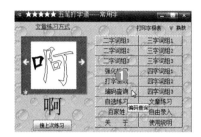 

第3步 ❶即可查看到该字的字根以及编码。或者单击"笔画、拼音查询"按钮，
操作如左下图所示。

第4步 ❷依次单击选择需要查询汉字的输入笔画，❸在出现的汉字的列表框中
单击选择需要查询的汉字，操作如右下图所示。

 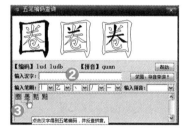

第5步 即可查询到目标汉字的字根及编码，如右图所示。

---

**同步训练：在"五笔打字通"中练习文章输入**

通过前面内容的学习后，为了更熟练运用简码与词组的五笔输入方式，可以通过"五
笔打字通"软件来上机练习，具体操作如下。

第1步 ❶启动"五笔打字通"程序后，单击界面右侧"文章练习"选项按钮，
操作如左下图所示。

第2步 ❷进入到"中文文章练习"界面，单击选择想要练习的文章标题《皇帝

的新装》，操作如右下图所示。

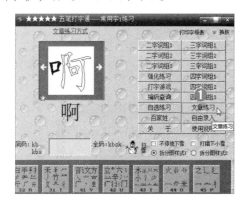
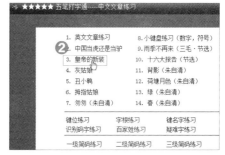

**第 3 步** 进入该文章输入界面，向上的红色箭头表示当前需输入的汉字，左上角显示该汉字的字根及编码。❶如果是二字词组，那么就按二字词组的输入标准输入对应编码，操作如左下图所示。

**第 4 步** ❷在输入过程中，当即将输入的是词组时，上面会显示红色五星提示。当输入错误编码时，输入的错误汉字呈红色显示，如下图所示。完成输入练习后，关闭窗口即可。

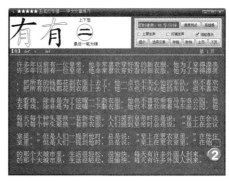

**第 5 步** 返回首页，❶单击右侧"自由录入"按钮，操作如左下图所示。

**第 6 步** ❷此时，我们可以根据自己的资料进行文章输入练习，操作如右下图所示。

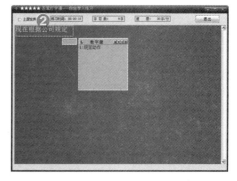

# 第 8 章

# 五笔输入法的升级版
## ——98版五笔输入法的使用

五笔字型 86 版问世以后，受到了广大用户的青睐，人们在使用该软件的过程中也发现了一些问题的存在，如编码规则不太规范，有些汉字字型不易区分等。为了解决这些问题，王永民教授用了 10 年的时间研发了五笔字型第二代版本——王码五笔字型 98 版。

 **学习要点**

※ 了解 98 版与 86 版五笔输入的区别

※ 掌握 98 版五笔码元的分布与记忆

※ 了解 98 版五笔码元的调整

※ 学会 98 版五笔汉字的输入

## 8.1　98版五笔字型概述

王码五笔字型 98 版是第一个符合我国语言文字的规范并通过鉴定的汉字输入方案。与 86 版相比 98 版在以下几个方面有突出的改善。

（1）实现取字造词和批量造词：与 86 版的手工造词相比，王码五笔字型 98 版可以直接从屏幕中取字造词，系统会自动对新造的词按照取码规则编制正确的输入码，并存储到词库中。同时还具有批量造词功能，一次性生成多个词组，大大提高工作效率。

（2）编辑码表：利用码表编辑器，既可以对五笔字型编码进行编辑和修改，也可以创建容错码。

（3）支持重码动态调整：98 版五笔字型可以对重码汉字或词组进行实时动态调整。

（4）能够提供内码转换器实现内码转换：98 版五笔字型提供的多内码文本转换器在处理文档时非常方便，可以克服不同的中文操作平台产品间互不兼容的缺点，从而使系统能够进行内码转换。

（5）能处理更多的汉字：86 版五笔字型只能处理国标简体字库 GB2312–80 中的 6 763 个字，而 98 版五笔字型除了可以处理国标简体字的 6 763 个汉字外，还可以处理中国香港、中国澳门、中国台湾使用的 13 053 个繁体字，以及中、日、韩 3 国大字符集中的 21 003 个汉字。

（6）码元选取规范：86 版五笔字型中对有些规范字根没有做到整字取码，而 98

版五笔字型的码元和笔画顺序完全符合文字规范。

（7）编码规则简单明了：86 版五笔字型在拆分时要先拆分字根，在拆分时常与语言文字规范产生矛盾。

98 版五笔字型中提出了"无拆分编码法"理念，在编码时将总体形似的笔画结构归为统一码元，一律用码元来描述汉字笔画结构的特征，使编码规则更加简单明了，解决了 86 版五笔字型在编码时与语言文字规范产生的矛盾，使五笔字型输入法更趋合理科学。

总之，98 版五笔字型到编码体系比 86 版五笔字型的编码体系更合理，部件选取更规范，编码规则更简单，输入效率更高，王码五笔字型 98 版对王码五笔字型 86 版具有良好的兼容性。可以说王码五笔字型 98 版是完全符合部件规范化，具有世界领先水平的形码汉字输入技术。但王码五笔字型输入法 98 版由于码元位数太多以及众多的王码五笔字型既有用户排斥 98 版五笔字型输入法，因此王码五笔字型输入法的使用者并不多。

## 8.2　98版五笔码元的分布与记忆

98 版五笔输入法的码元是按照 5 种笔画来进行划分的，笔画的分布区域与 86 版五笔输入法的分布区域是完全一样的，但是由于规范了码元的分布规律，所以部分码元的位置有所调整。

98 版五笔输入法对码元的分布进行了更加规范的调整，在 86 版五笔输入法的基础上添加了一些码元，同时更换了部分码元在键盘中的位置，但仍然是按照笔画的分布进行划分，如下图所示即为 98 版五笔字根总图。

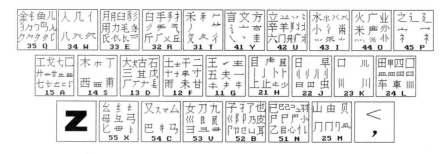

### 8.2.1　一区内码元

一区内码元都是以横起笔，该区内分布了近 50 个字根，在记忆这些字根时，可以借助记忆口诀的方法来进行联想记忆。

| 键名 | 区位 | 口诀 | 记忆分析 | 码元图 |
|------|------|------|----------|--------|
| G | 11 | 王 旁 青 头 五 夫 一 | "王"为【G】键的键名字根,"王旁"指"王"可以作为偏旁部首用;"青头"指青字的头"龶"字根;"五"为成字字根;"夫"为成字字根,由"夫"可联想到"龶""≢"及"卅";"一"为笔画字根 | 王丿龶 五夫一 牛≢卅 11 G |
| F | 12 | 土 士 十 寸 未 甘 雨 | "土"为【F】键的键名字根,由"土"可联想到"士";"干""十""寸""未""甘""雨"都是成字字根;并且由"十"可联想到"亅""卋";"二"为笔画字根 | 土士干二 十亅卋寸 雨 未甘 12 F |
| D | 13 | 大 犬 戊 其 古 石 厂 | "大"为【D】键的键名字根,"犬""戊"为成字字根;"其"指字根"甚";"三"为笔画字根,另外由"三"可以想到"县";"古""石""厂"为成字字根,"古"与"石"相似,并由"厂"可演变为"𠂆"与"丆" | 大犬古石戊 三 其 厂𠂆丆 县 13 D |
| S | 14 | 木 丁 西 甫 一 四 里 | "木"为【S】键的键名字根,由"木"可演变出"朩";"丁""西"与"甫"为成字字根,由"西"可演变为"覀" | 木朩丁 西覀甫 14 S |
| A | 15 | 工 戈 草 头 右 框 七 | "工"为【A】键的键名字根,"戈"为成字字根,并由"戈"可联想到"弋";"草"头指字根中的"艹",由"艹"也可以想到"卅""廿""卌""茻";"右框"指向右开口的方框"匚",并由"匚"可演变为"匸";"七"为成字字根,并由"七"可演变为"艹" | 工戈弋匚 廾艹廿茻 七艺匸匚 15 A |

## 8.2.2 二区内码元

二区内码元的第一笔画为竖,整个区内分布了近50个字根,在记忆该区内字根时,同样可以借助记忆口诀联想记忆。

| 目 卢 且 丨 丨 卜 上 止 𣥂 少 21 H | 日 早 刂 刂 刂 曰 甲 虫 22 J | 口 儿 川 川 23 K | 田 甲 四 口 皿 罒 罒 罒 车 車 皿 24 L | 山 由 贝 几 门 几 皿 25 M |
|---|---|---|---|---|

| 键名 | 区位 | 口诀 | 记忆分析 | 码元图 |
|------|------|------|----------|--------|
| H | 21 | 目 上 卜 止 虎 头 具 | "目"为【H】键的键名字根;"上""卜"为成字字根,并由"卜"可演变出"⺊";"止"为成字字根,并可演变出"𣥂""少";"虎头"指"虎"字的上半部分"卢";"头具"指"具"字上部分"且";"丨"为笔画字根 | 目 卢 且 丨 丨 卜 上 止 𣥂 少 21 H |

续表

| 键名 | 区位 | 口诀 | 记忆分析 | 码元图 |
|------|------|------|----------|--------|
| J | 22 | 日早两竖与虫依 | "日"为【J】键的键名字根，并由"日"可联想到"日""曰"；"早"为成字字根；"两竖"指的是"刂"，并由此可记忆"刂""丨""刂"；"虫"为成字字根，"与虫依"指笔画字根"刂"与字根"虫"紧挨着 | 日 早 刂刂刂 曰 田 虫 22 J |
| K | 23 | 口中两川三个竖 | "口"为【K】键的键名字根；"两川"指字根"川"与"川"；"三个竖"指笔画字根"川" | 口 川 川 川 23 K |
| L | 24 | 田甲方框四车力 | "田"为【L】键的键名字根；"甲"为成字字根；"方框"指字根"口"；"四"与该键的位号一致，并可由"四"联想到"皿""囬""皿""四""灬"为笔画字根；"车"为成字字根 | 田甲四口 皿皿皿四 车車皿 24 L |
| M | 25 | 山由贝骨下框集 | "山"为【M】键的键名字根，"由""贝"为成字字根；"下框集"指集合了很多带框的字根，如向下开口的方框"冂"，并由此可以想到字根"冂""几""冂"；"骨"指"冎"（骨头）字根 | 山 由 贝 冂冂几 冎 25 M |

### 8.2.3　三区内码元

三区内码元的第一笔为撇，整个三区内分布了约50个字根，在记忆该区内字根时，同样可以借助记忆口诀联想记忆。

| 金钅鱼儿 | 人 几 亻 | 月月臼彡 | 白手扌 | 禾 禾 一 |
|---------|---------|---------|--------|---------|
| 犭勹勹鸟ル | 八 癶 夂 | 用力毛豸 | 丿手 气 | 丿 竹 |
| 夕夂夕匚 | | 乐衣 K 皿 | 斤厂乂丘 | 攵 夊 彳 |
| 35 Q | 34 W | 33 E | 32 R | 31 T |

| 键名 | 区位 | 口诀 | 记忆分析 | 码元图 |
|------|------|------|----------|--------|
| T | 31 | 禾竹反文双人立 | "禾"为【T】键的键名字根；"竹"指字头"竹"；"反文"指偏旁"攵"，并可演变出"夂"；"双人立"指字根"彳"，并且可演变出"ㄥ"；"丿"为笔画字根 | 禾 禾 一 丿 竹 攵 夊 彳 31 T |
| R | 32 | 白斤气丘叉手提 | "白"为【R】键的键名字根；"斤"为成字字根，并可演变出"厂"；"气""丘"为成字字根；"叉"指字根"乂"；"手提"指部首"扌"与"手"，并由"手"联想到"手" | 白 手 扌 丿手 气 斤 厂 乂 丘 32 R |

续表

| 键名 | 区位 | 口诀 | 记忆分析 | 码元图 |
|---|---|---|---|---|
| E | 33 | 月用力彡<br>毛衣臼 | "月"为【E】键的键名字根，并由"月"联想到"月"；"用"与"力"为成字字根；"彡"为成字字根，并演变出"豕"；"毛"和"衣"为成字字根，由"衣"演变出字根"伙""衣""衣"；"臼"为成字字根；"彡"为笔画字根，并可由此记忆"皿" | 月用臼彡<br>用力毛豕<br>氏衣衣皿<br>33 E |
| W | 34 | 人八登头<br>单人几 | "人"为【W】键的键名字根；"八"为成字字根；"登头"指字根"癶"，并演变出"癶"；"单人几"指字根"亻"与"几"，并由"几"演变出"几" | 人几亻<br>八癶癶<br>34 W |
| Q | 35 | 金夕鸟儿<br>犭边鱼 | "金"为【Q】键的键名字根，并由"金"可联想到"钅""匚"；"夕"为成字字根，可演变出"夕""勹""夕""勺"；"鸟儿"指字根"鸟"与"儿"；"犭边"指部首"犭"，"鱼"指字根"鱼" | 金钅鱼儿<br>夕勹勹鸟亻<br>勹夕夕匚<br>35 Q |

## 8.2.4 四区内码元

四区内码元的第一笔为捺，整个四区内分布了约50个字根，在记忆该区内字根时，也可以借助记忆口诀联想记忆。

| 键名 | 区位 | 口诀 | 记忆分析 | 码元图 |
|---|---|---|---|---|
| Y | 41 | 言文方点<br>谁人去 | "言"为【Y】键的键名字根；"文方点"指字根"文""方""丶"，并由"文"演变出"一"与"亠"；"谁人去"指"谁"字去掉"亻"的字根"讠"和"圭" | 言文方<br>讠丶亠<br>圭<br>41 Y |
| U | 42 | 立辛六羊<br>病门里 | "立"为【U】键的键名字根；"辛六羊"指成字字根"辛""六""羊"，并由"羊"演变出"羋"；"病门里"指字根"疒""门"，并由"门"联想到"丬"；"冫"为笔画字根，并可演变出"丷""艹""兰""丷" | 立兰冫<br>辛羊丬<br>六门舟疒<br>42 U |
| I | 43 | 水族三点<br>鳖头小 | "水"为【I】键的键名字根，并由此演变出"氺""米""灬"及笔画字根"氵"；"三点"指字根"小""丷"；"鳖头"指"鳖"字的头"敝"；"小"指字根"小"；"豕"为成字字根，单独记忆 | 水氺メメ<br>小氵敝<br>灬氺氺<br>43 I |

续表

| 键名 | 区位 | 口诀 | 记忆分析 | 码元图 |
|---|---|---|---|---|
| O | 44 | 火业广鹿<br>四点米 | “火”为【O】键的键名字根；“业”是指字根“业”，并由此演变出“⺌”“⺍”；“广”为字根“广”；“鹿”指字根“声”；“四点米”指笔画字根“灬”与成字字根“米” |  |
| P | 45 | 之字宝盖<br>补礻(示)<br>衤(衣) | “之”为P键的键名字根，并由此可联想到两个“走之底”部首“辶”与“廴”；“宝盖”指字根“宀”和“冖”；“补示衣”指字根“礻”和“衤” |  |

## 8.2.5 五区内码元

五区内码元的第一笔为折，整个五区内分布了近56个字根，在记忆该区内字根时，可以借助记忆口诀联想记忆。

| 键名 | 区位 | 口诀 | 记忆分析 | 码元图 |
|---|---|---|---|---|
| N | 51 | 已类左框<br>心尸羽 | “已”为【N】键的键名字根，“已类”指与“已”相近的“巳”“己”“㔾”“乛”字根；“乙”属于笔画字根；“左框”指向左开口的方框“コ”，并由此演变出“𠂤”；“心尸羽”指成字字根“心”“尸”“羽”，并由“心”联想记忆“忄”“⺗”，由“尸”演变出“𡰣” |  |
| B | 52 | 子耳了也<br>乃框皮 | “子”为【B】键的键名字根，并由“子”演变出字根“孑”；“耳了也”分别指成字字根“耳”“了”“也”，并由“耳”演变出“阝”“卩”“㔾”；“巜”为笔画字根；“乃框皮”指字根“乃”“凵”“皮” |  |
| V | 53 | 女刀九艮<br>山西倒 | “女”为【V】键的键名字根，“刀九艮”分别指成字字根“刀”“九”“艮”，并由“艮”演变出“𥃭”；“山西倒”指字根“彐”，并演变出“⺕”“ヨ”字根；“巛”为笔画字根 |  |
| C | 54 | 又 巴 牛<br>马失蹄 | “又”为【C】键的键名字根；“巴牛”分别指成字字根“巴”和“⺧”；“厶”指字根“厶”，并演变出“マ”和“ス”；“马失蹄”指字根“马” | 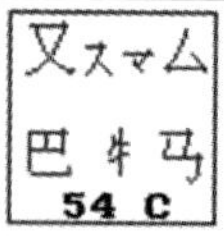 |
| X | 55 | 幺母贯头<br>弓和匕 | “幺”为【X】键的键名字根，并演变出“纟”与“乡”；“母”指成字字根“母”，并演变出“⺟”；“贯头”指字根“毌”；“弓和匕”指成字字根“弓”和“匕”，并由“匕”演变出“⺊”“七” |  |

# 8.3 98版五笔码元的调整

98 版五笔字型对 86 版中的字根进行了一定的调整。通过调整，使 98 版五笔字型的码元规范达到了 100%，98 版五笔字型码元跟 86 版五笔字型字根相比，主要作了以下三个方面的调整。

## 8.3.1 删除的码元

98 版中删除了 86 版五笔字型字根表中不规范的码元，删除的码元如下表所示。

| 键名 | 字根 | | 键名 | 字根 |
| --- | --- | --- | --- | --- |
| G | 戋 | | Q | 亅 |
| D | 犭、手 | | I | 业、业 |
| O | 业 | | H | 广、广 |
| A | 弋 | | X | 马 |
| C | 马 | | R | 乍、乍 |
| E | 豕、乡 | | P | 衤 |

## 8.3.2 新增的码元

98 版五笔字型增加了一些使用频率高的码元。这些码元多是按原版本拆分较为困难的笔画结构，如下表所示。

| 键名 | 字根 | | 键名 | 字根 |
| --- | --- | --- | --- | --- |
| F | 甘、未 | | U | 羊、羊 |
| G | 夫、年、夫、手 | | I | 肖、水 |
| D | 戊、甘 | | O | 庐、业 |
| P | 衤、衤 | | S | 甫 |
| N | 己 | | A | 井 |
| H | 少、卢 | | B | 皮 |
| E | 毛、豸 | | R | 丘 |
| V | 艮、艮 | | C | 牛、马 |
| X | 毌、幺、母 | | Q | 犭、鸟 |

## 8.3.3 码元位置的调整

与 86 版对照可以发现 98 版五笔字型还对键盘上的一些的码元的位置作了调整，如下表所示。

| 字根 | 86版键位 | 98版键位 |
|------|----------|----------|
| 乂 | Q | R |
| 力 | L | E |
| 白 | V | E |
| 几 | M | W |
| 丹 | E | U |
| 广 | Y | O |
| 乃 | E | B |
| 少 | I | H |

## 8.4  输入单个汉字

随着字根的变化，98 版五笔输入法中的键名汉字、成字码元、二级简码等内容都有所变化，要采用不同的方法进行输入。

### 8.4.1  输入键名字

98 版五笔输入法中的键名汉字只对【X】键做了调整，而键名汉字的输入方法与86 版还是一样的。键名字的输入举例如下：

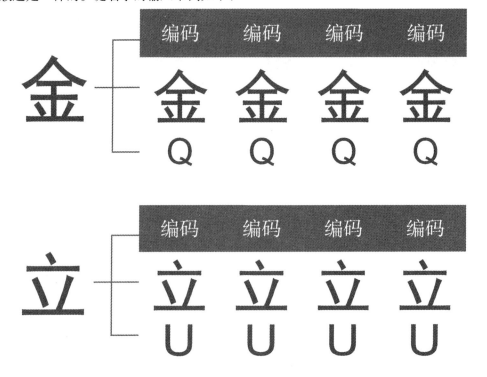

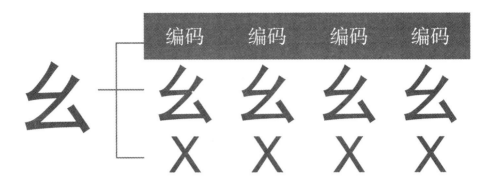

### 8.4.2　输入成字码元

98 版五笔输入法的成字码元位置有所变化，分别增加和删除了一些成字码元。成字码元的输入举例如下。

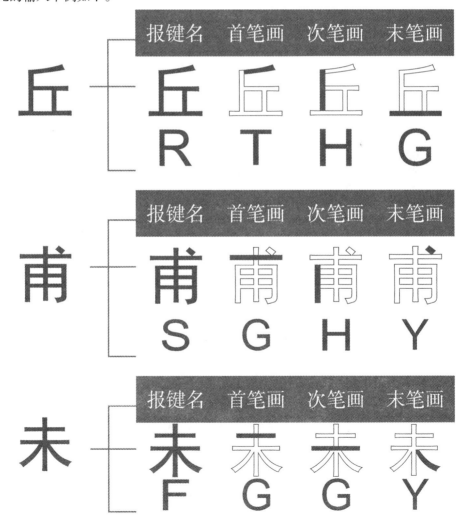

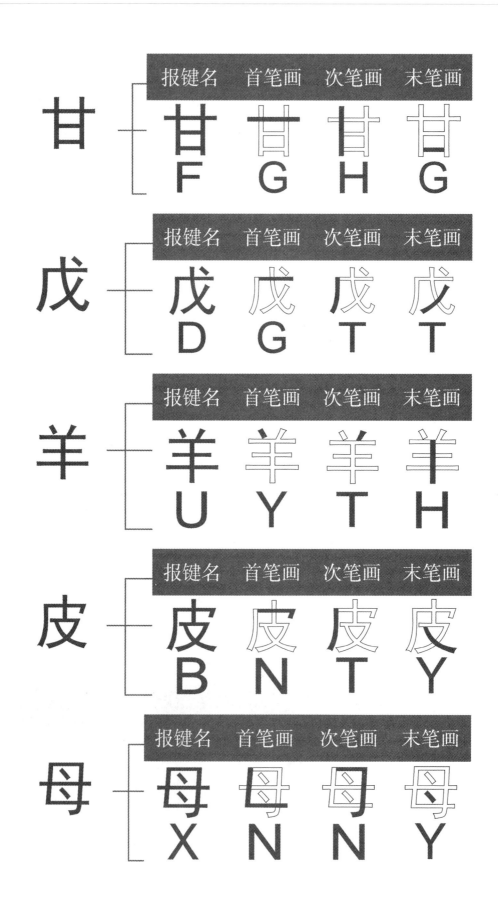

| 报键名 | 首笔画 | 次笔画 | 末笔画 |
|---|---|---|---|
| 甘 F | 甘 G | 甘 H | 甘 G |

| 报键名 | 首笔画 | 次笔画 | 末笔画 |
|---|---|---|---|
| 戊 D | 戊 G | 戊 T | 戊 T |

| 报键名 | 首笔画 | 次笔画 | 末笔画 |
|---|---|---|---|
| 羊 U | 羊 Y | 羊 T | 羊 H |

| 报键名 | 首笔画 | 次笔画 | 末笔画 |
|---|---|---|---|
| 皮 B | 皮 N | 皮 T | 皮 Y |

| 报键名 | 首笔画 | 次笔画 | 末笔画 |
|---|---|---|---|
| 母 X | 母 N | 母 N | 母 Y |

### 8.4.3 输入合体字

98 版五笔字型中的合体字指两个或两个以上的码元构成的汉字。合体字又分为两元字、三元字、四元字、多元字，不同类型的合体字，其输入方法是不一样的，输入规则跟 86 版的两码、三码、四码、超过四码单字的输入规则相同。输入不足四码的汉字，举例如下。

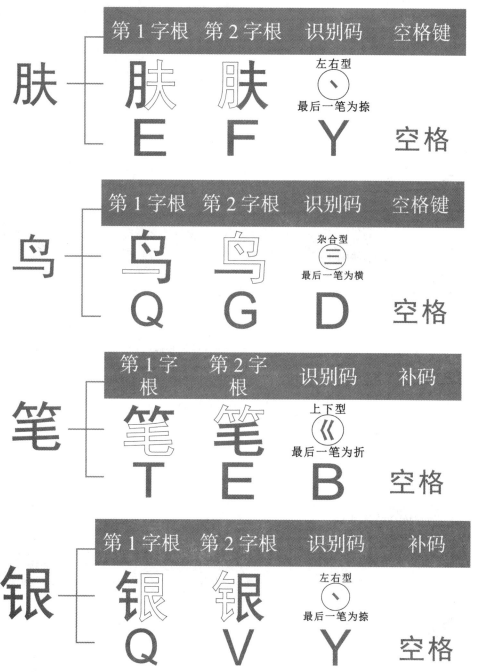

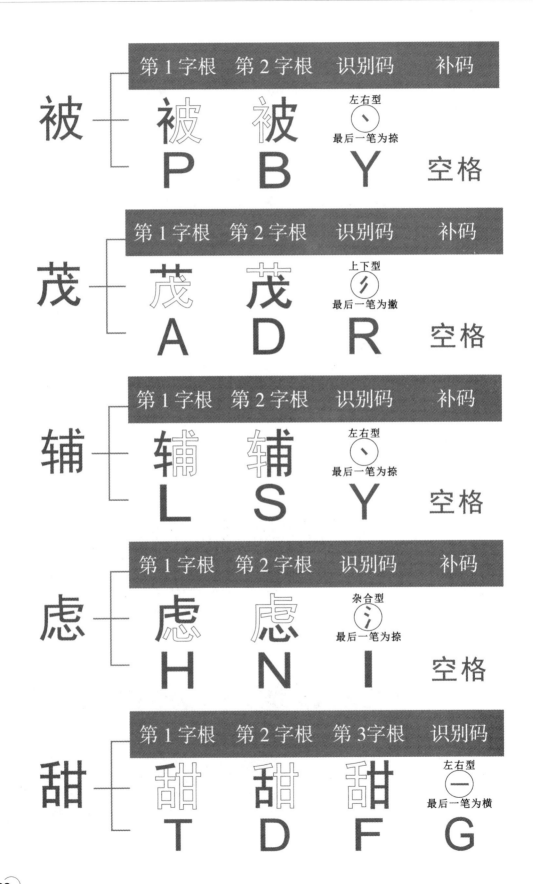

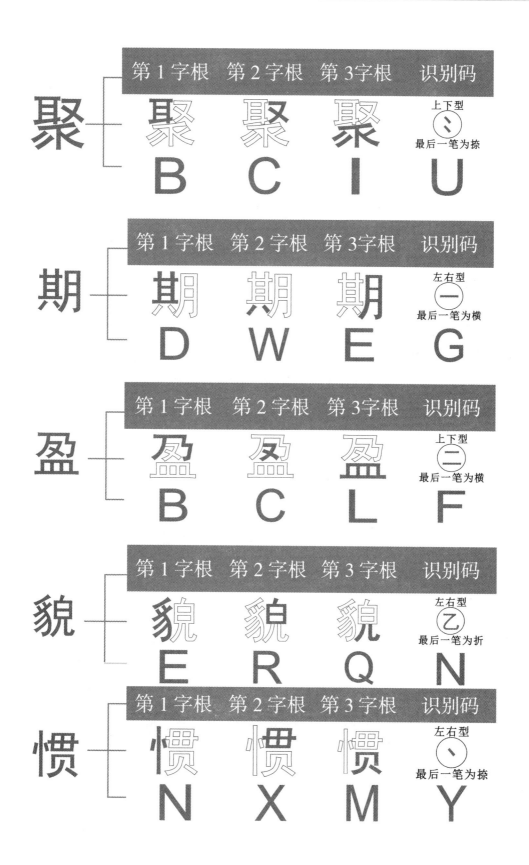

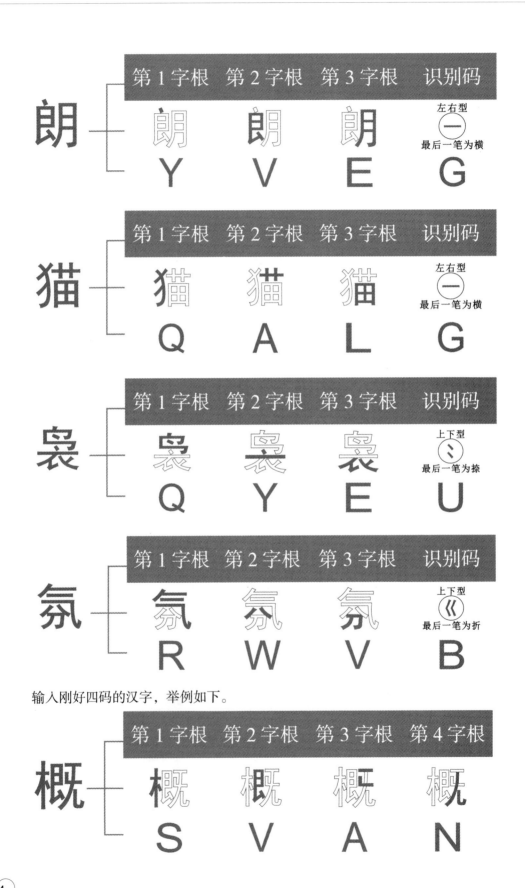

| | 第1字根 | 第2字根 | 第3字根 | 识别码 |
|---|---|---|---|---|
| 朗 | 朗 Y | 朗 V | 朗 E | 左右型 最后一笔为横 G |

| | 第1字根 | 第2字根 | 第3字根 | 识别码 |
|---|---|---|---|---|
| 猫 | 猫 Q | 猫 A | 猫 L | 左右型 最后一笔为横 G |

| | 第1字根 | 第2字根 | 第3字根 | 识别码 |
|---|---|---|---|---|
| 袤 | 袤 Q | 袤 Y | 袤 E | 上下型 最后一笔为捺 U |

| | 第1字根 | 第2字根 | 第3字根 | 识别码 |
|---|---|---|---|---|
| 氛 | 氛 R | 氛 W | 氛 V | 上下型 最后一笔为折 B |

输入刚好四码的汉字，举例如下。

| | 第1字根 | 第2字根 | 第3字根 | 第4字根 |
|---|---|---|---|---|
| 概 | 概 S | 概 V | 概 A | 概 N |

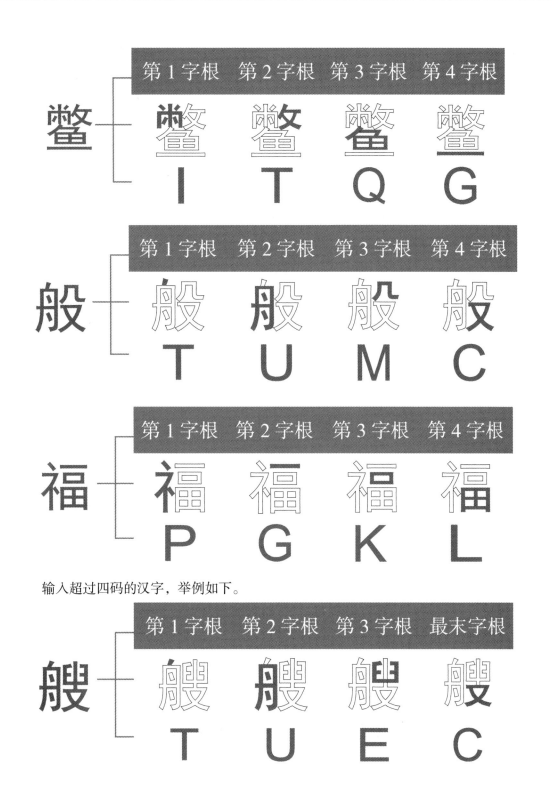

输入超过四码的汉字，举例如下。

## 8.5 简码字与词组的录入

98 版五笔输入法的简码字包括一级简码、二级简码、三级简码。一级简码有 25 个，二级简码有 600 个左右，三级简码有 4 400 多个。

### 8.5.1 输入简码字

在 98 版五笔输入法中，一级简码字的输入与前面第 6 章所介绍的完全相同，直接按简码所在键，然后敲空格即可输入。

输入二级简码字时，依次输入每个汉字的前两个字根编码即可，举例如下。

输入三级简码时，依次输入汉字的前三个字根编码，然后敲空格键即可，举例如下。

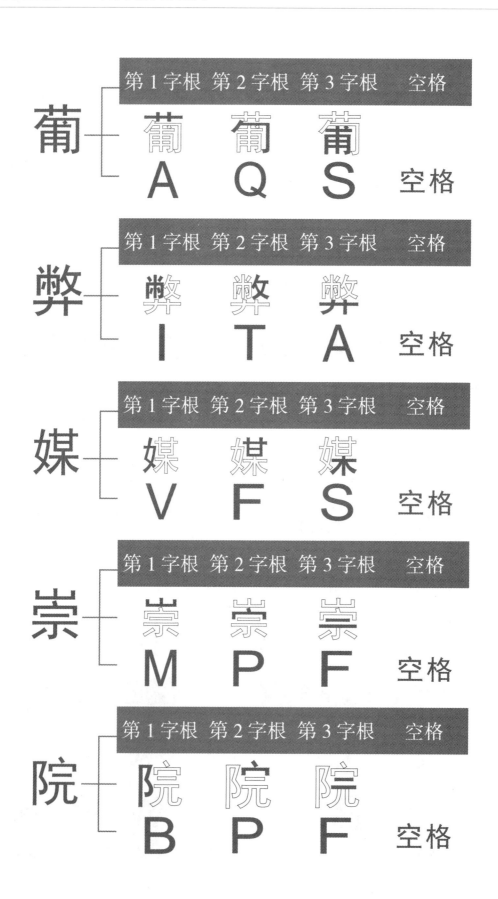

| | 第1字根 | 第2字根 | 第3字根 | 空格 |
|---|---|---|---|---|
| 葡 | 葡 A | 葡 Q | 葡 S | 空格 |
| 弊 | 弊 I | 弊 T | 弊 A | 空格 |
| 媒 | 媒 V | 媒 F | 媒 S | 空格 |
| 崇 | 崇 M | 崇 P | 崇 F | 空格 |
| 院 | 院 B | 院 P | 院 F | 空格 |

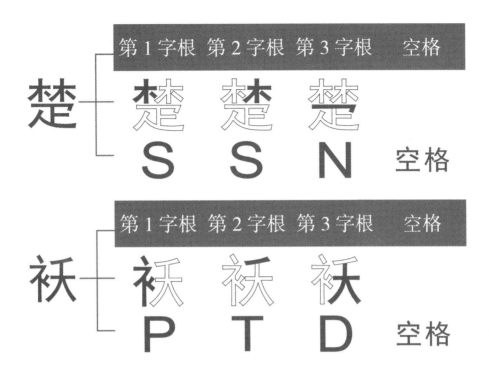

### 8.5.2 输入词组

词组根据汉字数量的不同分为二字词组、三字词组、四字词组，输入时要根据汉字的数量分别进行取码。

输入二字词组时，依次输入词组中两个汉字的前两个编码即可，举例如下。

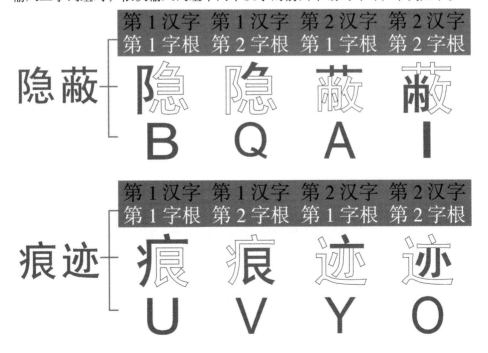

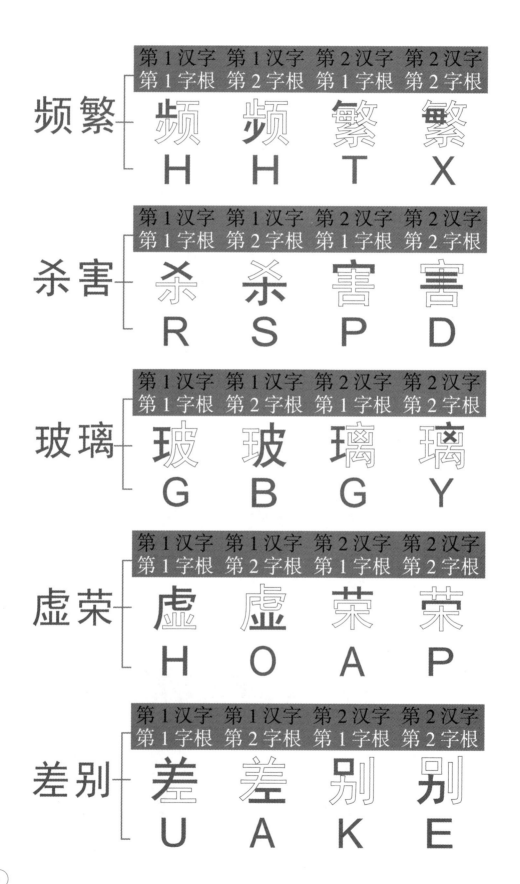

输入三字词组时，输入前两个字的第一个编码，再输入第三个字的前两个编码。举例如下。

## 苦肉计

## 笑面虎

## 科学家

## 祝福语

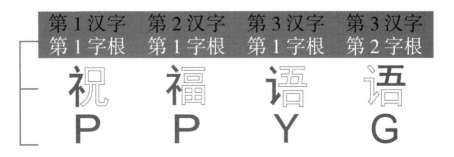

## 自治区

## 吉祥物

## 危险性

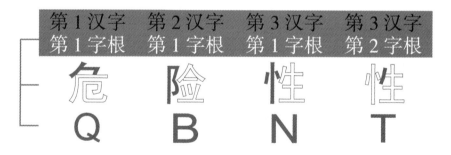

## 势利眼

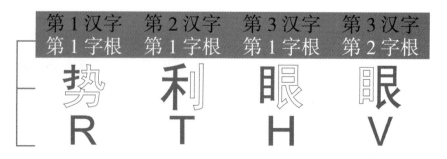

## 消费者

输入四字词组时依次输入每个汉字的第一个编码。举例如下。

## 深思熟虑

## 发表意见

## 此致敬礼

## 政治权利

## 兵临城下

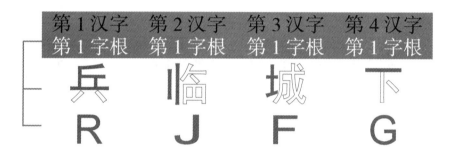

## 一物降一物

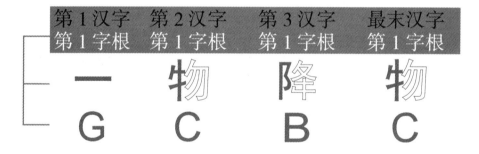

## 出淤泥而不染

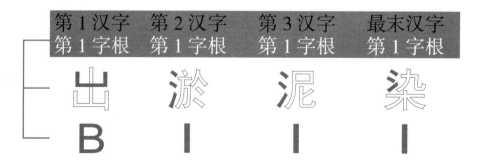

**? 新手问答**

下面,针对初学者在学习本章内容的过程中容易出现的疑难问题进行针对性的解答。

疑问 1:98 版与 86 版五笔输入有什么区别?

**答** 98 版五笔输入法是在 86 版五笔输入法的基础上改进而成的,所以 86 版五笔输入法所具有的特点 98 版五笔输入法都具有,但是它们之间又有不同之处,98 版五笔与 86 版五笔输入法的区别主要有以下几点。

对构成汉字基本单位的称谓不同:在 86 版五笔输入法中,把构成汉字的基本单位称为字根,而在 98 版五笔输入法中称为码元。

处理的汉字比以前多:在 98 版五笔输入法中,除了处理国标简体中的 6 763 个标准汉字外,还可处理 BIG5 码中的 13 053 个繁体字及大字符集中的 21 003 个字符。

码元更规范:由于 98 版五笔输入法创立了一个将相容性(用于将编码重码率降至最低)、规律性和协调性三者相统一的理论,对 86 版中不在其位的码元做了调整,在拆分汉字时拆分顺序更为合理。因此,设计出的 98 版五笔输入法与 86 版五笔输入法相比,其编码码元以及笔顺都完全符合笔画分类以及码元分布原则。

疑问 2:怎么输入"牦"字?

**答** 在输入"牦"字时,记住 98 版五笔字型中,【C】键上有独立字根"牜",【E】键上有独立的字根"毛",所以"牦"字的拆分与输入如下。

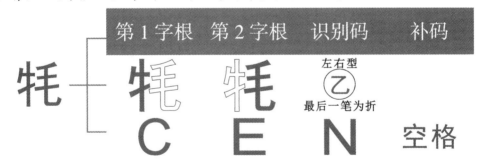

疑问 3:怎么输入"簸"字?

**答** 在输入"簸"字时,记住 98 版五笔字型中,【D】键上有独立字根"其",【B】键上有独立的字根"皮",所以"簸"字的拆分与输入如下。

**同步训练：将下列码元填入相应的键位框中**

通过前面内容的学习后，为了增强对 98 版五笔码元的键位记忆，请将下列码元填入相应的键位框中。

（1）干、龶、五、夫、且、止、卄、一、士、十、甲、寸、未、甘、雨、二、古、石、厂、犬、戊、镸、雪、厂、ナ、三、匚、戈、卝、廿、卅、艹、七、弋

| | | | | |
|---|---|---|---|---|
| | | | | |
| **11** G | **12** F | **13** D | **14** S | **15** A |

（2）川、上、卜、且、刂、止、龰、皿、车、丨、刂、曰、早、虫、川、刂、川、甲、口、四、罒、罒、由、贝、冎、门

| | | | | |
|---|---|---|---|---|
| | | | | |
| **21** H | **22** J | **23** K | **24** L | **25** M |

（3）斤、气、竹、夂、宀、勹、夂、彳、丘、乂、手、扌、豸、儿、鱼、毛、尹、厂、月、癶、灬、几、长、臼、彡、罒、亻、八、用、力、钅、夕、乚、犭

| | | | | |
|---|---|---|---|---|
| | | | | |
| **31** T | **32** R | **33** E | **34** W | **35** Q |

（4）言、讠、六、羊、文、方、亠、亠、圭、丬、丶、乀、辛、羊、丷、丬、疒、门、八、小、氵、业、广、彑、米、灬、宀、礻、辶、夂、宀、衤

| | | | | |
|---|---|---|---|---|
| | | | | |
| **41** Y | **42** U | **43** I | **44** O | **45** P |

（5）刀、九、艮、己、弓、匕、耳、了、也、乃、阝、巳、尸、彐、罒、忄、小、羽、乙、子、阝、巳、尸、尸、心、皮、巛、巴、乚、厶、母、匚、匕、纟、巛

| | | | | |
|---|---|---|---|---|
| | | | | |
| **51** N | **52** B | **53** V | **54** C | **55** X |

# 附录 五笔字型编码速查表

## 速查表使用说明

（1）本表列出了汉字的五笔字型编码与该字所对应的五笔字根，并对简码进行了标注。

（2）所有汉字均按汉语拼音顺序排序。在查找汉字时,可按汉语拼音顺序进行查找。

（3）本表包括 86 版与 98 版五笔字型汉字的编码,以 86 版编码为基准,当两个版本的编码有差异时,本表会给出 98 版本的编码（编码上有"98"字样的上标）。

（4）本表列出了汉字的标注含义示例如下。

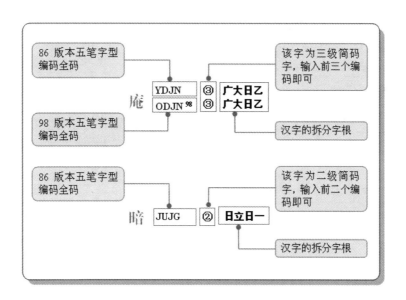

| | A | |
|---|---|---|
| | a | |
| 啊 | KBSK② | 口阝丁口 |
| 吖 | KUHH③ | 口丶丨丨 |
| | KUHH98 | 口丶丨丨 |
| 阿 | BSKG② | 阝丁口一 |
| 锕 | QBSK③ | 钅阝丁口 |
| 嘎 | KDHT | 口厂目夂 |
| | ai | |
| 哀 | YEU | 亠𧘇冫 |
| 哎 | KAQY③ | 口艹乂丶 |
| | KARY98③ | 口艹乂丶 |
| 唉 | KCTD③ | 口厶𠂊大 |
| 埃 | FCTD③ | 土厶𠂊大 |
| 挨 | RCTD③ | 扌厶𠂊大 |
| 锿 | QYEY | 钅亠𧘇丶 |
| 捱 | RDFF | 扌厂土土 |
| 皑 | RMNN | 白山己乙 |
| | RMNN98③ | 白山己乙 |
| 癌 | UKKM③ | 疒口口山 |
| 嗳 | KEPC③ | 口𤓯冖又 |
| 矮 | TDTV | 𠂊大禾女 |
| 蔼 | AYJN③ | 艹讠日乙 |
| 霭 | FYJN③ | 雨讠日乙 |
| 艾 | AQU | 艹乂冫 |
| | ARU98 | 艹乂冫 |
| 爱 | EPDC② | 𤓯冖𠂇又 |
| | EPDC98 | 𤓯冖𠂇又 |
| 砹 | DAQY | 石艹乂丶 |
| | DARY98 | 石艹乂丶 |
| 隘 | BUWL③ | 阝丷八皿 |
| 嗌 | KUWL③ | 口丷八皿 |
| 嫒 | VEPC | 女𤓯冖又 |
| | VEPC98③ | 女𤓯冖又 |
| 碍 | DJGF③ | 石日一寸 |
| 暧 | JEPC③ | 日𤓯冖又 |
| 瑷 | GEPC | 王𤓯冖又 |
| | an | |
| 安 | PVF② | 宀女二 |
| 桉 | SPVG③ | 木宀女一 |
| 氨 | RNPV③ | 𠂉乙宀女 |
| | RPVD98 | 气宀女三 |
| 庵 | YDJN | 广大日乙 |
| | ODJN98③ | 广大日乙 |
| 谙 | YUJG③ | 讠立日一 |
| 鹌 | DJNG | 大日乙一 |
| 鞍 | AFPV③ | 廿革宀女 |
| 俺 | WDJN | 亻大日乙 |
| 掩 | FDJN③ | 土大日乙 |
| 铵 | QPVG③ | 钅宀女一 |
| 揞 | RUJG | 扌立日一 |
| 犴 | QTFH | 犭丿干丨 |
| 岸 | MDFJ | 山厂干刂 |
| 按 | RPVG③ | 扌宀女一 |
| 案 | PVS③ | 宀女木 |
| 胺 | EPVG③ | 月宀女一 |

| | | |
|---|---|---|
| 暗 | JUJG② | 日立日一 |
| 黯 | LFOJ | 罒土灬日 |
| | ang | |
| 肮 | EYMN③ | 月亠几乙 |
| | EYWN98③ | 月亠几乙 |
| 昂 | JQBJ③ | 日匚卩刂 |
| 盎 | MDLF③ | 门大皿二 |
| | ao | |
| 熬 | GQTO | 耂勹夂灬 |
| 凹 | MMGD | 几门一三 |
| | HNHG98 | 丨乙丨一 |
| 坳 | FXLN | 土幺力乙 |
| | FXET98③ | 土幺力乙 |
| 敖 | GQTY | 耂勹夂丶 |
| 嗷 | KGQT | 口耂勹夂 |
| 廒 | YGQT | 广耂勹夂 |
| | OGQT98③ | 广耂勹夂 |
| 獒 | GQTD | 耂勹夂犬 |
| 遨 | GQTP | 耂勹夂辶 |
| 翱 | RDFN | 白大十羽 |
| 聱 | GQTB | 耂勹夂耳 |
| 螯 | GQTJ | 耂勹夂虫 |
| 鳌 | GQTG | 耂勹夂一 |
| 廑 | YNJQ | 广彐刂金 |
| | OXXQ98 | 声匕匕金 |
| 袄 | PUTD③ | 衤丶丿大 |
| 媪 | VJLG③ | 女日皿一 |
| 吞 | TDMJ | 丿大山刂 |
| 傲 | WGQT | 亻耂勹夂 |
| 奥 | TMOD③ | 丿冂米大 |
| 骜 | GQTC | 耂勹夂马 |
| | GQTG98 | 耂勹夂一 |
| 澳 | ITMD③ | 氵丿冂大 |
| 懊 | NTMD③ | 忄丿冂大 |
| 鏊 | GQTQ | 耂勹夂金 |
| | B | |
| | ba | |
| 八 | WTY | 八丿丶 |
| 巴 | CNHN③ | 巴乙丨乙 |
| 叭 | KWY | 口八丶 |
| 吧 | KCN② | 口巴乙 |
| 岜 | MCB | 山巴《 |
| 芭 | ACB② | 艹巴《 |
| 疤 | UCV | 疒巴巛 |
| 捌 | RKLJ | 扌口力刂 |
| | RKEJ98 | 扌口力刂 |
| 笆 | TCB | 𥫗巴《 |
| 粑 | OCN | 米巴乙 |
| 拔 | RDCY③ | 扌𠂇又丶 |
| | RDCY98③ | 扌𠂇又丶 |
| 茇 | ADCU③ | 艹𠂇又冫 |
| | ADCY98③ | 艹𠂇又丶 |
| 菝 | ARDC③ | 艹扌𠂇又 |
| | ARDY98③ | 艹扌𠂇丶 |
| 跋 | KHDC | 口止𠂇又 |
| | KHDY98 | 口止𠂇丶 |

| | | |
|---|---|---|
| 魃 | RQCC | 白儿厶又 |
| | RQCY98 | 白儿厶丶 |
| 把 | RCN | 扌巴乙 |
| 钯 | QCN | 钅巴乙 |
| 靶 | AFCN③ | 廿革巴乙 |
| 坝 | FMY | 土贝丶 |
| 爸 | WQCB③ | 八乂巴《 |
| | WRCB98③ | 八乂巴《 |
| 罢 | LFCU③ | 罒土厶冫 |
| 鲅 | QGDC | 鱼一𠂇又 |
| | QGDY98 | 鱼一𠂇丶 |
| 霸 | FAFE③ | 雨廿革月 |
| 灞 | IFAE③ | 氵雨廿月 |
| 耙 | DICN③ | 三小巴乙 |
| | FSCN98③ | 二木巴乙 |
| | bai | |
| 白 | RRRR③ | (键名字) |
| 掰 | RWVR | 手八刀手 |
| 佰 | WDJG③ | 亻丆日一 |
| 柏 | SRG | 木白一 |
| 捭 | RRTF③ | 扌白丿十 |
| 摆 | RLFC③ | 扌罒土厶 |
| 败 | MTY | 贝夂丶 |
| | MTY98② | 贝夂丶 |
| 拜 | RDFH | 𠂉三十丨 |
| 稗 | TRTF | 禾白丿十 |
| | TRTF98③ | 禾白丿十 |
| | ban | |
| 班 | GYTG③ | 王丶丿王 |
| 扳 | RRCY③ | 扌厂又丶 |
| 般 | TEMC③ | 丿舟几又 |
| | TUWC98③ | 丿舟几又 |
| 颁 | WVDM③ | 八刀丆贝 |
| 斑 | GYGG③ | 王文王一 |
| 搬 | RTEC③ | 扌丿舟又 |
| | RTUC98③ | 扌丿舟又 |
| 癍 | UTEC | 疒丿舟又 |
| | UTUC98 | 疒丿舟又 |
| 瘢 | UGYG③ | 疒王文王 |
| | UGYG98 | 疒王文王 |
| 阪 | BRCY | 阝厂又丶 |
| 坂 | FRCY③ | 土厂又丶 |
| 板 | SRCY③ | 木厂又丶 |
| 版 | THGC | 丿丨一又 |
| 钣 | QRCY③ | 钅厂又丶 |
| 舨 | TERC | 丿舟厂又 |
| | TURC98 | 丿舟厂又 |
| 办 | LWI② | 力八氵 |
| | EW98 | 力八 |
| 半 | UFK② | 丷十刂 |
| | UGK98② | 丷干刂 |
| 伴 | WUFH③ | 亻丷十丨 |
| | WUGH98 | 亻丷干丨 |
| 扮 | RWVN③ | 扌八刀乙 |
| | RWVT98 | 扌八刀丿 |
| 拌 | RUFH | 扌丷十丨 |

| | | | | | | | | |
|---|---|---|---|---|---|---|---|---|
| 拌 | RUGH⁹⁸ | 扌丷一丨 | 陂 | BHCY③ | 阝广又丶 | | bi | |
| 绊 | XUFH③ | 纟丷十丨 | | BBY⁹⁸ | 阝皮丶 | 逼 | GKLP | 一口田辶 |
| | XUGH⁹⁸③ | 纟丷十丨 | 阜 | RTFJ | 白丿十刂 | 荸 | AFPB | 艹十宀子 |
| 辫 | URCU③ | 辛厂厶辛 | | RTFJ⁹⁸③ | 白丿十刂 | 鼻 | THLJ③ | 丿目田刂 |
| | bang | | 悲 | DJDN | 三刂三心 | 匕 | XTN | 匕丿乙 |
| 帮 | DTBH② | 三丿阝丨 | | HDHN⁹⁸③ | 丨三丨心 | 比 | XXN② | 匕匕乙 |
| | DTBH⁹⁸ | 三丿阝丨 | 碑 | DRTF③ | 石白丿十 | 吡 | KXXN③ | 口匕匕乙 |
| 邦 | DTBH③ | 三丿阝丨 | 鹎 | RTFG | 白丿十一 | | KXXN⁹⁸ | 口匕匕乙 |
| 梆 | SDTB③ | 木三丿阝 | 北 | UXN② | 丬匕乙 | 妣 | VXXN③ | 女匕匕乙 |
| 浜 | IRGW | 氵斤一八 | 贝 | MHNY | 贝丨乙丶 | 彼 | THCY③ | 彳广又丶 |
| | IRWY⁹⁸③ | 氵丘八丶 | 狈 | QTMY | 犭丿贝丶 | | TBY⁹⁸ | 彳皮丶 |
| 绑 | XDTB③ | 纟三丿阝 | | QTMY⁹⁸③ | 犭丿贝丶 | 秕 | TXXN③ | 禾匕匕乙 |
| 榜 | SUPY③ | 木立宀方 | 邶 | UXBH③ | 丬匕阝丨 | 俾 | WRTF③ | 亻白丿十 |
| | SYUY⁹⁸③ | 木宀丷方 | 备 | TLF | 夂田二 | 笔 | TTFN② | 竹丿二乙 |
| 膀 | EUPY③ | 月六宀方 | | TLF⁹⁸② | 夂田二 | | TEB⁹⁸ | 竹毛巛 |
| | EYUY⁹⁸③ | 月宀丷方 | 背 | UXEF | 丬匕月二 | 舭 | TEXX③ | 丿舟匕匕 |
| 傍 | WUPY③ | 亻立宀方 | 钡 | QMY | 钅贝丶 | | TUXX⁹⁸ | 丿舟匕匕 |
| | WYUY⁹⁸ | 亻宀丷方 | 倍 | WUKG③ | 亻立口一 | 鄙 | KFLB③ | 口十口阝 |
| 谤 | YUPY③ | 讠立宀方 | 悖 | NFPB③ | 忄十宀子 | 币 | TMHK③ | 丿冂丨川 |
| | YYUY⁹⁸③ | 讠宀丷方 | 被 | PUHC | 衤冫广又 | 必 | NTE② | 心丿丿 |
| 棒 | SDWH③ | 木三人丨 | | PUBY⁹⁸③ | 衤冫皮丶 | 毕 | XXFJ③ | 匕匕十刂 |
| | SDWG⁹⁸ | 木三八手 | 惫 | TLNU③ | 夂田心冫 | 闭 | UFTE③ | 门十丿彡 |
| 蒡 | AUPY | 艹立宀方 | 焙 | OUKG③ | 火立口一 | 庇 | YXXV③ | 广匕匕巛 |
| | AYUY⁹⁸ | 艹宀丷方 | | OUKG⁹⁸ | 火立口一 | | OXXV⁹⁸ | 广匕匕巛 |
| 磅 | DUPY③ | 石立宀方 | 辈 | DJDL | 三刂三车 | 畀 | LGJJ③ | 田一川刂 |
| | DYUY⁹⁸③ | 石宀丷方 | | HDHL⁹⁸ | 丨三丨车 | 哔 | KXXF | 口匕匕十 |
| 镑 | QUPY③ | 钅立宀方 | 碚 | DUKG③ | 石立口一 | 愸 | XXNT | 匕匕心丿 |
| | QYUY⁹⁸③ | 钅宀丷方 | 蓓 | AWUK③ | 艹亻立口 | 荜 | AXXF | 艹匕匕十 |
| | bao | | 褙 | PUUE | 衤冫丬月 | 陛 | BXXF② | 阝匕匕土 |
| 包 | QNV② | 勹巳巛 | 鞴 | AFAE | 廿革共用 | 毙 | XXGX | 匕匕一匕 |
| 孢 | BQNN③ | 子勹巳乙 | 鞴 | NKUQ | 尸口辛金 | 狴 | QTXF | 犭丿匕土 |
| 苞 | AQNB③ | 艹勹巳巛 | 孛 | FPB | 十宀子 | 铋 | QNTT | 钅心丿丿 |
| 胞 | EQNN③ | 月勹巳乙 | | ben | | 婢 | VRTF③ | 女白丿十 |
| 煲 | WKSO | 亻口木火 | 奔 | DFAJ③ | 大十卅刂 | 敝 | UMIT③ | 丷冂小攵 |
| 鲍 | HWBN | 止人凵巴 | 贲 | FAMU③ | 十卅贝丷 | | ITY⁹⁸ | 肖攵丶 |
| 襃 | YWKE③ | 亠亻口衣 | 锛 | QDFA③ | 钅大十卅 | 萆 | ARTF③ | 艹白丿十 |
| 雹 | FQNB③ | 雨勹巳巛 | 本 | SGD② | 木一三 | 弼 | XDJX | 弓丆日弓 |
| 宝 | PGYU③ | 宀王丶冫 | 苯 | ASGF③ | 艹木一二 | 愎 | NTJT | 忄一日攵 |
| 饱 | QNQN | 饣乙勹巳 | 畚 | CDLF③ | 厶大田二 | 箅 | TXXF | 竹匕匕十 |
| 保 | WKSY② | 亻口木丶 | 坌 | WVFF | 八刀土二 | 滗 | ITTN③ | 氵竹丿乙 |
| 鸨 | XFQG③ | 匕十勹一 | | WVFF⁹⁸③ | 八刀土二 | | ITEN⁹⁸ | 氵竹毛乙 |
| 堡 | WKSF | 亻口木土 | 笨 | TSGF③ | 竹木一二 | 痹 | ULGJ | 疒田一刂 |
| 葆 | AWKS③ | 艹亻口木 | | beng | | 蓖 | ATLX③ | 艹丿口匕 |
| 褓 | PUWS | 衤冫亻木 | 崩 | MEEF③ | 山月月二 | 裨 | PURF③ | 衤冫白十 |
| 报 | RBCY② | 扌卩又丶 | 蚌 | JDHH③ | 虫三丨丨 | 跸 | KHXF | 口止匕十 |
| 抱 | RQNN③ | 扌勹巳乙 | 绷 | XEEG③ | 纟月月一 | 辟 | NKUH③ | 尸口辛丨 |
| 豹 | EEQY | 四勹勹丶 | 嘣 | KMEE③ | 口山月月 | 弊 | UMIA | 丷冂小卅 |
| | EQYY⁹⁸③ | 豸勹丶 | | KMEE⁹⁸ | 口山月月 | | ITAJ⁹⁸ | 肖攵卅刂 |
| 趵 | KHQY | 口止勹丶 | 甭 | GIEJ③ | 一小用刂 | 碧 | GRDF③ | 王白石二 |
| 鲍 | QGQN③ | 鱼一勹巳 | | DHEJ⁹⁸ | 丆卜用刂 | 箅 | TLGJ③ | 竹田一刂 |
| 暴 | JAWI③ | 日共八水 | 泵 | DIU | 石水冫 | 蔽 | AUMT③ | 艹丷冂攵 |
| 爆 | OJAI③ | 火日共水 | 迸 | UAPK③ | 丷井辶川 | | AITU⁹⁸ | 艹肖攵冫 |
| | bei | | 甏 | FKUN | 土口丷乙 | 壁 | NKUF | 尸口辛土 |
| 杯 | SGIY③ | 木一小丶 | | FKUY⁹⁸ | 士口丷乙 | 臂 | NKUV | 尸口辛女 |
| | SDHY⁹⁸③ | 木丆丨丶 | 蹦 | KHME | 口止山月 | 篦 | TTLX | 竹丿口匕 |
| 呗 | KMY | 口贝丶 | | KHME⁹⁸③ | 口止山月 | 薜 | ANKU③ | 艹尸口辛 |

| | | | | | | | | | |
|---|---|---|---|---|---|---|---|---|---|
| 避 | NKUP② | 尸口辛辶 | 镳 | QYNO | 钅广コ灬 | 玻 | GHCY③ | 王广又丶 |
| 濞 | ITHJ | 氵丿目刂 | | QOXO98③ | 钅严匕灬 | | GBY98 | 王皮丶 |
| 臂 | NKUE | 尸口辛月 | 表 | GEU② | 圭⺅丿 | 拨 | RNTY③ | 扌乙丿丶 |
| 髀 | MERF | 冎月白十 | 嫖 | VGEY | 女圭⺅丶 | 波 | IHCY③ | 氵广又丶 |
| 壁 | NKUY | 尸口辛丶 | 裱 | PUGE | 衤丶圭⺅ | | IBY98② | 氵皮丶 |
| 襞 | NKUE | 尸口辛仪 | 鳔 | QGSI③ | 鱼一西小 | 剥 | VIJH | ヨ水刂丨 |

| bian | | | bie | | | | VIJH98③ | ヨ水刂丨 |
|---|---|---|---|---|---|---|---|---|
| 边 | LPV② | 力辶巛 | 别 | KLJH③ | 口力刂丨 | 钵 | QSGG③ | 钅木一一 |
| | EP98 | 力辶 | | KEJH98③ | 口力刂丨 | 饽 | QNFB③ | 勹乙十子 |
| 砭 | DTPY③ | 石丿之丶 | 憋 | UMIN | 丷冂小心 | | QNFB98③ | 勹乙十子 |
| 箯 | TLPU③ | 竹力辶 | | ITNU98 | 肖攵心 | 啵 | KIHC③ | 口氵广又 |
| | TEPU98③ | 竹力辶 | 鳖 | UMIG | 丷冂小一 | | KIBY98③ | 口氵皮丶 |
| 编 | XYNA | 纟丶尸廾 | | ITQG98 | 肖攵鱼一 | 伯 | WRG | 亻白一 |
| 煸 | OYNA | 火丶尸廾 | 蹩 | UMIH | 丷冂小止 | 泊 | IRG② | 氵白一 |
| 蝙 | JYNA | 虫丶尸廾 | | ITKH98 | 肖攵口止 | | IRG98 | 氵白一 |
| 鳊 | QGYA | 鱼一丶廾 | 瘪 | UTHX | 疒丿目匕 | 脖 | EFPB③ | 月十宀子 |
| 鞭 | AFWQ③ | 廿革亻义 | bin | | | 菠 | AIHC③ | 艹氵广又 |
| | AFWR98 | 廿革亻义 | 宾 | PRGW③ | 宀斤一八 | | AIBU98 | 艹氵皮氵 |
| 贬 | MTPY③ | 贝丿之丶 | | PRWU98③ | 宀丘八丷 | 播 | RTOL | 扌丿米田 |
| 扁 | YNMA | 丶尸冂廾 | 彬 | SSET③ | 木木彡丿 | | RTOL98 | 扌丿米田 |
| 窆 | PWTP | 宀八丿之 | 傧 | WPRW | 亻宀斤八 | 驳 | CQQY③ | 马乂乂丶 |
| 匾 | AYNA | 匚丶尸廾 | 斌 | YGAH③ | 文一弋止 | | CGRR98 | 马一乂乂 |
| 碥 | DYNA | 石丶尸廾 | 滨 | IPRW③ | 氵宀斤八 | 帛 | RMHJ③ | 白冂丨刂 |
| 褊 | PUYA | 衤丶丶廾 | 缤 | XPRW③ | 纟宀斤八 | 勃 | FPBL③ | 十宀子力 |
| 卞 | YHU | 丶卜 | 槟 | SPRW③ | 木宀斤八 | | FPBE98③ | 十宀子力 |
| 弁 | CAJ | 厶廾刂 | 镔 | QPRW③ | 钅宀斤八 | 钹 | QDCY | 钅ナ又丶 |
| 忭 | NYHY | 忄丶卜 | 濒 | IHIM | 氵止小贝 | | QDCY98③ | 钅ナ又丶 |
| 汴 | IYHY | 氵丶卜 | | IHHM98 | 氵止少贝 | 铂 | QRG | 钅白一 |
| 苄 | AYHU③ | 艹丶卜 | 豳 | EEMK | 豕豕山川 | 舶 | TERG③ | 丿舟白一 |
| 便 | WGJQ③ | 亻一日乂 | | MGEE98③ | 山一豕豕 | | TURG98③ | 丿舟白一 |
| | WGJR98 | 亻一日乂 | 摈 | RPRW③ | 扌宀斤八 | 博 | FGEF | 十一月寸 |
| 变 | YOCU② | 亠小又 | 殡 | GQPW③ | 一夕宀八 | | FSFY98③ | 十甫寸丶 |
| | YOCU98③ | 亠小又 | | GQPW98 | 一夕宀八 | 渤 | IFPL③ | 氵十宀力 |
| 缏 | XWGQ | 纟亻一乂 | 膑 | EPRW③ | 月宀斤八 | | IFPE98③ | 氵十宀力 |
| | XWGR98 | 纟亻一乂 | 髌 | MEPW | 冎月宀八 | 鹁 | FPBG | 十宀子一 |
| 遍 | YNMP③ | 丶尸冂辶 | 鬓 | DEPW | 镸彡宀八 | 搏 | RGEF | 扌一月寸 |
| 辨 | UYTU③ | 辛丶丿辛 | 玢 | GWVN③ | 王八刀乙 | | RSFY98③ | 扌甫寸丶 |
| | UYTU98 | 辛丶丿辛 | | GWVT98 | 王八刀丿 | 箔 | TIRF③ | 竹氵白二 |
| 辩 | UYUH③ | 辛讠辛刂 | bing | | | 脯 | EGEF | 月一月寸 |
| 辫 | UXUH③ | 辛纟辛刂 | 兵 | RGWU③ | 斤一八丷 | | ESFY98③ | 月甫寸丶 |
| biao | | | | RWU98② | 丘八丷 | 踣 | KHUK | 口止立口 |
| 标 | SFIY③ | 木二小丶 | 冰 | UIY② | 冫水丶 | 薄 | AIGF③ | 艹氵一寸 |
| 彪 | HAME | 虍七几彡 | 丙 | GMWI③ | 一冂人氵 | | AISF98 | 艹氵甫寸 |
| | HWEE98③ | 虍几彡彡 | 邴 | GMWB | 一冂人阝 | 礴 | DAIF③ | 石艹氵寸 |
| 飑 | MQQN | 几乂勺巴 | 秉 | TGVI③ | 丿一彐小 | 跛 | KHHC | 口止广又 |
| | WRQN98 | 几乂勺巴 | | TVDI98③ | 禾彐三小 | | KHBY98③ | 口止皮丶 |
| 髟 | DET | 镸彡丿 | 柄 | SGMW③ | 木一冂人 | 簸 | TADC | 竹艹三又 |
| 骠 | CSFI③ | 马西二小 | | SGMW98 | 木一冂人 | | TDWB98 | 竹甚八皮 |
| | CGSI98③ | 马一西小 | 炳 | OGMW③ | 火一冂人 | 擘 | NKUR | 尸口辛手 |
| 膘 | ESFI③ | 月西二小 | 饼 | QNUA③ | 勹乙丷廾 | 檗 | NKUS | 尸口辛木 |
| 瘭 | USFI③ | 疒西二小 | 禀 | YLKI | 亠口口小 | bu | | |
| 镖 | QSFI③ | 钅西二小 | 并 | UAJ② | 丷廾刂 | 不 | GII② | 一小氵 |
| 飙 | DDDQ | 犬犬犬乂 | 病 | UGMW③ | 疒一冂人 | | DHI98 | 丆卜氵 |
| | DDDR98 | 犬犬犬乂 | 摒 | RNUA | 扌尸丷廾 | 逋 | GEHP | 一月丨辶 |
| 飚 | MQOO③ | 几乂火火 | | RNUA98③ | 扌尸丷廾 | | SPI98 | 甫辶氵 |
| | WROO98 | 几乂火火 | bo | | | 钸 | QDMH | 钅ナ冂丨 |

| 字 | 编码 | 拆分 |
|---|---|---|
| 铈 | QDMH⁹⁸③ | 钅丆门丨 |
| 晡 | JGEY | 日一月、 |
|  | JSY⁹⁸ | 日甫、 |
| 醭 | SGOY | 西一业八 |
| 卜 | HHY | 卜丨、 |
| 卟 | KHY | 口卜、 |
| 补 | PUHY③ | 衤丨卜、 |
| 哺 | KGEY③ | 口一月、 |
|  | KSY⁹⁸ | 口甫、 |
| 捕 | RGEY③ | 扌一月、 |
|  | RSY⁹⁸ | 扌甫、 |
| 布 | DMHJ③ | ナ门丨刂 |
| 步 | HIR② | 止小彡 |
|  | HHR⁹⁸② | 止少彡 |
| 怖 | NDMH③ | 忄ナ门丨 |
| 钚 | QGIY | 钅一小、 |
|  | QDHY⁹⁸ | 钅丆卜、 |
| 部 | UKBH② | 立口阝丨 |
|  | UKBH⁹⁸③ | 立口阝丨 |
| 埠 | FWNF③ | 土亻冂十 |
| 埠 | FTNF⁹⁸③ | 土丿乛十 |
| 瓿 | UKGN③ | 立口一乙 |
|  | UKGY⁹⁸③ | 立口一、 |
| 簿 | TIGF③ | ⺮氵一寸 |
|  | TISF⁹⁸③ | ⺮氵甫寸 |
| **C** | | |
| **ca** | | |
| 擦 | RPWI | 扌宀癶小 |
| 嚓 | KPWI③ | 口宀癶小 |
| 礤 | DAWI③ | 石⺗癶小 |
| **cai** | | |
| 猜 | QTGE | 犭丿㐍月 |
| 才 | FTE② | 十丿彡 |
| 材 | SFTT③ | 木十丿丿 |
| 财 | MFTT② | 贝十丿丿 |
| 裁 | FAYE③ | 十戈亠⿂ |
| 采 | ESU② | 爫木丷 |
| 彩 | ESET③ | 爫木彡丿 |
| 睬 | HESY③ | 目爫木丶 |
| 踩 | KHES | 口止爫木 |
| 菜 | AESU② | ⺍爫木丷 |
|  | AESU⁹⁸③ | ⺍爫木丷 |
| 蔡 | AWFI③ | ⺍癶二小 |
| **can** | | |
| 餐 | HQCE② | 卜夕又⺁ |
|  | HQCV⁹⁸② | 卜夕又⺁ |
| 参 | CDER② | ム大彡 |
| 骖 | CCDE③ | 马ム大彡 |
|  | CGCE⁹⁸ | 马一ム彡 |
| 残 | GQGT③ | 一夕戋丿 |
|  | GQGA⁹⁸③ | 一夕一戈 |
| 蚕 | GDJU③ | 一大虫 |
| 惭 | NLRH② | 忄车斤丨 |
| 惨 | NCDE③ | 忄ム大彡 |
| 黪 | LFOE | 四土灬彡 |
| 灿 | OMH② | 火山丨 |

| 字 | 编码 | 拆分 |
|---|---|---|
| 璨 | HQCO | 卜夕又米 |
|  | GHQO③ | 王卜夕米 |
| 屏 | NBBB③ | 尸子子子 |
| **cang** | | |
| 仓 | WBB | 人巳《 |
| 伧 | WWBN | 亻人巳乙 |
| 沧 | IWBN③ | 氵人巳乙 |
| 苍 | AWBB③ | ⺍人巳《 |
| 舱 | TEWB③ | 丿舟人巳 |
|  | TUWB⁹⁸ | 丿舟人巳 |
| 藏 | ADNT | ⺍厂乙丿 |
|  | AAUN⁹⁸③ | ⺍戈丬乙 |
| **cao** | | |
| 操 | RKKS③ | 扌口口木 |
|  | RKKS⁹⁸ | 扌口口木 |
| 糙 | OTFP③ | 米丿土辶 |
| 曹 | GMAJ③ | 一冂共日 |
|  | GMAJ⁹⁸ | 一冂共日 |
| 嘈 | KGMJ | 口一冂日 |
| 漕 | IGMJ | 氵一冂日 |
| 槽 | SGMJ | 木一冂日 |
|  | SGMJ③ | 木一冂日 |
| 艚 | TEGJ | 丿舟一日 |
|  | TUGJ⁹⁸③ | 丿舟一日 |
| 蟽 | JGMJ | 虫一冂日 |
| 草 | AJJ | ⺍早刂 |
| **ce** | | |
| 策 | TGMI③ | ⺮一冂小 |
|  | TSMB⁹⁸③ | ⺮木门《 |
| 册 | MMGD② | 冂冂一三 |
| 侧 | WMJH③ | 亻贝刂丨 |
| 厕 | DMJK | ⺁贝刂川 |
|  | DMJK⁹⁸③ | ⺁贝刂川 |
| 恻 | NMJH③ | 忄贝刂丨 |
| 测 | IMJH③ | 氵贝刂丨 |
| **cen** | | |
| 岑 | MWYN | 山人、乙 |
| 涔 | IMWN③ | 氵山人乙 |
| **ceng** | | |
| 层 | NFCI③ | 尸二厶氵 |
| 噌 | KULJ③ | 口丷四日 |
| 蹭 | KHUJ | 口止丷日 |
| 曾 | ULJ② | 丷四日 |
|  | ULJ⁹⁸③ | 丷四日 |
| **cha** | | |
| 插 | RTFV③ | 扌丿十臼 |
|  | RTFE⁹⁸ | 扌丿十臼 |
| 叉 | CYI | 又、氵 |
| 杈 | SCYY | 木又、、 |
| 馇 | QNSG③ | 夕乙木一 |
| 锸 | QTFV | 钅丿十臼 |
|  | QTFE⁹⁸ | 钅丿十臼 |
| 查 | SJGF② | 木日一二 |
| 苴 | ADHF | ⺍ナ丨土 |
| 茶 | AWSU③ | ⺍人木丷 |
| 搽 | RAWS | 扌⺍人木 |

| 字 | 编码 | 拆分 |
|---|---|---|
| 槎 | SUDA | 木丷手工 |
|  | SUAG⁹⁸③ | 木羊工一 |
| 察 | PWFI | 宀癶二小 |
| 磜 | DSJG③ | 石木日一 |
| 檫 | SPWI | 木宀癶小 |
| 衩 | PUCY③ | 衤氵又 |
| 镲 | QPWI | 钅宀癶小 |
| 汊 | ICYY | 氵又、、 |
| 岔 | WVMJ | 八刀山川 |
| 诧 | YPTA | 讠宀丿七 |
|  | YPTA⁹⁸③ | 讠宀丿七 |
| 姹 | VPTA③ | 女宀丿七 |
| 差 | UDAF③ | 丷𦍌工二 |
|  | UAF⁹⁸ | 羊工二 |
| **chai** | | |
| 拆 | RRYY③ | 扌斤、、 |
| 钗 | QCYY③ | 钅又、、 |
| 侪 | WYJH③ | 亻文刂丨 |
| 柴 | HXSU③ | 止匕木丷 |
| 豺 | EEFT③ | 四丩十丿 |
|  | EFTT⁹⁸③ | 豸十丿丿 |
| 虿 | DNJU | ⺁乙虫 |
|  | GQJU⁹⁸ | 一勺虫丶 |
| 瘥 | UUDA③ | 疒丷𦍌工 |
|  | UUAD⁹⁸③ | 疒羊工三 |
| **chan** | | |
| 搀 | RQKU | 扌⺈口丷 |
| 觇 | HKMQ③ | 卜口冂儿 |
| 掺 | RCDE③ | 扌ム大彡 |
| 婵 | VUJF③ | 女丷日十 |
| 谗 | YQKU③ | 讠⺈口丷 |
| 禅 | PYUF | 礻、丷十 |
| 馋 | QNUU | 夕乙丷丷 |
| 缠 | XYJF③ | 纟广日土 |
|  | XOJF⁹⁸③ | 纟广日土 |
| 蝉 | JUJF | 虫丷日十 |
| 廛 | YJFF③ | 广日土土 |
|  | OJFF⁹⁸ | 广日土土 |
| 潺 | INBB | 氵尸子子 |
|  | INBB⁹⁸③ | 氵尸子子 |
| 镡 | QSJH | 钅西早丨 |
|  | QSJH⁹⁸③ | 钅西早丨 |
| 蟾 | JQDY③ | 虫⺈厂言 |
| 躔 | KHYF | 口止广土 |
|  | KHOF⁹⁸ | 口止广土 |
| 产 | UTE② | 立丿彡 |
|  | UTE⁹⁸ | 立丿彡 |
| 谄 | YQVG | 讠⺈臼一 |
|  | YQEG⁹⁸③ | 讠⺈臼一 |
| 铲 | QUTT③ | 钅立丿丿 |
| 阐 | UUJF③ | 门丷日十 |
| 蒇 | ADMT | ⺍厂贝丿 |
|  | ADMU⁹⁸ | ⺍戈贝丷 |
| 蹿 | UJFE | 丷日十⻊ |
| 忏 | NTFH | 忄丿十丨 |
|  | NTFH⁹⁸③ | 忄丿十丨 |

| 字 | 编码 | 字根 |
|---|---|---|
| 颤 | YLKM | 一口口贝 |
|  | YLKM⁹⁸③ | 一口口贝 |
| 屏 | NUDD | 尸丷羊羊 |
|  | NUUU⁹⁸③ | 尸羊羊羊 |
| 澶 | IYLG | 氵一口一 |
|  | IYLG⁹⁸③ | 氵一口一 |
| 骣 | CNBB③ | 马尸子子 |
|  | CGNB⁹⁸③ | 马一尸子 |
| **chang** | | |
| 昌 | JJF② | 日日二 |
| 伥 | WTAY③ | 亻丿七乀 |
| 娼 | VJJG③ | 女日日一 |
| 猖 | QTJJ③ | 犭丿日日 |
| 菖 | AJJF | 艹日日二 |
| 阊 | UJJD | 门日日三 |
| 鲳 | QGJJ | 鱼一日日 |
| 长 | TAYI② | 丿七乀丶 |
| 肠 | ENRT③ | 月乙𠃌丿 |
| 苌 | ATAY③ | 艹丿七乀 |
| 尝 | IPFC③ | 小宀二厶 |
| 偿 | WIPC② | 亻小宀厶 |
| 常 | IPKH | 小宀口丨 |
|  | IPKH⁹⁸③ | 小宀口丨 |
| 徜 | TIMK③ | 彳小冂口 |
| 嫦 | VIPH | 女小宀丨 |
| 厂 | DGT | 厂一丿 |
| 场 | FNRT | 土乙𠃌丿 |
| 昶 | YNIJ | 丶乙水日 |
| 惝 | NIMK③ | 忄小冂口 |
| 敞 | IMKT | 小冂口攵 |
| 氅 | IMKN | 小冂口乙 |
|  | IMKE⁹⁸ | 小冂口毛 |
| 怅 | NTAY③ | 忄丿七乀 |
| 畅 | JHNR | 日丨乙𠃌 |
|  | JHNR⁹⁸③ | 日丨乙𠃌 |
| 倡 | WJJG | 亻日日一 |
| 鬯 | QOBX③ | 乂灬凵匕 |
| 唱 | KJJG③ | 口日日一 |
| **chao** | | |
| 超 | FHVK③ | 土龰刀口 |
| 抄 | RITT③ | 扌小丿丿 |
| 怊 | NVKG③ | 忄刀口一 |
| 钞 | QITT③ | 钅小丿丿 |
| 晁 | JIQB | 日灬儿《 |
|  | JQIU⁹⁸③ | 日儿灬氵 |
| 巢 | VJSU③ | 巛日木氵 |
| 朝 | FJEG③ | 十早月一 |
| 嘲 | KFJE③ | 口十早月 |
| 潮 | IFJE③ | 氵十早月 |
| 吵 | KITT② | 口小丿丿 |
| 炒 | OITT③ | 火小丿丿 |
|  | OITT⁹⁸③ | 火小丿丿 |
| 眇 | DIIT | 三小小丿 |
|  | FSIT⁹⁸ | 二木小丿 |
| **che** | | |
| 车 | LGNH② | 车一乙丨 |
| 砗 | DLH | 石车丨 |

| 字 | 编码 | 字根 |
|---|---|---|
| 扯 | RHG | 扌止一 |
| 彻 | TAVN | 彳七刀乙 |
|  | TAVT⁹⁸ | 彳七刀丿 |
| 坼 | FRYY③ | 土斥丶丶 |
| 掣 | RMHR | 𠂢冂丨手 |
|  | TGMR⁹⁸ | 𠂤一冂手 |
| 撤 | RYCT③ | 扌亠厶攵 |
| 澈 | IYCT | 氵亠厶攵 |
| **chen** | | |
| 尘 | IFF | 小土二 |
| 抻 | RJHH③ | 扌日丨丨 |
|  | RJHH⁹⁸ | 扌日丨丨 |
| 郴 | SSBH③ | 木木阝丨 |
| 琛 | GPWS | 王宀八木 |
| 嗔 | KFHW | 口十且八 |
| 臣 | AHNH③ | 匚丨𠃌丨 |
| 忱 | NPQN② | 忄宀儿乙 |
| 沉 | IPMN③ | 氵宀几乙 |
|  | IPWN⁹⁸③ | 氵宀几乙 |
| 辰 | DFEI③ | 厂二𧘇衣 |
| 陈 | BAIY② | 阝七小丶 |
| 宸 | PDFE | 宀厂二𧘇 |
| 晨 | JDFE② | 日厂二𧘇 |
| 谌 | YADN | 讠廿三乙 |
|  | YDWN⁹⁸ | 讠䓕八乙 |
| 碜 | DCDE③ | 石厶大彡 |
| 衬 | PUFY③ | 衤寸丶 |
| 龀 | HWBX | 止人凵匕 |
| 趁 | FHWE | 土龰人彡 |
| 榇 | SUSY③ | 木立木丶 |
| 谶 | YWWG | 讠人人一 |
| **cheng** | | |
| 称 | TQIY③ | 禾勹小丶 |
| 柽 | SCFG | 木又土一 |
| 蛏 | JCFG | 虫又土一 |
| 撑 | RIPR③ | 扌小宀手 |
| 瞠 | HIPF③ | 目小宀土 |
| 丞 | BIGF③ | 了氺一二 |
| 成 | DNNT② | 厂乙乙丿 |
| 呈 | KGF② | 口王二 |
|  | KGF⁹⁸ | 口王二 |
| 承 | BDII② | 了三氺丨 |
| 枨 | STAY③ | 木丿七乀 |
| 诚 | YDNT③ | 讠厂乙丿 |
|  | YDNN⁹⁸② | 讠厂乙乙 |
| 城 | FDNT② | 土厂乙丿 |
|  | FDNT⁹⁸② | 土厂乙丿 |
| 乘 | TUXV③ | 丿北㇀巛 |
| 埕 | FKGG③ | 土口王一 |
| 铖 | QDNT③ | 钅厂乙丿 |
|  | QDNN⁹⁸③ | 钅厂乙乙 |
| 惩 | TGHN | 彳一止心 |
| 程 | TKGG | 禾口王一 |
| 裎 | PUKG③ | 衤口王 |
| 塍 | EUDF | 月䒑大土 |
|  | EUGF⁹⁸ | 月丷夫土 |
| 酲 | SGKG | 西一口王 |

| 字 | 编码 | 字根 |
|---|---|---|
| 澄 | IWGU | 氵癶一丷 |
| 橙 | SWGU | 木癶一丷 |
| 逞 | KGPD③ | 口王辶三 |
| 骋 | CMGN③ | 马由一乙 |
|  | CGMN⁹⁸③ | 马一由乙 |
| 秤 | TGUH③ | 禾一丷丨 |
|  | TGUF⁹⁸③ | 禾一丷十 |
| **chi** | | |
| 吃 | KTNN③ | 口𠂉乙乙 |
| 哧 | KFOY③ | 口土小丶 |
| 蚩 | BHGJ | 凵丨一虫 |
| 鸱 | QAYG | 𠂊七丶一 |
| 眵 | HQQY③ | 目夕夕丶 |
| 笞 | TCKF③ | 𥫗厶口二 |
| 嗤 | KBHJ | 口凵丨虫 |
| 媸 | VBHJ③ | 女凵丨虫 |
| 痴 | UTDK | 疒𠂉大口 |
| 螭 | JYBC | 虫亠凵厶 |
|  | JYRC⁹⁸ | 虫亠乂厶 |
| 魑 | RQCC | 白儿厶厶 |
| 弛 | XBN | 弓也乙 |
| 池 | IBN② | 氵池乙 |
|  | IBN⁹⁸ | 氵池乙 |
| 驰 | CBN | 马也乙 |
|  | CGBN⁹⁸ | 马一也乙 |
| 迟 | NYPI③ | 尸㇏辶丶 |
| 茌 | AWFF | 艹亻士二 |
| 持 | RFFY② | 扌土寸丶 |
| 墀 | FNIH③ | 土尸水丨 |
|  | FNIG⁹⁸③ | 土尸水丨 |
| 踟 | KHTK | 口止𠂉口 |
| 篪 | TRHM | 𥫗厂虍几 |
|  | TRH⁹⁸③ | 𥫗厂虍几 |
| 尺 | NYI | 尸㇏丶 |
| 侈 | WQQY③ | 亻夕夕丶 |
| 齿 | HWBJ③ | 止人凵丨 |
| 耻 | BHG② | 耳止一 |
| 豉 | GKUC | 一口丷又 |
| 褫 | PURM | 衤丿厂几 |
|  | PURW⁹⁸ | 衤丿厂几 |
| 彳 | TTTH | 彳丿丿丨 |
| 叱 | KXN | 口匕乙 |
| 斥 | RYI | 斥丶氵 |
| 赤 | FOU② | 土小丷 |
| 饬 | QNTL | 饣乙𠂉力 |
|  | QNTE⁹⁸ | 饣乙𠂉力 |
| 炽 | OKWY② | 火口八丶 |
|  | OKWY⁹⁸③ | 火口八丶 |
| 翅 | FCND③ | 十又羽三 |
| 敕 | GKIT | 一口小攵 |
|  | SKTY⁹⁸ | 木口攵丶 |
| 啻 | UPMK | 立宀冂口 |
|  | YUPK⁹⁸ | 亠丷宀口 |
| 傺 | WWFI | 亻㣺二小 |
| 瘛 | UDHN | 疒三丨心 |
| **chong** | | |
| 充 | YCQB② | 亠厶儿《 |

| 冲 | UKHH③ | 冫口丨丨 |
|---|---|---|
| 仲 | NKHH③ | 忄口丨丨 |
| 茺 | AYCQ③ | 艹亠厶儿 |
| 春 | DWVF③ | 三人白二 |
| | DWEF98 | 三人白二 |
| 憧 | NUJF | 忄立日土 |
| 艟 | TEUF | 丿舟立土 |
| | TUUF98 | 丿舟立土 |
| 虫 | JHNY | 虫丨乙丶 |
| 崇 | MPFI③ | 山宀二小 |
| 宠 | PDXB③ | 宀ナ匕巜 |
| 铳 | QYCQ③ | 钅亠厶儿 |
| 重 | TGJF③ | 丿一日土 |
| | TGJF98 | 丿一日土 |
| **chou** | | |
| 抽 | RMG② | 扌由一 |
| 瘳 | UNWE | 疒羽人彡 |
| 仇 | WVN | 亻九乙 |
| 俦 | WDTF | 亻三丿寸 |
| 帱 | MHDF③ | 门丨三寸 |
| 惆 | NMFK③ | 忄门土口 |
| 绸 | XMFK③ | 纟门土口 |
| 畴 | LDTF③ | 田三丿寸 |
| 愁 | TONU | 禾火心冫 |
| 稠 | TMFK | 禾门土口 |
| 筹 | TDTF | ⺮三丿寸 |
| 酬 | SGYH | 西一丶丨 |
| 踌 | KHDF | 口止三寸 |
| 雠 | WYYY③ | 亻佳讠佳 |
| 丑 | NFD | 乙土三 |
| | NHGG98 | 乙丨一一 |
| 瞅 | HTOY③ | 目禾火丶 |
| 臭 | THDU | 丿目犬冫 |
| **chu** | | |
| 初 | PUVN③ | 衤冫刀乙 |
| 出 | BMK② | 凵山川 |
| 樗 | SFFN | 木雨二乙 |
| 刍 | QVF | 勹彐二 |
| 除 | BWTY③ | 阝人禾丶 |
| | BWGS98③ | 阝人一木 |
| 厨 | DGKF | 厂一口寸 |
| 滁 | IBWT③ | 氵阝人禾 |
| | IBWS98③ | 氵阝人木 |
| 锄 | QEGL | 钅目一力 |
| | QEGE98 | 钅目一力 |
| 蜍 | JWTY③ | 虫人禾 |
| | JWGS98 | 虫人一木 |
| 雏 | QVWY③ | 勹彐亻佳 |
| 橱 | SDGF | 木厂一寸 |
| 蹰 | KHAJ | 口止艹日 |
| 躇 | KHDF | 口止厂寸 |
| 杵 | STFH | 木丿十丨 |
| 础 | DBMH③ | 石凵山丨 |
| 储 | WYFJ③ | 亻讠土日 |
| 楮 | SFTJ | 木土丿日 |
| 楚 | SSNH③ | 木木乙丨 |
| 褚 | PUFJ | 衤冫土日 |

| 亍 | FHK | 二丨川 |
|---|---|---|
| | GSJ98 | 一丁刂 |
| 处 | THI② | 夂卜氵 |
| 怵 | NSYY③ | 忄木丶丶 |
| 绌 | XBMH③ | 纟凵山丨 |
| 搐 | RYXL | 扌亠幺田 |
| 触 | QEJY | 勹用虫 |
| 憷 | NSSH | 忄木木龰 |
| 黜 | LFOM | 罒土灬山 |
| 矗 | FHFH | 十且十且 |
| **chuai** | | |
| 揣 | RMDJ③ | 扌山厂刂 |
| 搋 | RRHM | 扌厂广几 |
| | RRHW98 | 扌厂虍几 |
| 啜 | KCCC | 口又又又 |
| 踹 | KHMJ | 口止山刂 |
| 膪 | EUPK | 月立宀口 |
| | EYUK98 | 月亠丷口 |
| **chuan** | | |
| 川 | KTHH | 川丿丨丨 |
| 巛 | VNNN | 巛乙乙乙 |
| 氚 | RNKJ | 宀乙川刂 |
| | RKK98 | 气川川 |
| 穿 | PWAT | 宀八匚丿 |
| 传 | WFNY | 亻二乙丶 |
| | WFNY98③ | 亻二乙丶 |
| 舡 | TEAG③ | 丿舟工一 |
| | TUAG98 | 丿舟工一 |
| 船 | TEMK | 丿舟几口 |
| | TUWK98③ | 丿舟几口 |
| 遄 | MDMP③ | 山厂门辶 |
| 椽 | SXEY③ | 木彑豕丶 |
| 舛 | QAHH③ | 夕匚丨丨 |
| | QGH98 | 夕牛丨 |
| 喘 | KMDJ③ | 口山厂刂 |
| 串 | KKHK | 口口丨口 |
| 钏 | QKH | 钅川丨 |
| **chuang** | | |
| 窗 | PWTQ③ | 宀八丿夕 |
| 闯 | UCD | 门马三 |
| | UCGD98 | 门马一三 |
| 疮 | UWBV③ | 疒人巳巜 |
| 床 | YSI | 广木氵 |
| | OSI98 | 广木氵 |
| 创 | WBJH③ | 人巳刂丨 |
| 怆 | NWBN③ | 忄人巳乙 |
| **chui** | | |
| 吹 | KQWY③ | 口⺈人丶 |
| 炊 | OQWY③ | 火⺈人丶 |
| 垂 | TGAF③ | 丿一艹土 |
| 陲 | BTGF | 阝丿一土 |
| 捶 | RTGF | 扌丿一土 |
| 棰 | STGF③ | 木丿一土 |
| 槌 | SWNP③ | 木亻口辶 |
| 锤 | QTGF | 钅丿一土 |
| **chun** | | |
| 春 | DWJF② | 三人日二 |

| 椿 | SDWJ | 木三人日 |
|---|---|---|
| 蝽 | JDWJ | 虫三人日 |
| 纯 | XGBN③ | 纟一凵乙 |
| 唇 | DFEK | 厂二⻌口 |
| 莼 | AXGN③ | 艹纟一乙 |
| 淳 | IYBG③ | 氵古子一 |
| 鹑 | YBQG③ | 古子勹一 |
| 醇 | SGYB | 西一古子 |
| 蠢 | DWJJ | 三人日虫 |
| **chuo** | | |
| 戳 | NWYA | 羽亻圭戈 |
| 踔 | KHHJ | 口止卜早 |
| 绰 | XHJH③ | 纟卜早丨 |
| 辍 | LCCC | 车又又又 |
| 龊 | HWBH | 止人凵止 |
| **ci** | | |
| 词 | YNGK | 讠乙一口 |
| 疵 | UHXV | 疒止匕巜 |
| 祠 | PYNK | 礻丶乙口 |
| 茈 | AHXB | 艹止匕巜 |
| 茨 | AUQW | 艹冫⺈人 |
| 瓷 | UQWN | 冫⺈人乙 |
| | UQWY98③ | 冫⺈人丶 |
| 慈 | UXXN | 丷幺幺心 |
| 辞 | TDUH | 丿古辛丨 |
| 磁 | DUXX | 石丷幺幺 |
| 雌 | HXWY | 止匕亻圭 |
| 鹚 | UXXG | 丷幺幺一 |
| 糍 | OUXX | 米丷幺幺 |
| 此 | HXN② | 止匕乙 |
| 次 | UQWY③ | 冫⺈人丶 |
| 刺 | GMIJ | 一门小刂 |
| | SMJH98③ | 木门刂丨 |
| 赐 | MJQR | 贝日勹⺈ |
| 伺 | WNGK | 亻乙一口 |
| **cong** | | |
| 聪 | BUKN | 耳丷口心 |
| 囱 | TLQI | 丿囗夕氵 |
| 从 | WWY② | 人人丶 |
| 匆 | QRYI③ | 勹⺈丶氵 |
| 苁 | AWWU | 艹人人冫 |
| 枞 | SWWY③ | 木人人丶 |
| 葱 | AQRN | 艹勹⺈心 |
| 骢 | CTLN③ | 马丿囗心 |
| | CGTN98 | 马一丿心 |
| 璁 | GTLN③ | 王丿囗心 |
| 丛 | WWGF③ | 人人一二 |
| 淙 | IPFI③ | 氵宀二小 |
| 琮 | GPFI③ | 王宀二小 |
| **cou** | | |
| 凑 | UDWD③ | 冫三人大 |
| 楱 | SDWD | 木三人大 |
| 腠 | EDWD③ | 月三人大 |
| 辏 | LDWD③ | 车三人大 |
| **cu** | | |
| 粗 | OEGG② | 米目一一 |
| 徂 | TEGG | 彳目一一 |

| | | | | | | | | | |
|---|---|---|---|---|---|---|---|---|---|
| 疽 | GQEG③ | 一夕月一 | 胜 | EWWF③ | 月人人土 | 耽 | BPQN③ | 耳宀儿乙 |
| 促 | WKHY③ | 亻口止丶 | 厝 | DAJD③ | 厂廿日三 | 郸 | UJFB | 丷日十阝 |
| 猝 | QTYF | 犭丿亠十 | 挫 | RWWF③ | 扌人人土 | 聃 | BMFG | 耳门土一 |
| 酢 | SGTF | 西一亠二 | 措 | RAJG③ | 扌廿日一 | 殚 | GQUF | 一夕丷十 |
| 蒩 | AYTD③ | 艹方丿大 | 锉 | QWWF③ | 钅人人土 | 瘅 | UUJF | 疒丷日十 |
| 醋 | SGAJ③ | 西一艹日 | 错 | QAJG③ | 钅廿日一 | 箪 | TUJF | 竹丷日十 |
| 簇 | TYTD③ | 竹方丿大 | | **D** | | 儋 | WQDY③ | 亻⺈厂言 |
| 麤 | DHIH | 厂上小辶 | | da | | 胆 | EJGG③ | 月日一一 |
| 蹴 | KHYN | 口止亠乙 | 搭 | RAWK | 扌艹人口 | 疸 | UJGD③ | 疒日一三 |
| | KHYY⁹⁸ | 口止亠丶 | 哒 | KDPY③ | 口大辶丶 | 掸 | RUJF | 扌丷日十 |
| | cuan | | 耷 | DBF | 大耳二 | 旦 | JGF | 日一二 |
| 撺 | RPWH | 扌宀八丨 | 嗒 | KAWK | 口艹人口 | 但 | WJGG③ | 亻日一一 |
| 镩 | QPWH③ | 钅宀八丨 | 褡 | PUAK③ | 衤丶艹口 | 诞 | YTHP | 讠丿止辶 |
| | QPWH⁹⁸ | 钅宀八丨 | 达 | DPI② | 大辶氵 | 啖 | KOOY | 口火火丶 |
| 蹿 | KHPH | 口止宀丨 | 妲 | VJGG③ | 女日一一 | 弹 | XUJF③ | 弓丷日十 |
| 窜 | PWKH③ | 宀八口丨 | 怛 | NJGG③ | 忄日一一 | 惮 | NUJF③ | 忄丷日十 |
| 篡 | THDC | 竹目大厶 | 沓 | IJF | 水日二 | 淡 | IOOY② | 氵火火丶 |
| 爨 | WFMO③ | 亻二门火 | 笪 | TJGF | 竹日一 | 萏 | AQVF | 艹⺈白二 |
| | EMGO⁹⁸ | 臼门一火 | 答 | TWGK② | 竹人一口 | | AQEF⁹⁸③ | 艹⺈白二 |
| 汆 | TYIU | 丿丶水冫 | 瘩 | UAWK③ | 疒艹人口 | 蛋 | NHJU③ | 乙止虫丷 |
| | cui | | 靼 | AFJG | 廿甲日一 | 氮 | RNOO③ | 𠂉乙火火 |
| 崔 | MWYF③ | 山亻圭二 | 鞑 | AFDP | 廿甲大辶 | | ROOI⁹⁸ | 气火火氵 |
| 催 | WMWY③ | 亻山亻圭 | 打 | RSH② | 扌丁丨 | 赕 | MOOY③ | 贝火火丶 |
| 摧 | RMWY③ | 扌山亻圭 | 大 | DDDD② | (键名字) | | dang | |
| 榱 | SYKE③ | 木亠口衣 | | dai | | 当 | IVF② | ⺌彐二 |
| 璀 | GMWY | 王山亻圭 | 呆 | KSU② | 口木氵 | 铛 | QIVG③ | 钅⺌彐一 |
| 脆 | EQDB③ | 月⺈厂巴 | 呔 | KDYY | 口大丶 | 裆 | PUIV | 衤丶⺌彐 |
| 啐 | KYWF③ | 口亠人十 | 歹 | GQI | 一夕氵 | 挡 | RIVG③ | 扌⺌彐一 |
| 悴 | NYWF | 忄亠人十 | 傣 | WDWI③ | 亻三人水 | 党 | IPKQ③ | ⺌宀口儿 |
| 淬 | IYWF③ | 氵亠人十 | 代 | WAY② | 亻弋丶 | | IPKQ⁹⁸② | ⺌宀口儿 |
| 莩 | AYWF③ | 艹亠人十 | 岱 | WAMJ | 亻弋山刂 | 谠 | YIPQ③ | 讠⺌宀儿 |
| 毳 | TFNN | 丿二乙乙 | | WAYM⁹⁸ | 亻弋丶山 | 凼 | IBK | 水凵丨 |
| | EEEB⁹⁸ | 毛毛毛《 | 甙 | AAFD | 弋廿二三 | 宕 | PDF | 宀石二 |
| 瘁 | UYWF③ | 疒亠人十 | | AFY⁹⁸ | 弋廿丶 | 砀 | DNRT③ | 石乙⺁丿 |
| 粹 | OYWF③ | 米亠人十 | 绐 | XCKG③ | 纟厶口一 | 荡 | AINR③ | 艹氵乙丿 |
| 翠 | NYWF | 羽亠人十 | 迨 | CKPD③ | 厶口辶三 | 档 | SIVG② | 木⺌彐一 |
| | cun | | 带 | GKPH③ | 一冂丨 | 菪 | APDF③ | 艹宀石二 |
| 村 | SFY② | 木寸丶 | 待 | TFFY | 彳土寸丶 | | dao | |
| | SFY⁹⁸③ | 木寸丶 | 怠 | CKNU③ | 厶口心丷 | 刀 | VNT② | 刀乙丿 |
| 皴 | CWTC | 厶八夊又 | 殆 | GQCK③ | 一夕厶口 | 叨 | KVN | 口刀乙 |
| | CWTB⁹⁸ | 厶八夊皮 | 玳 | GWAY③ | 王亻弋丶 | | KVT⁹⁸ | 口刀丿 |
| 存 | DHBD③ | 𠂇丨子三 | | GWAY⁹⁸ | 王亻弋 | 忉 | NVN | 忄刀乙 |
| 忖 | NFY | 忄寸丶 | 贷 | WAMU③ | 亻弋贝丷 | | NVT⁹⁸ | 忄刀丿 |
| 寸 | FGHY | 寸一丨丶 | | WAYM⁹⁸ | 亻弋丶贝 | 氘 | RNJJ③ | 𠂉乙刂刂 |
| | cuo | | 埭 | FVIY③ | 土彐水丶 | | RJK⁹⁸ | 气刂川 |
| 搓 | RUDA③ | 扌丷𦍌工 | 袋 | WAYE | 亻弋亠衣 | 导 | NFU② | 巳寸氵 |
| | RUAG⁹⁸ | 扌羊工一 | 逮 | VIPI③ | 彐水辶氵 | 岛 | QYNM | 勹丶乙山 |
| 磋 | DUDA③ | 石丷𦍌工 | 戴 | FALW | 十戈田八 | | QMK⁹⁸ | 鸟山川 |
| | DUAG⁹⁸③ | 石羊工一 | 黛 | WALO③ | 亻弋田灬 | 倒 | WGCJ③ | 亻一厶刂 |
| 撮 | RJBC③ | 扌日耳又 | | WAYO⁹⁸ | 亻弋丶灬 | 捣 | RQYM | 扌勹丶山 |
| 蹉 | KHUA | 口止丷工 | 骀 | CCKG③ | 马厶口一 | | RQMH⁹⁸③ | 扌鸟山丨 |
| 嵯 | MUDA③ | 山丷𦍌工 | | CGCK⁹⁸ | 马一厶口 | 祷 | PYDF③ | 衤丶三寸 |
| | MUAG⁹⁸③ | 山羊工一 | | dan | | 蹈 | KHEV | 口止爫白 |
| 痤 | UWWF③ | 疒人人土 | 丹 | MYD | 冂丶三 | | KHEE⁹⁸ | 口止爫白 |
| 矬 | TDWF③ | 𥤝大人土 | 单 | UJFJ | 丷日十丨 | 到 | GCFJ② | 一厶土刂 |
| 錯 | HLQA | 卜口乂工 | 担 | RJGG③ | 扌日一一 | 悼 | NHJH | 忄卜早丨 |
| | HLRA⁹⁸ | 卜口乂工 | 眈 | HPQN③ | 目宀儿乙 | 焘 | DTFO | 三丿寸灬 |

| | | | | | | | | | |
|---|---|---|---|---|---|---|---|---|---|
| 盗 | UQWL | ⺀勹人皿 | 底 | YQAY③ | 广匚七丶 | 钿 | QLG | 钅田一 |
| 道 | UTHP | ⺍目辶 | | OQAY98③ | 广匚七丶 | 惦 | NYHK③ | 忄广卜口 |
| 稻 | TEVG③ | 禾爫白一 | 抵 | RQAY③ | 扌匚七丶 | | NOHK98③ | 忄广卜口 |
| | TEEG98 | 禾爫白一 | 柢 | SQAY③ | 木匚七丶 | 淀 | IPGH | 氵宀一疋 |
| 蠹 | GXFI③ | 一ヨ十小 | 砥 | DQAY | 石匚七丶 | 奠 | USGD | ⺍西一大 |
| | GXHI98 | 一母且小 | | DQAY98③ | 石匚七丶 | 殿 | NAWC③ | 尸廿八又 |
| **de** | | | 舾 | MEQY | 舟月匚丶 | 靛 | GEPH③ | 一月宀疋 |
| 得 | TJGF② | 彳日一寸 | | MEQY98③ | 舟月匚丶 | 癜 | UNAC③ | 疒尸廿又 |
| 锝 | QJGF | 钅日一寸 | 地 | FBN② | 土也乙 | 簟 | TSJJ③ | 竹西早川 |
| 德 | TFLN③ | 彳十罒心 | | FBN98 | 土也乙 | **diao** | | |
| **deng** | | | 弟 | UXHT③ | 丷弓丨丿 | 刁 | NGD | 乙一三 |
| 登 | WGKU | 癶一口丷 | 帝 | UPMH③ | 立冖冂丨 | 叼 | KNGG③ | 口乙一一 |
| 灯 | OSH② | 火丁丨 | | YUPH98 | 亠丷冖丨 | 凋 | UMFK | ⺀冂土口 |
| 灯 | OSH | 火丁丨 | 娣 | VUXT③ | 女丷弓丿 | 貂 | EEVK③ | 四彡刀口 |
| 噔 | KWGU | 口癶一丷 | 递 | UXHP | 丷弓丨辶 | | EVKG98 | 豸刀口一 |
| 簦 | TWGU | 竹癶一丷 | 第 | TXHT② | 竹弓丨丿 | 碉 | DMFK③ | 石冂土口 |
| 蹬 | KHWU | 口止癶丷 | | TXHT98③ | 竹弓丨丿 | 雕 | MFKY | 冂土口圭 |
| 等 | TFFU | 竹土寸丶 | 谛 | YUPH | 讠立冖丨 | 鲷 | QGMK③ | 鱼一冂口 |
| 戥 | JTGA | 日丿一戈 | | YYUH98 | 讠亠丷丨 | 吊 | KMHJ③ | 口冂丨川 |
| 邓 | CBH② | 又阝丨 | 棣 | SVIY③ | 木ヨ水丶 | 钓 | QQYY | 钅勹丶丶 |
| 凳 | WGKM | 癶一口几 | 睇 | HUXT | 目丷弓丿 | 调 | YMFL③ | 讠冂土口 |
| | WGKW98 | 癶一口几 | | HUXT98③ | 目丷弓丿 | 掉 | RHJH③ | 扌卜早丨 |
| 嶝 | MWGU | 山癶一丷 | 缔 | XUPH③ | 纟立冖丨 | 铞 | QKMH | 钅口冂丨 |
| 瞪 | HWGU③ | 目癶一丷 | | XYUH98③ | 纟亠丷丨 | 铫 | QIQ | 钅氵儿 |
| 磴 | DWGU | 石癶一丷 | 蒂 | AUPH③ | 艹立冖丨 | | QQIY98 | 钅儿氵丶 |
| 镫 | QWGU | 钅癶一丷 | | AYUH98③ | 艹亠丷丨 | **die** | | |
| **di** | | | 碲 | DUPH | 石立冖丨 | 参 | WQQQ | 八乂夕夕 |
| 低 | WQAY③ | 亻匚七丶 | | DYUH98 | 石亠丷丨 | | WRQQ98 | 八乂夕夕 |
| 瓶 | UDQY③ | 丷手匚丶 | **dia** | | | 跌 | KHRW③ | 口止𠂒人 |
| 羝 | UQAY98③ | 羊匚七丶 | 嗲 | KWQQ③ | 口八乂夕 | | KHTG98 | 口止丿夫 |
| 堤 | FJGH | 土日一疋 | | KWRQ③ | 口八乂夕 | 迭 | RWPI③ | 𠂒人辶氵 |
| 嘀 | KUMD③ | 口立冂古 | **dian** | | | | TGPI98 | 丿夫辶氵 |
| | KYUD98 | 口丶丷古 | 颠 | FHWM | 十且八贝 | 垤 | FGCF③ | 土一厶土 |
| 滴 | IUMD③ | 氵立冂古 | 掂 | RYHK③ | 扌广卜口 | 瓞 | RCYW | 厂厶丶人 |
| | IYUD98 | 氵丶丷古 | | ROHK98③ | 扌广卜口 | | RCYG98 | 厂厶丶夫 |
| 镝 | QUMD③ | 钅立冂古 | 滇 | IFHW | 氵十且八 | 谍 | YANS③ | 讠廿乙木 |
| | QYUD98 | 钅丶丷古 | 巅 | MFHM | 山十且贝 | 喋 | KANS | 口廿乙木 |
| 狄 | QTOY | 犭丿火丶 | | MFHM98③ | 山十且贝 | 堞 | FANS③ | 土廿乙木 |
| | QTOY98③ | 犭丿火丶 | 癫 | UFHM | 疒十且贝 | 揲 | RANS | 扌廿乙木 |
| 籴 | TYOU③ | 丿人米丶 | | UFHM98③ | 疒十且贝 | 耋 | FTXF | 土丿匕土 |
| 的 | RQY③ | 白勹丶 | 典 | MAWU③ | 冂艹八丶 | 叠 | CCCG | 又又又一 |
| 迪 | MPD③ | 由辶三 | 点 | HKOU③ | 卜口灬丶 | 牒 | THGS | 丿丨一木 |
| | MPD98② | 由辶三 | 碘 | DMAW③ | 石冂艹八 | 碟 | DANS③ | 石廿乙木 |
| 敌 | TDTY③ | 丿古攵丶 | 踮 | KHYK | 口止广口 | 蝶 | JANS③ | 虫廿乙木 |
| 涤 | ITSY③ | 氵夂木丶 | | KHOK98 | 口止广口 | 鲽 | KHAS | 口止廿木 |
| 荻 | AQTO | 艹犭丿火 | 电 | JNV② | 日乙巛 | | QGAS③ | 鱼一廿木 |
| 笛 | TMF | 竹由二 | 佃 | WLG③ | 亻田一 | | QGAS98 | 鱼一廿木 |
| 觌 | FNUQ | 十乙丷儿 | | WLG98② | 亻田一 | **ding** | | |
| 嫡 | VUMD③ | 女立冂古 | 甸 | QLD | 勹田三 | 丁 | SGH | 丁一丨 |
| | VYUD98③ | 女丶丷古 | 阽 | BHKG | 阝卜口一 | 仃 | WSH | 亻丁丨 |
| 氐 | QAYI③ | 匚七丶冫 | 站 | FHKG | 土卜口一 | 叮 | KSH | 口丁丨 |
| 诋 | YQAY | 讠匚七丶 | | FHKG98③ | 土卜口一 | 玎 | GSH | 王丁丨 |
| | YQAY98③ | 讠匚七丶 | 店 | YHKD③ | 广卜口三 | 疔 | USK | 疒丁川 |
| 邸 | QAYB | 匚七丶阝 | | OHKD98 | 广卜口三 | 盯 | HSH② | 目丁丨 |
| | QAYB98③ | 匚七丶阝 | 垫 | RVYF | 扌九丶土 | 钉 | QSH② | 钅丁丨 |
| 坻 | FQAY③ | 土匚七丶 | 玷 | GHKG③ | 王卜口一 | 耵 | BSH | 耳丁丨 |

| 字 | 编码 | 字根 |
|---|---|---|
| 酊 | SGSH③ | 西一丁丨 |
| 顶 | SDMY③ | 丁丆贝、 |
| 鼎 | HNDN③ | 目乙丆乙 |
| 订 | YSH② | 讠丁丨 |
| 定 | PGHU② | 宀一止丨 |
| 定 | PGHU⁹⁸③ | 宀一止丨 |
| 啶 | KPGH | 口宀一止 |
| 腚 | EPGH③ | 月宀一止 |
| 碇 | DPGH | 石宀一止 |
| 锭 | QPGH② | 钅宀一止 |
| 町 | LSH | 田丁丨 |
| **diu** | | |
| 丢 | TFCU③ | 丿土厶丨 |
| 铥 | QTFC | 钅丿土厶 |
| **dong** | | |
| 东 | AII② | 七小丨 |
| 冬 | TUU | 夂丨丨 |
| 冬 | TUU⁹⁸② | 夂丨丨 |
| 咚 | KTUY | 口夂丨丶 |
| 岽 | MAIU③ | 山七小丨 |
| 氡 | RNTU | 𠂉乙夂丨 |
| 氡 | RTUI⁹⁸ | 气夂丨丨 |
| 鸫 | AIQG③ | 七小勹一 |
| 董 | ATGF③ | 艹丿丨土 |
| 懂 | NATF③ | 忄艹丿土 |
| 动 | FCLN③ | 二厶力乙 |
| 动 | FCET⁹⁸ | 二厶力丿 |
| 冻 | UAIY③ | 丬七小丶 |
| 侗 | WMGK | 亻门一口 |
| 侗 | WMGK⁹⁸③ | 亻门一口 |
| 垌 | FMGK③ | 土门一口 |
| 峒 | MMGK | 山门一口 |
| 恫 | NMGK③ | 忄门一口 |
| 栋 | SAIY③ | 木七小丶 |
| 洞 | IMGK | 氵门一口 |
| 胨 | EAIY③ | 月七小丶 |
| 胴 | EMGK③ | 月门一口 |
| 硐 | DMGK③ | 石门一口 |
| **dou** | | |
| 兜 | QRNQ | 𠂎白コ儿 |
| 兜 | RQNQ⁹⁸ | 白𠂎コ儿 |
| 都 | FTJB | 土丿日阝 |
| 菟 | AQRQ | 艹𠂎白儿 |
| 菟 | ARQQ⁹⁸ | 艹白𠂎儿 |
| 篼 | TQRQ | 竹𠂎白儿 |
| 篼 | TRQQ⁹⁸ | 竹白𠂎儿 |
| 斗 | UFK | 丬十 |
| 斗 | UFK⁹⁸② | 丬十丨丨 |
| 抖 | RUFH | 扌丬十 |
| 抖 | RUFH⁹⁸③ | 扌丬十 |
| 陡 | BFHY③ | 阝土止丶 |
| 蚪 | JUFH | 虫丬十丨 |
| 豆 | GKUF③ | 一口丷二 |
| 逗 | GKUP | 一口丷辶 |
| 痘 | UGKU | 疒一口丷 |
| 窦 | PWFD | 宀八乙大 |
| **du** | | |

| 字 | 编码 | 字根 |
|---|---|---|
| 督 | HICH③ | 卜小又目 |
| 嘟 | KFTB | 口土丿阝 |
| 毒 | GXGU | 丰口一丨 |
| 毒 | GXU⁹⁸ | 丰母丨 |
| 读 | YFND③ | 讠十乙大 |
| 渎 | IFND | 氵十乙大 |
| 椟 | SFND③ | 木十乙大 |
| 牍 | THGD | 丿丨一大 |
| 犊 | TRFD | 丿扌十大 |
| 黩 | CFND⁹⁸③ | 牜乙大 |
| 黩 | LFOD | 四土灬大 |
| 髑 | MELJ③ | 冂月皿虫 |
| 独 | QTJY | 犭丿虫丶 |
| 笃 | TCF | 竹马二 |
| 笃 | TCGF⁹⁸③ | 竹马一二 |
| 堵 | FFTJ③ | 土土丿日 |
| 赌 | MFTJ | 贝土丿日 |
| 睹 | HFTJ③ | 目土丿日 |
| 芏 | AFF | 艹土二 |
| 妒 | VYNT | 女、尸丿 |
| 杜 | SFG | 木土一 |
| 肚 | EFG | 月土一 |
| 肚 | EFG⁹⁸② | 月土一 |
| 度 | YACI② | 广廿又氵 |
| 度 | OAC⁹⁸ | 广廿又 |
| 渡 | IYAC③ | 氵广廿又 |
| 渡 | IOAC⁹⁸③ | 氵广廿又 |
| 镀 | QYAC③ | 钅广廿又 |
| 镀 | QOAC⁹⁸③ | 钅广廿又 |
| 蠹 | GKHJ | 一口丨虫 |
| **duan** | | |
| 端 | UMDJ | 立山丆刂 |
| 端 | UMDJ⁹⁸② | 立山丆刂 |
| 短 | TDGU③ | 丿大一丷 |
| 段 | WDMC③ | 亻三几又 |
| 断 | THDC⁹⁸ | 丿丨三又 |
| 断 | ONRH② | 米乙斤丨 |
| 缀 | XWDC③ | 纟亻三又 |
| 缎 | XTHC⁹⁸③ | 纟丿丨又 |
| 椴 | SWDC③ | 木亻三又 |
| 椴 | STHC⁹⁸ | 木丿丨又 |
| 煅 | OWDC③ | 火亻三又 |
| 煅 | OTHC⁹⁸ | 火丿丨又 |
| 锻 | QWDC③ | 钅亻三又 |
| 锻 | QTHC⁹⁸③ | 钅丿丨又 |
| 簖 | TONR | 竹米乙斤 |
| **dui** | | |
| 堆 | FWYG③ | 土亻圭一 |
| 队 | BWY② | 阝人丶 |
| 对 | CFY② | 又寸丶 |
| 兑 | UKQB | 丷口儿《 |
| 怼 | CFNU | 又寸心丨 |
| 碓 | DWYG | 石亻圭一 |
| 憝 | YBTN | 亩子夂心 |
| 镦 | QYBT③ | 钅亩子夂 |
| **dun** | | |
| 吨 | KGBN③ | 口一凵乙 |

| 字 | 编码 | 字根 |
|---|---|---|
| 敦 | YBTY③ | 亩子夂乀 |
| 墩 | FYBT③ | 土亩子夂 |
| 礅 | DYBT③ | 石亩子夂 |
| 蹲 | KHUF | 口止丷寸 |
| 盹 | HGBN③ | 目一凵乙 |
| 趸 | DNKH③ | 厂乙口止 |
| 趸 | GQKH⁹⁸③ | 一勹口止 |
| 沌 | IGBN③ | 氵一凵乙 |
| 炖 | OGBN | 火一凵乙 |
| 盾 | RFHD③ | 厂十目三 |
| 砘 | DGBN③ | 石一凵乙 |
| 钝 | QGBN | 钅一凵乙 |
| 顿 | GBNM | 一凵乙贝 |
| 遁 | RFHP | 厂十目辶 |
| **duo** | | |
| 多 | QQU② | 夕夕丨 |
| 咄 | KBMH③ | 口凵山丨 |
| 哆 | KQQY③ | 口夕夕丶 |
| 裰 | PUCC | 衤丷又又 |
| 夺 | DFU② | 大寸丨 |
| 铎 | QCFH③ | 钅又二丨 |
| 铎 | QCGH⁹⁸③ | 钅又キ丨 |
| 掇 | RCCC③ | 扌又又又 |
| 踱 | KHYC | 口止广又 |
| 踱 | KHOC⁹⁸ | 口止广又 |
| 朵 | MSU② | 几木丨 |
| 朵 | WSU⁹⁸ | 几木丨 |
| 哚 | KMSY③ | 口几木丶 |
| 哚 | KWSY⁹⁸ | 口几木丶 |
| 垛 | FMSY③ | 土几木丶 |
| 垛 | FWSY⁹⁸ | 土几木丶 |
| 缍 | XTGF③ | 纟丿一土 |
| 躲 | TMDS | 丿门三木 |
| 剁 | MSJH③ | 几木刂丨 |
| 剁 | WSJH⁹⁸③ | 几木刂丨 |
| 沲 | ITBN③ | 氵丿也乙 |
| 堕 | BDEF | 阝丆月土 |
| 舵 | TEPX | 丿舟宀匕 |
| 舵 | TUPX⁹⁸③ | 丿舟宀匕 |
| 惰 | NDAE③ | 忄ナ工月 |
| 跺 | KHMS③ | 口止几木 |
| 跺 | KHWS⁹⁸ | 口止几木 |
| 柁 | SPXN③ | 木宀匕乙 |
| **E** | | |
| **e** | | |
| 鹅 | TRNG | 丿扌乙一 |
| 屙 | NBSK③ | 尸阝丁口 |
| 讹 | YWXN | 讠亻匕乙 |
| 俄 | WTRT③ | 亻丿扌丿 |
| 俄 | WTRY⁹⁸③ | 亻丿扌丶 |
| 娥 | VTRT③ | 女丿扌丿 |
| 娥 | VTRY⁹⁸③ | 女丿扌丶 |
| 峨 | MTRT③ | 山丿扌丿 |
| 峨 | MTRY⁹⁸③ | 山丿扌丶 |
| 莪 | ATRT③ | 艹丿扌丿 |
| 莪 | ATRY⁹⁸③ | 艹丿扌丶 |

| | | | | | | | | | |
|---|---|---|---|---|---|---|---|---|---|
| 铗 | QTRT | 钅丿扌丿 | | fa | | 枋 | SYN | 木方乙 |
| | QTRY⁹⁸ | 钅丿扌丶 | 发 | NTCY③ | 乙丿又丶 | | SYT⁹⁸ | 木方丿 |
| 蛾 | JTRT③ | 虫丿扌丿 | 乏 | TPI | 丿之氵 | 钫 | QYN | 钅方乙 |
| | JTRY⁹⁸③ | 虫丿扌丶 | | TPU⁹⁸② | 丿之冫 | | QYT⁹⁸ | 钅方丿 |
| 额 | PTKM | 宀夂口贝 | 伐 | WAT | 亻戈丿 | 防 | BYN② | 阝方乙 |
| 婀 | VBSK③ | 女阝丁口 | | WAY⁹⁸ | 亻戈丶 | | BYT⁹⁸ | 阝方丿 |
| 厄 | DBV | 厂巴巛 | 垡 | WAFF | 亻戈土二 | 妨 | VYN② | 女方乙 |
| 呃 | KDBN③ | 口厂巴乙 | 罚 | LYJJ② | 罒讠刂刂 | | VYT⁹⁸② | 女方丿 |
| 扼 | RDBN③ | 扌厂巴乙 | 阀 | UWAE③ | 门亻戈彡 | 房 | YNYV③ | 丶尸方巛 |
| 苊 | ADBB③ | 艹厂巴巛 | | UWAI⁹⁸③ | 门亻戈氵 | 肪 | EYN | 月方乙 |
| 轭 | LDBN③ | 车厂巴乙 | 筏 | TWAR③ | 竹亻戈彡 | | EYT⁹⁸② | 月方丿 |
| 垩 | GOGF | 一业一土 | | TWAU⁹⁸③ | 竹亻戈冫 | 鲂 | QGYN | 鱼一方乙 |
| | GOFF⁹⁸③ | 一业土二 | 法 | IFCY② | 氵土厶丶 | | QGYT⁹⁸ | 鱼一方丿 |
| 恶 | GOGN | 一业一心 | | IFCY⁹⁸③ | 氵土厶丶 | 仿 | WYN | 亻方乙 |
| | GONU⁹⁸③ | 一业心丷 | 砝 | DFCY | 石土厶丶 | | WYT⁹⁸ | 亻方丿 |
| 饿 | QNTT③ | 勹乙丿丿 | 珐 | GFCY③ | 王土厶丶 | 访 | YYN | 讠方乙 |
| | QNTY⁹⁸ | 勹乙丿丶 | | fan | | | YYT⁹⁸ | 讠方丿 |
| 谔 | YKKN | 讠口口乙 | 帆 | MHMY③ | 门丨几丶 | 纺 | XYN② | 纟方乙 |
| 鄂 | KKFB | 口口二阝 | | MHWY⁹⁸③ | 门丨几丶 | | XYT⁹⁸② | 纟方丿 |
| 愕 | NKKN③ | 忄口口乙 | 番 | TOLF③ | 丿米田二 | 舫 | TEYN | 丿舟方乙 |
| 萼 | AKKN③ | 艹口口乙 | 幡 | MHTL | 门丨丿田 | | TUYT⁹⁸ | 丿舟方丿 |
| 遏 | JQWP | 日勹人辶 | 翻 | TOLN | 丿米田羽 | 放 | YTY② | 方攵丶 |
| | JQWP⁹⁸③ | 日勹人辶 | 藩 | AITL | 艹氵丿田 | | fei | |
| 腭 | EKKN③ | 月口口乙 | 凡 | MYI② | 几丶氵 | 飞 | NUI | 乙冫氵 |
| 锷 | QKKN | 钅口口乙 | | WYI⁹⁸ | 几丶氵 | 妃 | VNN | 女巴乙 |
| 鹗 | KKFG | 口口二一 | 矾 | DMYY③ | 石几丶丶 | 非 | DJDD③ | 三刂三三 |
| 颚 | KKFM | 口口二贝 | | DWYY⁹⁸③ | 石几丶丶 | | HDHD⁹⁸ | 丨三丨三 |
| 鳄 | GKKK | 王口口口 | 钒 | QMYY | 钅几丶丶 | 啡 | KDJD③ | 口三刂三 |
| | QGKN | 鱼一口乙 | | QWYY⁹⁸ | 钅几丶丶 | | KHDD⁹⁸ | 口丨三三 |
| | QGKN⁹⁸③ | 鱼一口乙 | 烦 | ODMY③ | 火丆贝丶 | 绯 | XDJD | 纟三刂三 |
| | ei | | 樊 | SQQD | 木乂乂大 | | XHDD⁹⁸ | 纟丨三三 |
| 诶 | YCTD③ | 讠厶彳大 | | SRRD⁹⁸ | 木乂乂大 | 菲 | ADJD③ | 艹三刂三 |
| | en | | 蕃 | ATOL③ | 艹丿米田 | | AHDD⁹⁸ | 艹丨三三 |
| 恩 | LDNU③ | 口大心丷 | 燔 | OTOL③ | 火丿米田 | 扉 | YNDD | 丶尸三三 |
| 蒽 | ALDN | 艹口大心 | 繁 | TXGI | 仁口一小 | | YNHD⁹⁸ | 丶尸丨三 |
| 摁 | RLDN③ | 扌口大心 | | TXTI⁹⁸ | 仁母攵小 | 蜚 | DJDJ | 三刂三虫 |
| | RLDN⁹⁸ | 扌口大心 | 蹯 | KHTL | 口目丿田 | | HDHJ⁹⁸ | 丨三丨虫 |
| | er | | 蘩 | ATXI | 艹仁口小 | 霏 | FDJD | 雨三刂三 |
| 儿 | QTN② | 儿丿乙 | 反 | RCI② | 厂又氵 | | FHDD⁹⁸ | 雨丨三三 |
| 而 | DMJJ③ | 丆门刂刂 | 返 | RCPI③ | 厂又辶氵 | 鲱 | QGDD | 鱼一三三 |
| | DMJJ⁹⁸② | 丆门刂刂 | 犯 | QTBN③ | 犭丿巴乙 | | QGHD⁹⁸ | 鱼一丨三 |
| 鸸 | DMJG | 丆门刂一 | 泛 | ITPY③ | 氵丿之丶 | 肥 | ECN② | 月巴乙 |
| 鲕 | QGDJ | 鱼一丆刂 | 饭 | QNRC③ | 勹乙厂又 | 淝 | IECN③ | 氵月巴乙 |
| 尔 | QIU | 勹小丷 | 范 | AIBB③ | 艹氵巳巛 | 腓 | EDJD③ | 月三刂三 |
| | QIU⁹⁸② | 勹小丷 | 贩 | MRCY② | 贝厂又丶 | | EHDD⁹⁸ | 月丨三三 |
| 珥 | BGHG③ | 耳一丨一 | | MRCY⁹⁸③ | 贝厂又丶 | 匪 | ADJD | 匚三刂三 |
| 迩 | QIPI③ | 勹小辶氵 | 畈 | LRCY③ | 田厂又丶 | | AHDD⁹⁸ | 匚丨三三 |
| 洱 | IBG | 氵耳一 | 梵 | SSMY③ | 木木几丶 | 诽 | YDJD③ | 讠三刂三 |
| 饵 | QNBG | 勹乙耳一 | | SSWY⁹⁸③ | 木木几丶 | | YHDD⁹⁸ | 讠丨三三 |
| 珥 | GBG | 王耳一 | | fang | | 悱 | NDJD | 忄三刂三 |
| 铒 | QBG | 钅耳一 | 方 | YYGN② | 方丶一乙 | | NHDD⁹⁸ | 忄丨三三 |
| 二 | FGG② | 二一一 | 邡 | YBH | 方阝丨 | 斐 | DJDY | 三刂三文 |
| | FGG⁹⁸ | 二一一 | 坊 | FYN | 土方乙 | | HDHY⁹⁸ | 丨三丨文 |
| 贰 | AFMI③ | 弋二贝氵 | | FYT⁹⁸② | 土方丿 | 榧 | SADD | 木匚三三 |
| | AFMY⁹⁸③ | 七二贝丶 | 芳 | AYB② | 艹方巛 | | SAHD⁹⁸ | 木匚丨三 |
| **F** | | | | AYR⁹⁸② | 艹方彡 | 翡 | DJDN | 三刂三羽 |

| 字 | 编码 | 字根 |
|---|---|---|
| 翡 | HDHN⁹⁸ | 丨三丨羽 |
| 篚 | TADD | ⺮匚三三 |
|  | TAHD⁹⁸ | ⺮匚丨三 |
| 吠 | KDY | 口犬丶 |
| 废 | YNTY | 广乙丿丶 |
|  | ONTY⁹⁸ | 广乙丿丶 |
| 沸 | IXJH③ | 氵弓丨丨 |
| 狒 | QTXJ③ | 犭丿弓丨 |
|  | QTXJ⁹⁸ | 犭丿弓丨 |
| 肺 | EGMH③ | 月一门丨 |
| 费 | XJMU③ | 弓丨贝丷 |
| 痱 | UDJD | 疒三丨三 |
|  | UHDD⁹⁸ | 疒丨三三 |
| 镄 | QXJM③ | 钅弓丨贝 |
| 茀 | AGMH③ | 艹一门丨 |
| **fen** | | |
| 分 | WVB② | 八刀巜 |
| 吩 | KWVN③ | 口八刀乙 |
|  | KWVT⁹⁸ | 口八刀丿 |
| 纷 | XWVN③ | 纟八刀乙 |
| 芬 | AWVB③ | 艹八刀巜 |
|  | AWVR⁹⁸ | 艹八刀彡 |
| 氛 | RNWV③ | 气乙八刀 |
|  | RWV⁹⁸ | 气八刀 |
| 酚 | SGWV③ | 西一分刀 |
| 坟 | FYY② | 土文丶 |
|  | FYY⁹⁸ | 土文丶 |
| 汾 | IWVN③ | 氵分刀乙 |
| 棼 | SSWV③ | 木木八刀 |
| 焚 | SSOU③ | 木木火丷 |
|  | SSOU⁹⁸ | 木木火丷 |
| 岎 | VNUV | 白乙丿刀 |
|  | ENUV⁹⁸ | 白乙丿刀 |
| 粉 | OWVN② | 米八刀乙 |
|  | OWVT⁹⁸③ | 米八刀丿 |
| 份 | WWVN③ | 亻八刀乙 |
|  | WWVT⁹⁸ | 亻八刀丿 |
| 奋 | DLF | 大田二 |
| 忿 | WVNU | 八刀心丷 |
| 偾 | WFAM③ | 亻十艹贝 |
| 愤 | NFAM③ | 忄十艹贝 |
| 粪 | OAWU | 米共八丷 |
| 鲼 | QGFM | 鱼一十贝 |
| 濆 | IOLW③ | 氵米田八 |
| **feng** | | |
| 风 | MQI② | 几乂氵 |
|  | WRI⁹⁸ | 几乂氵 |
| 丰 | DHK② | 三丨川 |
|  | DHK⁹⁸③ | 三丨川 |
| 沣 | IDHH③ | 氵三丨丨 |
| 枫 | SMQY③ | 木几乂丶 |
|  | SWRY⁹⁸ | 木几乂丶 |
| 封 | FFFY | 土土寸丶 |
| 疯 | UMQI③ | 疒几乂氵 |
|  | UWRI⁹⁸ | 疒几乂氵 |
| 砜 | DMQY | 石几乂丶 |

| 字 | 编码 | 字根 |
|---|---|---|
| 砜 | DWRY⁹⁸ | 石几乂丶 |
| 峰 | MTDH③ | 山夂三丨 |
| 烽 | OTDH② | 火夂三丨 |
|  | OTDH⁹⁸③ | 火夂三丨 |
| 葑 | AFFF | 艹土土寸 |
| 锋 | QTDH③ | 钅夂三丨 |
| 蜂 | JTDH③ | 虫夂三丨 |
| 鄷 | DHDB | 三丨三阝 |
|  | MDHB⁹⁸ | 山三丨阝 |
| 冯 | UCG② | 冫马一 |
|  | UCGG⁹⁸ | 冫马一一 |
| 逢 | TDHP③ | 夂三丨辶 |
| 缝 | XTDP | 纟夂三辶 |
| 讽 | YMQY | 讠几乂丶 |
|  | YWRY⁹⁸ | 讠几乂丶 |
| 唪 | KDWH③ | 口三人丨 |
|  | KDWG⁹⁸ | 口三人丰 |
| 凤 | MCI② | 几又氵 |
|  | WCI⁹⁸ | 几又氵 |
| 奉 | DWFH③ | 三人二丨 |
|  | DWG⁹⁸ | 三人丰 |
| 俸 | WDWH | 亻三人丨 |
|  | WDWG⁹⁸ | 亻三人丰 |
| **fo** | | |
| 佛 | WXJH③ | 亻弓丨丨 |
| **fou** | | |
| 否 | GIKF③ | 一小口二 |
|  | DHKF⁹⁸ | 丆丨口二 |
| 缶 | RMK | 仁山川 |
|  | TFBK⁹⁸ | 一十凵川 |
| **fu** | | |
| 夫 | FWI② | 二人氵 |
|  | GGGY⁹⁸ | 夫一一丶 |
| 呋 | KFWY③ | 口二人丶 |
|  | KGY⁹⁸ | 口夫丶 |
| 肤 | EFWY③ | 月二人丶 |
|  | EGY⁹⁸ | 月夫丶 |
| 趺 | KHFW③ | 口止二人 |
|  | KHGY⁹⁸ | 口止夫丶 |
| 麸 | GQFW | 圭夕二人 |
|  | GQGY⁹⁸ | 圭夕夫 |
| 稃 | TEBG | 禾四子一 |
| 跗 | KHWF | 口止付 |
| 孵 | QYTB | 卩丶丿子 |
| 敷 | GEHT | 一月丨夂 |
|  | SYTY⁹⁸ | 甫方夂 |
| 弗 | XJK | 弓丨川 |
| 伏 | WDY | 亻犬丶 |
| 凫 | QYNM | 勹丶乙几 |
|  | QWB⁹⁸ | 鸟几巜 |
| 孚 | EBF | 四子二 |
| 扶 | RFWY③ | 扌二人丶 |
|  | RGY⁹⁸ | 扌夫丶 |
| 芙 | AFWU③ | 艹二人丷 |
|  | AGU⁹⁸ | 艹夫丷 |
| 怫 | NXJH③ | 忄弓丨丨 |

| 字 | 编码 | 字根 |
|---|---|---|
| 拂 | RXJH | 扌弓丨丨 |
| 服 | EBCY② | 月卩又丶 |
| 绂 | XDCY③ | 纟尢又丶 |
| 绋 | XXJH③ | 纟弓丨丨 |
| 苻 | AWFU | 艹亻寸丷 |
| 俘 | WEBG③ | 亻四子 |
| 氟 | RNXJ③ | 气乙弓丨 |
|  | RXJK⁹⁸ | 气弓丨川 |
| 被 | PYDC | 衤丶尢又 |
|  | PYDY⁹⁸ | 衤丶尢丶 |
| 罘 | LGIU③ | 罒一小丷 |
|  | LDHU⁹⁸ | 罒丆丨丷 |
| 茯 | AWDU③ | 艹亻犬丷 |
| 郛 | EBBH③ | 四子阝丨 |
| 浮 | IEBG③ | 氵四子 |
| 砩 | DXJH③ | 石弓丨丨 |
| 莩 | AEBF | 艹四子二 |
| 蚨 | JFWY③ | 虫二人丶 |
|  | JGY⁹⁸ | 虫夫丶 |
| 匐 | QGKL③ | 勹一口田 |
|  | QGKL⁹⁸ | 勹一口田 |
| 桴 | SEBG③ | 木四子一 |
| 涪 | IUKG③ | 氵立口一 |
| 符 | TWFU③ | ⺮亻寸丷 |
| 艴 | XJQC③ | 弓丨⺈巴 |
| 蕴 | AEBC | 艹四月卩又 |
| 袱 | PUWD | 衤冫亻犬 |
| 幅 | MHGL③ | 冂丨一田 |
| 福 | PYGL③ | 衤丶一田 |
| 蜉 | JEBG③ | 虫四子 |
| 辐 | LGKL③ | 车一口田 |
| 幞 | MHOY③ | 冂丨业丷 |
|  | MHOY⁹⁸ | 冂丨业丷 |
| 蝠 | JGKL | 虫一口田 |
| 黻 | OGUC | 业一丷又 |
|  | OIDY⁹⁸ | 业小丶 |
| 抚 | RFQN③ | 扌二儿乙 |
| 甫 | GEHY③ | 一月丨丶 |
|  | SGHY⁹⁸ | 甫一丨丶 |
| 府 | YWFI③ | 广亻寸氵 |
|  | OWFI⁹⁸ | 广亻寸氵 |
| 拊 | RWFY③ | 扌亻寸丶 |
| 斧 | WQRJ③ | 八乂斤丨 |
|  | WRRJ⁹⁸ | 八乂斤丨 |
| 俯 | WYWF③ | 亻广亻寸 |
|  | WOWF⁹⁸ | 亻广亻寸 |
| 釜 | WQFU③ | 八乂干丷 |
|  | WRFU⁹⁸ | 八乂干丷 |
| 辅 | LGEY | 车一月丶 |
|  | LSY⁹⁸ | 车甫丶 |
| 腑 | EYWF③ | 月广亻寸 |
|  | EOWF⁹⁸ | 月广亻寸 |
| 滏 | IWQU③ | 氵八乂丷 |
|  | IWRU⁹⁸ | 氵八乂丷 |
| 腐 | YWFW | 广亻寸人 |
|  | OWFW⁹⁸ | 广亻寸人 |

| 字 | 编码 | 字根 |
|---|---|---|
| 糯 | OGUY | 业一丷、 |
|  | OISY98 | 业肖甫、 |
| 父 | WQU | 八乂丶 |
|  | WRU98 | 八乂丶 |
| 讣 | YHY | 讠卜丶 |
| 付 | WFY | 亻寸丶 |
| 妇 | VVG② | 女ヨ一 |
| 负 | QMU② | ⺈贝丷 |
| 附 | BWFY③ | 阝亻寸丶 |
| 咐 | KWFY③ | 口亻寸丶 |
| 阜 | WNNF | 丿コ コ十 |
|  | TNFJ98 | 亻日十丨 |
| 驸 | CWFY③ | 马寸丶 |
|  | CGWF98 | 马一亻 |
| 复 | TJTU③ | 一日夂丷 |
| 赴 | FHHI③ | 土止卜氵 |
| 副 | GKLJ③ | 一口田刂 |
| 傅 | WGEF③ | 亻一月寸 |
|  | WSFY98 | 亻甫寸丶 |
| 富 | PGKL③ | 宀一口田 |
| 赋 | MGAH③ | 贝一弋止 |
|  | MGAY98 | 贝一七、 |
| 缚 | XGEF③ | 纟一月寸 |
|  | XSFY98 | 纟甫寸丶 |
| 腹 | ETJT③ | 月一日夂 |
| 鲋 | QGWF③ | 鱼一亻寸 |
|  | QGWF98 | 鱼一亻寸 |
| 赙 | MGEF③ | 贝一月寸 |
|  | MSF98 | 贝甫寸 |
| 蝮 | JTJT | 虫一日夂 |
| 鳆 | QGTT | 鱼一一夂 |
| 覆 | STTT③ | 西彳一夂 |
| 馥 | TJTT | 禾日一夂 |

**G**

**ga**

| 字 | 编码 | 字根 |
|---|---|---|
| 嘎 | KDHA③ | 口厂目戈 |
| 旮 | VJF | 九日二 |
| 钆 | QNN | 钅乙乙 |
| 尜 | IDIU③ | 小大小丷 |
| 噶 | KAJN③ | 口艹日乙 |
| 尕 | EIU | 乃小 |
| 尬 | DNWJ③ | 尢乙人丨 |

**gai**

| 字 | 编码 | 字根 |
|---|---|---|
| 该 | YYNW | 讠亠乙人 |
| 陔 | BYNW | 阝亠乙人 |
| 垓 | FYNW | 土亠乙人 |
| 赅 | MYNW③ | 贝亠乙人 |
| 改 | NTY | 乙夂、 |
| 丐 | GHNV③ | 一丨乙巛 |
| 钙 | QGHN③ | 钅一丨乙 |
|  | QGHN98 | 钅一丨乙 |
| 盖 | UGLF③ | 丷王皿二 |
| 溉 | IVCQ③ | 氵ヨム儿 |
|  | IVAQ98 | 氵艮匚儿 |
| 戤 | ECLA | 乃又皿戈 |
|  | BCLA98② | 乃又皿戈 |

| 字 | 编码 | 字根 |
|---|---|---|
| 概 | SVCQ③ | 木ヨム儿 |
|  | SVAQ98 | 木艮匚儿 |

**gan**

| 字 | 编码 | 字根 |
|---|---|---|
| 干 | FGGH | 干一一丨 |
| 甘 | AFD | 艹二三 |
|  | FGHG98 | 甘一丨一 |
| 杆 | SFH | 木干丨 |
| 肝 | EFH② | 月干丨 |
|  | EFH98 | 月干丨 |
| 坩 | FAFG | 土艹二一 |
|  | FFG98 | 土甘一 |
| 泔 | IAFG③ | 氵艹二一 |
|  | IFG98 | 氵甘一 |
| 苷 | AAFF③ | 艹艹二二 |
|  | AFF98 | 艹甘二 |
| 柑 | SAFG③ | 木艹二一 |
|  | SFG98 | 木甘一 |
| 竿 | TFJ | 竹干丨 |
| 疳 | UAFD③ | 疒艹二三 |
|  | UFD98 | 疒甘三 |
| 酐 | SGFH | 西一干丨 |
| 尴 | DNJL | 尢乙川皿 |
| 秆 | TFH | 禾干丨 |
| 赶 | FHFK | 土止干川 |
| 敢 | NBTY② | 乙耳夂丶 |
| 感 | DGKN | 厂一口心 |
| 澉 | INBT③ | 氵乙耳夂 |
|  | INBT98 | 氵乙耳夂 |
| 橄 | SNBT③ | 木乙耳夂 |
| 擀 | RFJF③ | 扌十早干 |
| 旰 | JFH | 日干丨 |
| 矸 | DFH | 石干丨 |
| 绀 | XAFG③ | 纟艹二一 |
|  | XFG98 | 纟甘一 |
| 淦 | IQG | 氵金一 |
| 赣 | UJTM③ | 立早夂贝 |

**gang**

| 字 | 编码 | 字根 |
|---|---|---|
| 钢 | QMQY③ | 钅门乂、 |
|  | QMRY98 | 钅门乂、 |
| 冈 | MQI | 门乂氵 |
|  | MRI98 | 门乂氵 |
| 刚 | MQJH③ | 门乂刂丨 |
|  | MRJH98 | 门乂刂丨 |
| 岗 | MMQU③ | 山门乂丷 |
|  | MMRU98 | 山门乂丷 |
| 纲 | XMQY② | 纟门乂、 |
|  | XMRY98 | 纟门乂、 |
| 肛 | EAG② | 月工一 |
| 缸 | RMAG③ | ⺈山工一 |
|  | TFBA98 | 一十山工 |
| 罡 | LGHF③ | 皿一止二 |
| 港 | IAWN | 氵艹八巳 |
| 杠 | SAG | 木工一 |
| 筻 | TGJQ | 竹一日乂 |
|  | TGJR98 | 竹一日乂 |
| 戆 | UJTN | 立早夂心 |

**gao**

| 字 | 编码 | 字根 |
|---|---|---|
| 高 | YMKF② | 古门口二 |
|  | YMKF98③ | 古门口二 |
| 皋 | RDFJ | 白大十丨 |
| 羔 | UGOU③ | 丷王灬 |
|  | UGOU98 | 丷王灬 |
| 槔 | SRDF③ | 木白大十 |
| 睪 | TLFF | 丿皿土十 |
| 膏 | YPKE③ | 古冖口月 |
| 蒿 | TYMK | 竹古门口 |
| 糕 | OUGO | 米丷王灬 |
| 杲 | JSU | 日木丷 |
| 搞 | RYMK③ | 扌古门口 |
| 缟 | XYMK③ | 纟古门口 |
| 槁 | SYMK | 木古门口 |
| 稿 | TYMK③ | 禾古门口 |
| 镐 | QYMK③ | 钅古门口 |
| 薧 | AYMS | 艹古门木 |
| 告 | TFKF | 丿土口二 |
| 诰 | YTFK | 讠丿土口 |
| 郜 | TFKB | 丿土口阝 |
| 锆 | QTFK | 钅丿土口 |

**ge**

| 字 | 编码 | 字根 |
|---|---|---|
| 哥 | SKSK③ | 丁口丁口 |
|  | SKSK98 | 丁口丁口 |
| 戈 | AGNT | 戈一乙丿 |
|  | AGNY98 | 戈一乙、 |
| 圪 | FTNN③ | 土丿乙乙 |
|  | FTNN98 | 土丿乙乙 |
| 纥 | XTNN | 纟丿乙乙 |
| 疙 | UTNV | 疒丿乙巛 |
| 胳 | ETKG③ | 月夂口一 |
| 袼 | PUTK | 衤冫夂口 |
| 鸽 | WGKG | 人一口一 |
| 割 | PDHJ | 宀三丨刂 |
| 搁 | RUTK③ | 扌门夂口 |
| 歌 | SKSW | 丁口丁人 |
| 阁 | UTKD | 门夂口三 |
| 革 | AFJ② | 廿丰刂 |
| 格 | STKG② | 木夂口一 |
|  | STKG98③ | 木夂口一 |
| 鬲 | GKMH | 一口门丨 |
| 葛 | AJQN③ | 艹日勹乙 |
| 隔 | BGKH③ | 阝一口丨 |
| 嗝 | KGKH | 口一口丨 |
| 塥 | FGKH③ | 土一口丨 |
| 搿 | RWGR | 手人一手 |
| 膈 | EGKH③ | 月一口丨 |
| 镉 | QGKH | 钅一口丨 |
| 骼 | METK③ | 冖月夂口 |
| 鿔 | LKSK86 | 力口丁口 |
|  | EKSK98② | 力口丁口 |
| 舸 | TESK③ | 丿舟丁口 |
|  | TUSK98 | 丿舟丁口 |
| 个 | WHJ② | 人丨刂 |
| 各 | TKF② | 夂口二 |

| 汉字 | 编码 | 字根 |
|---|---|---|
| 蛇 | JTNN③ | 虫⺀乙乙 |
| 硌 | DTKG③ | 石夊口一 |
| 铬 | QTKG③ | 钅夊口一 |
| 颌 | WGKM | 人一口贝 |
| 咯 | KTKG③ | 口夊口一 |
| 饹 | WTNN③ | 亻⺀乙乙 |
| 饹 | WTNN98 | 亻⺀乙乙 |
| **gei** | | |
| 给 | XWGK② | 纟人一口 |
| **gen** | | |
| 根 | SVEY③ | 木彐㇆乀 |
| 根 | SVY98 | 木艮丶 |
| 跟 | KHVE③ | 口止彐㇆ |
| 跟 | KHVY98 | 口止艮丶 |
| 哏 | KVEY③ | 口彐㇆乀 |
| 哏 | KVY98 | 口艮丶 |
| 亘 | GJGF③ | 一日一二 |
| 艮 | VEI | 彐㇆冫 |
| 艮 | VNGY98 | 艮乙一丶 |
| 茛 | AVEU③ | 艹彐㇆冫 |
| 茛 | AVU98 | 艹艮冫 |
| 莨 | AYVU③ | 艹丶彐㇆ |
| 莨 | AYVU98 | 艹丶艮冫 |
| **geng** | | |
| 耕 | DIFJ③ | 三小二刂 |
| 耕 | FSFJ98 | 二木十刂 |
| 更 | GJQI③ | 一日乂丶 |
| 更 | GJR98 | 一日乂 |
| 庚 | YVWI③ | 广彐人氵 |
| 庚 | OVWI98 | 广彐人氵 |
| 赓 | YVWM③ | 广彐人贝 |
| 赓 | OVWM98 | 广彐人贝 |
| 羹 | UGOD | ⺶王灬大 |
| 哽 | KGJQ③ | 口一日乂 |
| 哽 | KGJR98 | 口一日乂 |
| 埂 | FGJQ③ | 土一日乂 |
| 埂 | FGJR98 | 土一日乂 |
| 绠 | XGJQ③ | 纟一日乂 |
| 绠 | XGJR98 | 纟一日乂 |
| 耿 | BOY② | 耳火丶 |
| 梗 | SGJQ | 木一日乂 |
| 梗 | SGJR98 | 木一日乂 |
| 鲠 | QGGQ | 鱼一一乂 |
| 鲠 | QGGR98 | 鱼一一乂 |
| **gong** | | |
| 工 | AAAA | (键名字) |
| 弓 | XNGN③ | 弓乙一乙 |
| 公 | WCU② | 八厶冫 |
| 功 | ALN② | 工力乙 |
| 功 | AET98 | 工力丿 |
| 攻 | ATY② | 工夊丶 |
| 供 | WAWY③ | 亻艹八丶 |
| 肱 | EDCY③ | 月ナ厶丶 |
| 宫 | PKKF② | 宀口口二 |
| 恭 | AWNU | 艹八小冫 |
| 蚣 | JWCY③ | 虫八厶丶 |
| 躬 | TMDX | 丿门三弓 |

| 汉字 | 编码 | 字根 |
|---|---|---|
| 龚 | DXAW③ | 龵匕龷八 |
| 龚 | DXYW98 | 龵匕丶八 |
| 觥 | QEIQ③ | ⺈用⺌儿 |
| 巩 | AMYY③ | 工几丶丶 |
| 巩 | AWYY98 | 工几丶丶 |
| 汞 | AIU | 工水冫 |
| 拱 | RAWY③ | 扌艹八丶 |
| 珙 | GAWY③ | 王艹八丶 |
| 共 | AWU② | 艹八冫 |
| 贡 | AMU② | 工贝冫 |
| **gou** | | |
| 沟 | IQCY③ | 氵勹厶丶 |
| 勾 | QCI | 勹厶冫 |
| 佝 | WQKG③ | 亻勹口一 |
| 佝 | WQKG98 | 亻勹口一 |
| 钩 | QQCY③ | 钅勹厶丶 |
| 缑 | XWND③ | 纟⼂口大 |
| 篝 | TFJF | ⺮二刂土 |
| 篝 | TAMF98 | ⺮艹门土 |
| 耩 | AFFF | 廿丰二土 |
| 耩 | AFAF98 | 廿丰艹土 |
| 岣 | MQKG③ | 山勹口一 |
| 狗 | QTQK③ | 犭丿勹口 |
| 苟 | AQKF③ | 艹勹口二 |
| 枸 | SQKG③ | 木勹口一 |
| 笱 | TQKF③ | ⺮勹口二 |
| 构 | SQCY② | 木勹厶丶 |
| 诟 | YRGK③ | 讠⼂一口 |
| 购 | MQCY③ | 贝勹厶丶 |
| 垢 | FRGK② | 土⼂一口 |
| 够 | QKQQ | 勹口夕夕 |
| 媾 | VFJF③ | 女二刂土 |
| 媾 | VAMF98 | 女艹门土 |
| 彀 | FPGC | 士冖一又 |
| 遘 | FJGP | 二刂一辶 |
| 遘 | AMFP98 | 艹门土辶 |
| 觏 | FJGQ | 土刂一儿 |
| 觏 | AMFQ98 | 艹门土儿 |
| **gu** | | |
| 姑 | VDG② | 女古一 |
| 估 | WDG② | 亻古一 |
| 咕 | KDG | 口古一 |
| 孤 | BRCY② | 子⼂厶丶 |
| 沽 | IDG | 氵古一 |
| 轱 | LDG | 车古一 |
| 鸪 | DQYG | 古勹丶一 |
| 鸪 | DQG98 | 古鸟一 |
| 菇 | AVDF③ | 艹女古二 |
| 菰 | ABRY③ | 艹子⼂丶 |
| 菰 | ABRY98 | 艹子⼂丶 |
| 蛄 | JDG | 虫古一 |
| 觚 | QERY③ | ⺈用⼂乀 |
| 辜 | DUJ | 古辛刂 |
| 酤 | SGDG | 西一古一 |
| 毂 | FPLC③ | 士冖车又 |
| 箍 | TRAH③ | ⺮扌匚丨 |
| 鹘 | MEQG③ | ⺆月勹一 |

| 汉字 | 编码 | 字根 |
|---|---|---|
| 鹘 | MEQG98 | ⺆月勹一 |
| 古 | DGHG③ | 古一丨一 |
| 汩 | IJG | 氵日一 |
| 诂 | YDG | 讠古一 |
| 谷 | WWKF③ | 八人口二 |
| 股 | EMCY③ | 月几又丶 |
| 股 | EWCY98 | 月几又丶 |
| 牯 | TRDG | 丿扌古一 |
| 牯 | CDG98 | 牛古一 |
| 骨 | MEF② | ⺆月二 |
| 罟 | LDF | 罒古二 |
| 钴 | QDG | 钅古一 |
| 蛊 | JLF | 虫皿二 |
| 鹄 | TFKG | 丿土口一 |
| 鼓 | FKUC | 士口丷又 |
| 蝦 | DNHC③ | 古㇕丨又 |
| 膈 | EFKC | 月土口又 |
| 瞽 | FKUH | 士口丷目 |
| 固 | LDD | 口古三 |
| 故 | DTY | 古夊丶 |
| 顾 | DBDM② | 厂巴丁贝 |
| 顾 | DBDM98③ | 厂巴丁贝 |
| 崮 | MLDF③ | 山口古二 |
| 梏 | STFK | 木丿土口 |
| 牿 | TRTK | 丿扌丿口 |
| 牿 | CTFK98 | 牛丿土口 |
| 雇 | YNWY | 丶尸亻圭 |
| 痼 | ULDD③ | 疒口古三 |
| 锢 | QLDG | 钅口古一 |
| 鲴 | QGLD | 鱼一口古 |
| 呱 | KRCY③ | 口⼂厶乀 |
| **gua** | | |
| 瓜 | RCYI③ | 厂厶丶冫 |
| 瓜 | RCYI98③ | 厂厶丶冫 |
| 刮 | TDJH | 丿古刂丨 |
| 胍 | ERCY③ | 月厂厶乀 |
| 鸹 | TDQG③ | 丿古勹一 |
| 剐 | KMWJ | 口门人刂 |
| 寡 | PDEV③ | 宀丆月刀 |
| 卦 | FFHY | 土土卜丶 |
| 诖 | YFFG | 讠土土一 |
| 挂 | RFFG | 扌土土一 |
| 褂 | PUFH | 衤丷土卜 |
| 栝 | STDG | 木丿古一 |
| **guai** | | |
| 乖 | TFUX③ | 丿十⺀匕 |
| 拐 | RKLN③ | 扌口力乙 |
| 拐 | RKEN98 | 扌口力乙 |
| 怪 | NCFG② | 忄又土一 |
| **guan** | | |
| 关 | UDU② | 丷大冫 |
| 关 | UDU98③ | 丷大冫 |
| 观 | CMQN② | 又门儿乙 |
| 官 | PNHN② | 宀㇕丨㇕ |
| 官 | PNF98② | 宀㠯二 |
| 冠 | PFQF | 冖二儿寸 |
| 倌 | WPNN③ | 亻宀㇕㇕ |

| | | | | | | | | |
|---|---|---|---|---|---|---|---|---|
| 倌 | WPNG⁹⁸③ | 亻宀目一 | 诡 | YQDB③ | 讠⺈厂巴 | 海 | ITX⁹⁸ | 氵丿母 |
| 棺 | SPNN③ | 木宀口 | 癸 | WGDU③ | 癶一大丷 | 胲 | EYNW | 月亠乙人 |
| | SPN⁹⁸ | 木宀目 | 鬼 | RQCI③ | 白儿厶氵 | 醢 | SGDL | 西一丆皿 |
| 鳏 | QGLI | 鱼一罒小 | 晷 | JTHK | 日夂卜口 | 亥 | YNTW | 亠乙丿人 |
| 馆 | QNPN③ | 勹乙宀口 | 簋 | TVEL③ | 竹彐⻊皿 | 骇 | CYNW | 马亠乙人 |
| | QNPN⁹⁸ | 勹乙宀目 | | TVLF⁹⁸③ | 竹艮皿二 | | CGYW⁹⁸ | 马一丿人 |
| 管 | TPNN② | 竹宀口口 | 刽 | WFCJ | 人二厶刂 | 害 | PDHK② | 宀三丨口 |
| | TPNG⁹⁸③ | 竹宀目二 | 刿 | MQJH | 山夕刂丨 | 氦 | RNYW | 气乙亠人 |
| 贯 | XFMU③ | 毌十贝丷 | 柜 | SANG③ | 木匚コ一 | | RYNW⁹⁸ | 气一乙人 |
| | XMU⁹⁸② | 毌贝丷 | 炅 | JOU | 日火丷 | 还 | GIPI③ | 一小辶氵 |
| 惯 | NXFM③ | 忄毌十贝 | 贵 | KHGM | 口丨一贝 | | DHP⁹⁸② | 厂卜辶 |
| | NXMY⁹⁸③ | 忄毌贝、 | 桂 | SFFG③ | 木土土一 | | han | |
| 掼 | RXFM③ | 扌毌十贝 | 跪 | KHQB | 口止⺈巴 | 酣 | SGAF | 西一艹二 |
| | RXMY⁹⁸③ | 扌毌贝、 | 鳜 | QGDW | 鱼一厂人 | | SGFG⁹⁸③ | 西一甘一 |
| 涫 | IPNN③ | 氵宀口口 | 桧 | SWFC③ | 木人二厶 | 犴 | QTFH | 犭丿干丨 |
| | IPNG③ | 氵宀目一 | | gun | | 顸 | FDMY | 干厂贝丶 |
| 盥 | QGIL③ | 臼一水皿 | 滚 | IUCE③ | 氵六厶伀 | 蚶 | JAFG③ | 虫艹二一 |
| | EIL⁹⁸ | 臼水皿 | 绲 | XJXX③ | 纟日匕匕 | | JFG⁹⁸ | 虫甘一 |
| 灌 | IAKY③ | 氵艹口圭 | 辊 | LJXX③ | 车日匕匕 | 憨 | NBTN | 乙耳夂心 |
| 鹳 | AKKG | 艹口口一 | 磙 | DUCE③ | 石六厶伀 | 鼾 | THLF | 丿目田干 |
| 罐 | RMAY | 缶山艹圭 | 鲧 | QGTI | 鱼一丿小 | 邗 | FBH | 干阝丨 |
| | TFBY⁹⁸ | 丿十凵圭 | 衮 | UCEU | 六厶伀丷 | 含 | WYNK | 人、乙口 |
| | guang | | 棍 | SJXX③ | 木日匕匕 | 邯 | AFBH③ | 艹二阝丨 |
| 光 | IQB③ | 业儿《 | | guo | | | FBH⁹⁸ | 甘阝丨 |
| | IGQ⁹⁸② | ⺌一儿 | 锅 | QKMW③ | 钅口冂人 | 函 | BIBK③ | 了氺凵⺀ |
| 咣 | KIQN③ | 口业儿乙 | 呙 | KMWU | 口冂人丷 | 晗 | JWYK | 日人、口 |
| | KIGQ⁹⁸③ | 口⺌一儿 | 埚 | FKMW③ | 土口冂人 | 涵 | IBIB③ | 氵了氺凵 |
| 桄 | SIQN | 木业儿乙 | 郭 | YBBH③ | 亠子阝丨 | 焓 | OWYK | 火人、口 |
| | SIGQ⁹⁸ | 木⺌一儿 | 崞 | MYBG③ | 山亩子一 | 寒 | PFJU③ | 宀二丨丷 |
| 胱 | EIQN③ | 月业儿乙 | 聒 | BTDG③ | 耳丿古一 | | PAWU⁹⁸③ | 宀艹八丷 |
| | EIGQ⁹⁸③ | 月⺌一儿 | 蝈 | JLGY③ | 虫口王丶 | 韩 | FJFH | 十早二丨 |
| 广 | YYGT | 广、一丿 | 国 | LGYI③ | 口王丶氵 | 罕 | PWFJ③ | 冖八干丨 |
| | OYGT⁹⁸② | 广、一丿 | 帼 | MHLY③ | 冂丨口丶 | 喊 | KDGT | 口厂一丿 |
| 犷 | QTYT | 犭丿广丿 | 掴 | RLGY | 扌口王丶 | | KDGK⁹⁸ | 口厂一口 |
| | QTOT⁹⁸ | 犭丿广丿 | 虢 | EFHM | 四寸广几 | 汉 | ICY② | 氵又丶 |
| 逛 | QTGP | 犭丿王辶 | | EFHW⁹⁸ | 四寸虍几 | 汗 | IFH | 氵干丨 |
| | gui | | 馘 | UTHG | 丷丿目一 | | IFH⁹⁸② | 氵干丨 |
| 归 | JVG② | 刂彐一 | 果 | JSI② | 日木小 | 旱 | JFJ | 日干刂 |
| 圭 | FFF③ | 土土二 | 猓 | QTJS | 犭丿日木 | 悍 | NJFH③ | 忄日干丨 |
| 妫 | VYLY③ | 女、力、 | 椁 | SYBG③ | 木亩子一 | 捍 | RJFH③ | 扌日干丨 |
| | VYEY⁹⁸③ | 女、力、 | 蜾 | JJSY③ | 虫日木丶 | | RJFH⁹⁸ | 扌日干丨 |
| 龟 | QJNB③ | 夕日乙《 | 裹 | YJSE | 亠日木⻌ | 焊 | OJFH③ | 火日干丨 |
| 规 | FWMQ③ | 二人门儿 | 过 | FPI③ | 寸辶氵 | 菡 | ABIB③ | 艹了氺凵 |
| | GMQN⁹⁸③ | 夫门儿乙 | 涡 | IKMW③ | 氵口冂人 | 颔 | WYNM | 人、乙贝 |
| 皈 | RRCY | 白厂又丶 | | H | | 撖 | RNBT | 扌乙耳夂 |
| 闺 | UFFD | 门土土三 | | ha | | 憾 | NDGN | 忄厂一心 |
| | UFFD⁹⁸③ | 门土土三 | 哈 | KWGK③ | 口人一口 | 撼 | RDGN | 扌厂一心 |
| 硅 | DFFG③ | 石土土一 | 蛤 | JWGK② | 虫人一口 | 翰 | FJWN③ | 十早人羽 |
| | DFFG⁹⁸③ | 石土土一 | 铪 | QWGK | 钅人一口 | 瀚 | IFJN | 氵十早羽 |
| 瑰 | GRQC③ | 王白儿厶 | | hai | | | hang | |
| 鲑 | QGFF | 鱼一土土 | 孩 | BYNW | 子亠乙人 | 杭 | SYMN③ | 木亠几乙 |
| 宄 | PVB | 宀九《 | | BYNW⁹⁸③ | 子亠乙人 | | SYWN⁹⁸③ | 木亠几乙 |
| 轨 | LVN② | 车九乙 | 嗨 | KITU | 口氵丿 | 夯 | DLB | 大力《 |
| 庋 | YFCI③ | 广十又氵 | | KITX⁹⁸ | 口氵丿母 | | DER | 大力丿 |
| | OFCI⁹⁸③ | 广十又氵 | 骸 | MEYW③ | 冎月亠人 | 绗 | XTFH | 纟彳二丨 |
| 匦 | ALVV③ | 匚车九巛 | 海 | ITXU③ | 氵丿母丷 | | XTGS⁹⁸ | 纟彳一丁 |

| 汉字 | 编码 | 字根 |
|---|---|---|
| 航 | TEYM③ | 丿舟一几 |
| 航 | TUYW⁹⁸③ | 丿舟一几 |
| 沆 | IYMN③ | 氵一几乙 |
| 沆 | IYWN⁹⁸③ | 氵一几乙 |
| **hao** | | |
| 蒿 | AYMK③ | 艹古门口 |
| 嚆 | KAYK③ | 口艹古口 |
| 薅 | AVDF | 艹女厂寸 |
| 蚝 | JTFN③ | 虫丿二乙 |
| 蚝 | JEN⁹⁸ | 虫毛乙 |
| 毫 | YPTN③ | 古冖丿乙 |
| 毫 | YPE⁹⁸ | 古冖毛 |
| 噑 | KRDF③ | 口白大十 |
| 噑 | KRDF⁹⁸ | 口白大十 |
| 豪 | YPEU | 古冖豕丿 |
| 豪 | YPGE⁹⁸③ | 古冖一豕 |
| 嚎 | KYPE③ | 口古冖豕 |
| 壕 | FYPE③ | 土古冖豕 |
| 濠 | IYPE③ | 氵古冖豕 |
| 好 | VBG② | 女子一 |
| 郝 | FOBH③ | 土小阝丨 |
| 号 | KGNB③ | 口一乙丨 |
| 号 | KGNB⁹⁸② | 口一乙《 |
| 昊 | JGDU③ | 日一大丷 |
| 浩 | ITFK | 氵丿土口 |
| 耗 | DITN | 三小丿乙 |
| 耗 | FSEN⁹⁸③ | 二木毛乙 |
| 皓 | RTFK | 白丿土口 |
| 颢 | JYIM③ | 日古小贝 |
| 颢 | JYIM⁹⁸ | 日古小贝 |
| 灏 | IJYM③ | 氵日古贝 |
| **he** | | |
| 喝 | KJQN③ | 口日勹乙 |
| 诃 | YSKG③ | 讠丁口一 |
| 呵 | KSK③ | 口丁口 |
| 嗬 | KAWK | 口艹人口 |
| 禾 | TTTT③ | (键名字) |
| 合 | WGKF③ | 人一口二 |
| 合 | WGKF⁹⁸ | 人一口二 |
| 何 | WSKG③ | 亻丁口一 |
| 劾 | YNTL③ | 亠乙丿力 |
| 劾 | YNTE⁹⁸ | 亠乙丿力 |
| 和 | TKG | 禾口一 |
| 河 | ISKG③ | 氵丁口一 |
| 曷 | JQWN | 日勹人乙 |
| 阂 | UYNW | 门亠乙人 |
| 核 | SYNW | 木亠乙 |
| 核 | SYNW⁹⁸③ | 木亠乙 |
| 盍 | FCLF | 土厶皿二 |
| 盍 | FCLF⁹⁸③ | 土厶皿二 |
| 荷 | AWSK③ | 艹亻丁口 |
| 涸 | ILDG③ | 氵口古一 |
| 盒 | WGKL | 人一口皿 |
| 菏 | AISK③ | 艹氵丁口 |
| 貉 | EETK | 四豸夂口 |
| 貉 | ETKG⁹⁸ | 豸夂口一 |
| 阖 | UFCL③ | 门土厶皿 |
| 翮 | GKMN | 一口门羽 |
| 贺 | LKMU③ | 力口贝丷 |
| 贺 | EKMU⁹⁸③ | 力口贝丷 |
| 褐 | PUJN | 衤冫日乙 |
| 赫 | FOFO③ | 土小土小 |
| 鹤 | PWYG③ | 冖亻圭一 |
| 壑 | HPGF③ | 卜冖一土 |
| **hei** | | |
| 黑 | LFOU③ | 囗土灬丷 |
| 嘿 | KLFO③ | 口囗土灬 |
| **hen** | | |
| 痕 | UVEI③ | 疒彐l氵 |
| 痕 | UVI⁹⁸ | 疒艮氵 |
| 很 | TVEY③ | 彳彐l乀 |
| 很 | TVY⁹⁸ | 彳艮乀 |
| 狠 | QTVE③ | 犭丿彐l |
| 狠 | QTVY⁹⁸③ | 犭丿艮 |
| 恨 | NVEY② | 忄彐l乀 |
| 恨 | NVY⁹⁸② | 忄艮 |
| **heng** | | |
| 恒 | NGJG③ | 忄一日一 |
| 亨 | YBJ | 古了刂 |
| 哼 | KYBH③ | 口古了丨 |
| 桁 | STFH | 木彳二丨 |
| 桁 | STGS⁹⁸③ | 木彳一丁 |
| 珩 | GTFH③ | 王彳二丨 |
| 珩 | GTGS⁹⁸③ | 王彳一丁 |
| 横 | SAMW③ | 木艹由八 |
| 衡 | TQDH③ | 彳鱼大丨 |
| 衡 | TQDS⁹⁸③ | 彳鱼大丁 |
| 蘅 | ATQH③ | 艹彳鱼丨 |
| 蘅 | ATQS⁹⁸ | 艹彳鱼丁 |
| **hong** | | |
| 烘 | OAWY③ | 火艹八、 |
| 烘 | OAWY⁹⁸③ | 火艹八、 |
| 薨 | LCCU③ | 车又又丷 |
| 哄 | KAWY③ | 口艹八、 |
| 訇 | QYD | 勹言三 |
| 薨 | ALPX | 艹皿冖匕 |
| 弘 | XCY | 弓厶、 |
| 弘 | XCY⁹⁸② | 弓厶、 |
| 红 | XAG② | 纟工一 |
| 宏 | PDCU③ | 宀ナ厶丷 |
| 闳 | UDCI③ | 门ナ厶氵 |
| 泓 | IXCY③ | 氵弓厶、 |
| 洪 | IAWY③ | 氵艹八、 |
| 荭 | AXAF③ | 艹纟工二 |
| 虹 | JAG② | 虫工一 |
| 虹 | JAG⁹⁸ | 虫工一 |
| 鸿 | IAQG③ | 氵工勹一 |
| 鸿 | IAQG⁹⁸③ | 氵工勹一 |
| 蕻 | ADAW | 艹镸艹八 |
| 黉 | IPAW③ | 灬冖艹八 |
| 讧 | YAG | 讠工一 |
| **hou** | | |
| 喉 | KWND③ | 口亻彐大 |
| 侯 | WNTD③ | 亻彐丿大 |
| 猴 | QTWD③ | 犭丿亻大 |
| 瘊 | UWND③ | 疒亻彐大 |
| 篌 | TWND③ | 竹亻彐大 |
| 糇 | OWND③ | 米亻彐大 |
| 骺 | MERK③ | 冎月厂口 |
| 吼 | KBNN③ | 口子乙乙 |
| 后 | RGKD② | 厂一口三 |
| 厚 | DJBD③ | 厂日子三 |
| 後 | TXTY③ | 彳幺夂乀 |
| 後 | TXTY⁹⁸ | 彳幺夂乀 |
| 逅 | RGKP③ | 厂一口辶 |
| 候 | WHND③ | 亻丨彐大 |
| 堠 | FWND | 土亻彐大 |
| 堠 | FWND⁹⁸③ | 土亻彐大 |
| 鲎 | IPQG | 丷冖鱼一 |
| **hu** | | |
| 呼 | KTUH② | 口丿丷丨 |
| 呼 | KTUF⁹⁸③ | 口丿丷十 |
| 乎 | TUHK③ | 丿丷丨川 |
| 乎 | TUFK⁹⁸ | 丿丷十川 |
| 忽 | QRNU③ | 勹勿心丷 |
| 烀 | OTUH③ | 火丿丷丨 |
| 烀 | OTUF⁹⁸③ | 火丿丷十 |
| 轷 | LTUH | 车丿丷丨 |
| 轷 | LTUF⁹⁸ | 车丿丷十 |
| 唿 | KQRN | 口勹勿心 |
| 惚 | NQRN③ | 忄勹勿心 |
| 滹 | IHAH | 氵广七丨 |
| 滹 | IHTF⁹⁸ | 氵虍丿十 |
| 囫 | LQRE③ | 口勹勿彡 |
| 弧 | XRCY③ | 弓厂厶乀 |
| 狐 | QTRY③ | 犭丿厂乀 |
| 胡 | DEG | 古月一 |
| 胡 | DEG⁹⁸ | 古月一 |
| 壶 | FPOG③ | 士冖业一 |
| 壶 | FPOF⁹⁸③ | 士冖业 |
| 斛 | QEUF | 勺用丷十 |
| 斛 | QEUF③ | 勺用丷十 |
| 湖 | IDEG③ | 氵古月一 |
| 猢 | QTDE | 犭丿古月 |
| 葫 | ADEF | 艹古月二 |
| 煳 | ODEG | 火古月一 |
| 瑚 | GDEG③ | 王古月一 |
| 鹕 | DEQG③ | 古月勹一 |
| 槲 | SQEF | 木勺用十 |
| 糊 | ODEG③ | 米古月一 |
| 蝴 | JDEG③ | 虫古月一 |
| 醐 | SGDE | 西-古月 |
| 觳 | FPGC | 士冖一又 |
| 虎 | HAMV② | 广七几巛 |
| 虎 | HWV⁹⁸ | 虍几巛 |
| 浒 | IYTF | 氵讠丿十 |
| 唬 | KHAM | 口广七几 |
| 唬 | KHWG⁹⁸ | 口虍几二 |
| 琥 | GHAM③ | 王广七几 |
| 琥 | GHW⁹⁸ | 王虍几 |
| 互 | GXGD② | 一⺕一三 |

| 汉字 | 编码 | 字根 |
|---|---|---|
| 互 | GXD⁹⁸② | 一彐三 |
| 户 | YNE | 、尸彡 |
| 沪 | UGXG③ | 冫一彐一 |
|  | UGXG⁹⁸ | 冫一彐一 |
| 护 | RYNT③ | 扌、尸丿 |
| 沪 | IYNT③ | 氵、尸丿 |
| 岵 | MDG | 山古一 |
| 怙 | NDG | 忄古一 |
| 戽 | YNUF③ | 、尸丷十 |
| 祜 | PYDG | 礻、古一 |
| 笏 | TQRR③ | 竹勹彡彡 |
| 扈 | YNKC | 、尸口巴 |
| 瓠 | DFNY | 大二乙、 |
| 鹱 | QYNC | 勹、乙又 |
|  | QGAC⁹⁸ | 鸟一艹又 |
| **hua** | | |
| 花 | AWXB③ | 艹亻匕《 |
| 华 | WXFJ③ | 亻匕十Ⅱ |
| 哗 | KWXF③ | 口亻匕十 |
| 骅 | CWXF③ | 马亻匕十 |
|  | CGWF⁹⁸ | 马一亻十 |
| 铧 | QWXF③ | 钅亻匕十 |
| 滑 | IMEG③ | 氵冎月一 |
| 猾 | QTME③ | 犭丿冎月 |
|  | QTME⁹⁸ | 犭丿冎月 |
| 化 | WXN② | 亻匕乙 |
| 划 | AJH② | 戈刂丨 |
| 画 | GLBJ② | 一田凵刂 |
| 话 | YTDG③ | 讠丿古一 |
| 桦 | SWXF③ | 木亻匕十 |
| 耆 | DHDF | 三丨石二 |
| **huai** | | |
| 怀 | NGIY② | 忄一小、 |
|  | NDHY⁹⁸③ | 忄ナ卜、 |
| 徊 | TLKG③ | 彳口口一 |
| 淮 | IWYG③ | 氵亻圭一 |
| 槐 | SRQC③ | 木白儿厶 |
| 踝 | KHJS | 口止日木 |
| 坏 | FGIY③ | 土一小、 |
|  | FDH⁹⁸ | 土ナ卜 |
| **huan** | | |
| 欢 | CQWY③ | 又⺈人、 |
| 獾 | QTAY | 犭丿艹圭 |
| 环 | GGIY③ | 王一小、 |
|  | GDHY⁹⁸③ | 王ナ卜、 |
| 洹 | IGJG③ | 氵一日一 |
| 桓 | SGJG | 木一日一 |
| 萑 | AWYF | 艹亻圭二 |
| 镮 | QEFC | 钅⺕二又 |
|  | QEGC⁹⁸ | 钅⺕一又 |
| 寰 | PLGE③ | 宀皿一氏 |
| 缳 | XLGE③ | 纟皿一氏 |
| 鬟 | DELE③ | 镸彡皿衣 |
| 缓 | XEFC③ | 纟⺕二又 |
|  | XEGC⁹⁸ | 纟⺕一又 |
| 幻 | XNN | 幺乙乙 |
| 奂 | QMDU③ | ⺈冂大丷 |

| 汉字 | 编码 | 字根 |
|---|---|---|
| 宦 | PAHH③ | 宀匚丨丨 |
| 唤 | KQMD③ | 口⺈冂大 |
| 换 | RQMD② | 扌⺈冂大 |
| 浣 | IPFQ③ | 氵宀二儿 |
| 涣 | IQMD③ | 氵⺈冂大 |
| 患 | KKHN | 口口丨心 |
| 焕 | OQMD③ | 火⺈冂大 |
| 逭 | PNHP | 宀コ丨辶 |
|  | PNPD⁹⁸③ | 宀昌三 |
| 痪 | UQMD③ | 疒⺈冂大 |
| 豢 | UDEU③ | 丷大氺丷 |
|  | UGGE⁹⁸③ | 丷夫一豕 |
| 漶 | IKKN | 氵口口心 |
| 鲩 | QGPQ③ | 鱼一宀儿 |
| 攌 | RLGE③ | 扌皿一氏 |
|  | RLGE③ | 扌皿一氏 |
| 圜 | LLGE③ | 囗皿一氏 |
| **huang** | | |
| 荒 | AYNQ | 艹亠乙儿 |
|  | AYNK⁹⁸ | 艹亠乙儿 |
| 肓 | YNEF | 亠乙月二 |
| 慌 | NAYQ③ | 忄艹亠儿 |
|  | NAYK⁹⁸③ | 忄艹亠儿 |
| 皇 | RGF | 白王二 |
| 凰 | MRGD③ | 几白王三 |
|  | WRGD⁹⁸ | 几白王三 |
| 隍 | BRGG③ | 阝白王一 |
| 黄 | AMWU③ | 艹由八丷 |
| 徨 | TRGG③ | 彳白王一 |
| 惶 | NRGG③ | 忄白王一 |
| 湟 | IRGG③ | 氵白王一 |
| 遑 | RGPD③ | 白王辶三 |
| 煌 | ORGG② | 火白王一 |
| 潢 | IAMW③ | 氵艹由八 |
| 璜 | GAMW③ | 王艹由八 |
| 篁 | TRGF③ | 竹白王二 |
| 蝗 | JRGG② | 虫白王一 |
| 癀 | UAMW③ | 疒艹由八 |
| 磺 | DAMW③ | 石艹由八 |
| 簧 | TAMW③ | 竹艹由八 |
|  | TAMW③ | 竹艹由八 |
| 蟥 | JAMW③ | 虫艹由八 |
| 鳇 | QGRG③ | 鱼一白王 |
| 恍 | NIQN③ | 忄⺌儿乙 |
|  | NIGQ⁹⁸ | 忄⺌一儿 |
| 晃 | JIQB② | 日⺌儿《 |
|  | JIGQ⁹⁸② | 日⺌一儿 |
| 谎 | YAYQ③ | 讠艹亠儿 |
|  | YAYK⁹⁸ | 讠艹亠儿 |
| 幌 | MHJQ | 冂丨日儿 |
| **hui** | | |
| 灰 | DOU② | ナ火丷 |
|  | DOU⁹⁸ | ナ火丷 |
| 诙 | YDOY③ | 讠ナ火、 |
| 咴 | KDOY③ | 口ナ火、 |
| 恢 | NDOY③ | 忄ナ火、 |
| 挥 | RPLH③ | 扌宀车丨 |

| 汉字 | 编码 | 字根 |
|---|---|---|
| 虺 | GQJI | 一儿虫氵 |
| 晖 | JPLH | 日宀车丨 |
| 辉 | IQPL | ⺌儿宀车 |
|  | IGQL⁹⁸ | ⺌一儿车 |
| 麾 | YSSN | 广木木乙 |
|  | OSSE⁹⁸ | 广木木毛 |
| 徽 | TMGT | 彳山一攵 |
| 隳 | BDAN | 阝ナ工小 |
| 回 | LKD | 囗口三 |
|  | LKD⁹⁸② | 囗口三 |
| 洄 | ILKG③ | 氵囗口一 |
| 茴 | ALKF | 艹囗口二 |
| 蛔 | JLKG③ | 虫囗口一 |
| 悔 | NTXU③ | 忄⺊母丷 |
|  | NTXY⁹⁸③ | 忄⺊母、 |
| 卉 | FAJ | 十艹刂 |
| 汇 | IAN | 氵匚乙 |
| 会 | WFCU② | 人二厶丷 |
|  | WFCU③ | 人二厶丷 |
| 讳 | YFNH | 讠二乙丨 |
| 哕 | KMQY③ | 口山夕、 |
| 浍 | IWFC | 氵人二厶 |
| 绘 | XWFC | 纟人二厶 |
| 荟 | AWFC | 艹人二厶 |
| 海 | YTXU③ | 讠⺊母丷 |
|  | YTXY⁹⁸③ | 讠⺊母、 |
| 恚 | FFNU | 土土心丷 |
| 烩 | OWFC③ | 火人二厶 |
|  | OWFC⁹⁸ | 火人二厶 |
| 贿 | MDEG③ | 贝ナ月一 |
| 彗 | DHDV | 三丨三ヨ |
|  | DHDV⁹⁸③ | 三丨三ヨ |
| 晦 | JTXU③ | 日⺊母丷 |
|  | JTXY⁹⁸ | 日⺊母、 |
| 秽 | TMQY③ | 禾山夕、 |
| 喙 | KXEY③ | 口彑豕、 |
| 惠 | GJHN | 一日丨心 |
| 缋 | XKHM③ | 纟口丨贝 |
| 毁 | VAMC② | 臼工几又 |
|  | EAWC⁹⁸ | 臼工几又 |
| 慧 | DHDN③ | 三丨三心 |
| 蕙 | AGJN③ | 艹一日心 |
| 蟪 | JGJN | 虫一日心 |
| **hun** | | |
| 昏 | QAJF | 匚七日二 |
| 珲 | GPLH③ | 王宀车丨 |
| 荤 | APLJ | 艹宀车刂 |
| 婚 | VQAJ② | 女匚七日 |
| 阍 | UQAJ③ | 门匚七日 |
|  | UQAJ⁹⁸ | 门匚七日 |
| 浑 | IPLH③ | 氵宀车丨 |
| 馄 | QNJX | 勹乙日匕 |
| 魂 | FCRC③ | 二厶白厶 |
| 诨 | YPLH③ | 讠宀车丨 |
| 混 | IJXX③ | 氵日匕匕 |
| 溷 | ILEY | 氵囗豕、 |
|  | ILGE⁹⁸ | 氵囗一豕 |

### huo

| 汉字 | 编码 | 字根 |
|---|---|---|
| 活 | ITDG③ | 氵丿古一 |
| 桧 | DIWK③ | 三小人口 |
|  | FSWK98③ | 二木人口 |
| 惚 | QQRN③ | 钅勹彡心 |
| 劐 | AWYJ | 艹亻圭刂 |
| 豁 | PDHK | 宀三丨口 |
|  | PDHK98③ | 宀三丨口 |
| 攉 | RFWY | 扌雨亻圭 |
|  | RFWY98③ | 扌雨亻圭 |
| 火 | OOOO③ | (键名字) |
| 伙 | WOY② | 亻火丶 |
| 钬 | QOY | 钅火丶 |
| 夥 | JSQQ | 日木夕夕 |
|  | JSQQ98③ | 日木夕夕 |
| 或 | AKGD② | 戈口一三 |
| 货 | WXMU③ | 亻化贝丷 |
| 获 | AQTD③ | 艹犭丿犬 |
|  | AQTD98 | 艹犭丿犬 |
| 祸 | PYKW | 礻丶口人 |
| 惑 | AKGN | 戈口一心 |
| 霍 | FWYF | 雨亻圭二 |
| 嚯 | KFWY | 口雨亻圭 |
| 镬 | QAWC③ | 钅艹亻又 |
| 藿 | AFWY | 艹雨亻圭 |
| 蠖 | JAWC | 虫艹亻又 |

### J

### ji

| 汉字 | 编码 | 字根 |
|---|---|---|
| 机 | SMN② | 木几乙 |
|  | SWN98② | 木几乙 |
| 讥 | YMN | 讠几乙 |
|  | YWN98 | 讠几乙 |
| 刉 | GJK | 一刂Ⅲ |
| 击 | FMK | 二山Ⅲ |
|  | GBK98② | 丰凵川 |
| 叽 | KMN | 口几乙 |
|  | KWN98 | 口几乙 |
| 饥 | QNMN③ | 勹乙几乙 |
|  | QNWN98③ | 勹乙几乙 |
| 乩 | HKNN③ | 卜口乙乙 |
| 圾 | FEYY② | 土乃丶丶 |
|  | FBYY98 | 土乃丶丶 |
| 玑 | GMN | 王几乙 |
|  | GWN98 | 王几乙 |
| 肌 | EMN86 | 月几乙 |
|  | EWN98 | 月几乙 |
| 芨 | AEYU③ | 艹乃丶丷 |
|  | ABYU98③ | 艹乃丶丷 |
| 矶 | DMN | 石几乙 |
|  | DWN98 | 石几乙 |
| 鸡 | CQYG③ | 又勹丶一 |
|  | CQGG98③ | 又鸟一一 |
| 咭 | KFKG | 口士口一 |
| 迹 | YOPI③ | 亠业辶氵 |
| 剞 | DSKJ | 大丁口刂 |
| 唧 | KVCB | 口彐厶卩 |

| 汉字 | 编码 | 字根 |
|---|---|---|
| 唧 | KVBH98③ | 口彐厶丨 |
| 姬 | VAHH③ | 女匚丨丨 |
| 屐 | NTFC | 尸彳十又 |
| 积 | TKWY③ | 禾口八丶 |
| 笄 | TGAJ | 竹一廾刂 |
| 基 | ADWF② | 艹三八土 |
|  | DWFF98③ | 甘八土二 |
| 绩 | XGMY③ | 纟丰贝丶 |
| 嵇 | TDNM | 禾尤乙山 |
| 犄 | TRDK | 丿扌大口 |
|  | CDSK98③ | 牜大丁口 |
| 缉 | XKBG③ | 纟口耳一 |
| 赍 | FWWM③ | 十人人贝 |
| 畸 | LDSK③ | 田大丁口 |
| 跻 | KHYJ | 口止文刂 |
| 箕 | TADW③ | 竹艹三八 |
|  | TDWU98③ | 竹其八丷 |
| 徽 | XXAL③ | 幺幺戈田 |
| 稽 | TDNJ | 禾尤乙日 |
| 齑 | YDJJ | 文丿刂刂 |
| 墼 | GJFF | 一日十土 |
|  | LBWF98③ | 车凵几土 |
| 激 | IRYT③ | 氵白方攵 |
| 羁 | LAFC | 罒廿革马 |
|  | LAFG98③ | 罒廿革一 |
| 及 | EYI② | 乃丶氵 |
|  | BYI98② | 乃丶氵 |
| 吉 | FKF② | 土口二 |
| 岌 | MEYU | 山乃丶丷 |
|  | MBYU98③ | 山乃丶丷 |
| 汲 | IEYY③ | 氵乃丶丶 |
|  | IBYY98③ | 氵乃丶丶 |
| 级 | XEYY③ | 纟乃丶丶 |
|  | XBYY98② | 纟乃丶丶 |
| 即 | VCBH③ | 彐厶卩丨 |
|  | VBH98 | 彐卩丨 |
| 极 | SEYY② | 木乃丶丶 |
|  | SBYY98③ | 木乃丶丶 |
| 亟 | BKCG③ | 了口又一 |
| 佶 | WFKG | 亻士口一 |
| 急 | QVNU③ | 勹彐心丷 |
| 笈 | TEYU | 竹乃丶丷 |
|  | TBYU98 | 竹乃丶丷 |
| 疾 | UTDI③ | 疒丿大氵 |
| 戢 | KBNT | 口耳乙丿 |
|  | KBNY98 | 口耳乙丶 |
| 棘 | GMII | 一门小小 |
|  | SMSM98 | 木门木门 |
| 殛 | GQBG③ | 一夕了一 |
| 集 | WYSU③ | 亻圭木丷 |
| 嫉 | VUTD③ | 女疒丿大 |
| 楫 | SKBG③ | 木口耳一 |
| 蒺 | AUTD③ | 艹疒丿大 |
| 辑 | LKBG③ | 车口耳一 |
| 瘠 | UIWE③ | 疒冫人月 |
| 蕺 | AKBT | 艹口耳丿 |

| 汉字 | 编码 | 字根 |
|---|---|---|
| 蕺 | AKBY98 | 艹口耳丿 |
| 籍 | TDIJ | 竹三小日 |
|  | TFSJ98③ | 竹二木日 |
| 几 | MTN② | 几丿乙 |
|  | WTN98 | 几丿乙 |
| 己 | NNGN③ | 己乙一乙 |
| 虮 | JMN | 虫几乙 |
|  | JWN98 | 虫几乙 |
| 挤 | RYJH③ | 扌文刂丨 |
| 脊 | IWEF③ | 丷人月二 |
| 掎 | RDSK③ | 扌大丁口 |
| 戟 | FJAT③ | 十早戈丿 |
|  | FJAY98③ | 十早戈丶 |
| 嵴 | MIWE③ | 山丷人月 |
| 麂 | YNJM | 广コ刂几 |
|  | OXXW98 | 声匕匕儿 |
| 计 | YFH② | 讠十丨 |
| 伎 | WFCY | 亻十又丶 |
| 纪 | XNN② | 纟己乙 |
| 妓 | VFCY③ | 女十又丶 |
| 忌 | NNU | 己心丷 |
| 技 | RFCY③ | 扌十又丶 |
| 芰 | AFCU | 艹十又丷 |
| 际 | BFIY② | 阝二小丶 |
| 剂 | YJJH | 文刂刂丨 |
| 季 | TBF② | 禾子二 |
|  | TBF98 | 禾子二 |
| 哜 | KYJH③ | 口文刂丨 |
| 既 | VCAQ③ | 彐厶匚儿 |
|  | VAQN98 | 艮匚儿乙 |
| 洎 | ITHG③ | 氵丿目一 |
| 济 | IYJH③ | 氵文刂丨 |
| 继 | XONN② | 纟米乙乙 |
| 觊 | MNMQ | 山已门儿 |
|  | MNMQ98③ | 山已门儿 |
| 寂 | PHIC② | 宀上小又 |
| 寄 | PDSK③ | 宀大丁口 |
| 悸 | NTBG③ | 忄禾子一 |
| 祭 | WFIU③ | 夕二小冫 |
| 蓟 | AQGJ | 艹鱼一刂 |
|  | AQGJ98③ | 艹鱼一刂 |
| 暨 | VCAG | 彐厶匚一 |
|  | VAQG98 | 艮匚儿一 |
| 跽 | KHNN | 口止己心 |
| 霁 | FYJJ③ | 雨文刂刂 |
| 鲚 | QGYJ | 鱼一文刂 |
| 稷 | TLWT③ | 禾田八夂 |
| 鲫 | QGVB | 鱼一彐卩 |
|  | QGVB98③ | 鱼一彐卩 |
| 冀 | UXLW③ | 丷匕田八 |
| 髻 | DEFK | 镸彡士口 |
| 骥 | CUXW③ | 马丷匕八 |
|  | CGUW98③ | 马一丷八 |
| 诘 | YFK | 讠士口 |
| 藉 | ADIJ③ | 艹三小日 |
|  | AFSJ98③ | 艹二木日 |

| 荠 | AYJJ | 艹文刂刂 |
|---|---|---|

| | | jia |
|---|---|---|
| 加 | LKG② | 力口一 |
| | EKG⁹⁸② | 力口一 |
| 伽 | WLKG | 亻力口一 |
| | WEKG⁹⁸③ | 亻力口一 |
| 夹 | GUWI③ | 一丷人氺 |
| | GUD⁹⁸ | 一丷大 |
| 佳 | WFFG | 亻土土一 |
| | WFFG⁹⁸③ | 亻土土一 |
| 迦 | LKPD③ | 力口辶三 |
| | EKPD⁹⁸③ | 力口辶三 |
| 枷 | SLKG③ | 木力口一 |
| | SEKG⁹⁸③ | 木力口一 |
| 浃 | IGUW③ | 氵一丷人 |
| | IGUD⁹⁸ | 氵一丷大 |
| 珈 | GLKG③ | 王力口一 |
| | GEKG⁹⁸③ | 王力口一 |
| 家 | PEU② | 宀豕丶 |
| | PGEU⁹⁸② | 宀一豕丶 |
| 痂 | ULKD | 疒力口三 |
| | UEKD⁹⁸ | 疒力口三 |
| 笳 | TLKF | 竹力口二 |
| | TEKF⁹⁸③ | 竹力口二 |
| 袈 | LKYE③ | 力口亠伩 |
| | EKYE⁹⁸③ | 力口亠伩 |
| 裌 | PUWK | 衤冫人口 |
| 葭 | ANHC | 艹一丨又 |
| 跏 | KHLK | 口止力口 |
| | KHEK⁹⁸ | 口止力口 |
| 嘉 | FKUK | 士口丷口 |
| 镓 | QPEY③ | 钅宀豕丶 |
| | QPGE⁹⁸ | 钅宀一豕 |
| 岬 | MLH | 山甲丨 |
| 郏 | GUWB | 一丷人阝 |
| | GUDB⁹⁸ | 一丷大阝 |
| 荚 | AGUW | 艹一丷人 |
| | AGUD⁹⁸ | 艹一丷大 |
| 恝 | DHVN | 三丨刀心 |
| 戛 | DHAR③ | 厂目戈彡 |
| | DHAU⁹⁸③ | 厂目戈丶 |
| 铗 | QGUW | 钅一丷人 |
| | QGUD⁹⁸ | 钅一丷大 |
| 蛱 | JGUW③ | 虫一丷人 |
| | JGUD⁹⁸③ | 虫一丷大 |
| 颊 | GUWM | 一丷人贝 |
| | GUDM⁹⁸ | 一丷大贝 |
| 甲 | LHNH | 甲丨乙丨 |
| 胛 | ELH | 月甲丨 |
| 贾 | SMU | 西贝丶 |
| 钾 | QLH | 钅甲丨 |
| 瘕 | UNHC③ | 疒一丨又 |
| 价 | WWJH③ | 亻人刂丨 |
| 驾 | LKCF③ | 力口马二 |
| | EKCG⁹⁸③ | 力口马一 |
| 架 | LKSU③ | 力口木丶 |

| 架 | EKSU⁹⁸③ | 力口木丶 |
|---|---|---|
| 假 | WNHC③ | 亻一丨又 |
| 嫁 | VPEY③ | 女宀豕丶 |
| | VPGE⁹⁸③ | 女宀一豕 |
| 稼 | TPEY③ | 禾宀豕丶 |
| | TPGE⁹⁸③ | 禾宀一豕 |

| | | jian |
|---|---|---|
| 戋 | GGGT | 戈一一丿 |
| | GAI⁹⁸ | 一戈氵 |
| 奸 | VFH | 女干丨 |
| 尖 | IDU② | 小大丶 |
| 坚 | JCFF③ | 刂又土二 |
| | JCFF② | 刂又土二 |
| 歼 | GQTF③ | 一夕丿十 |
| 间 | UJD② | 门日三 |
| 肩 | YNED | 丶尸月三 |
| 艰 | CVEY② | 又ヨ长丶 |
| | CVY⁹⁸② | 又艮丶 |
| 兼 | UVOU③ | 丷ヨ业丷 |
| | UVJW⁹⁸③ | 丷ヨ刂八 |
| 监 | JTYL | 刂丿丶皿 |
| 笺 | TGR | 竹戈彡 |
| | TGAU⁹⁸③ | 竹一戈丶 |
| 菅 | APNN | 艹宀ㄱㄱ |
| | APNF⁹⁸③ | 艹宀目二 |
| 渐 | IUEJ③ | 氵丷月刂 |
| 犍 | TRVP③ | 丿扌ヨ辶 |
| | CVGP⁹⁸③ | 牜ヨ丰辶 |
| 缄 | XDGT③ | 纟厂一丿 |
| | XDGK⁹⁸③ | 纟厂一口 |
| 搛 | RUVO | 扌丷ヨ业 |
| | RUVW⁹⁸ | 扌丷ヨ八 |
| 煎 | UEJO | 丷月刂灬 |
| 缣 | XUVO③ | 纟丷ヨ业 |
| | XUVW⁹⁸③ | 纟丷ヨ八 |
| 蒹 | AUVO③ | 艹丷ヨ业 |
| | AUVW⁹⁸③ | 艹丷ヨ八 |
| 鲣 | QGJF | 鱼一刂土 |
| 鹣 | UVOG | 丷ヨ业一 |
| | UVJG⁹⁸ | 丷ヨ刂一 |
| 蕲 | AFAB③ | 廿甲艹子 |
| 囝 | LBD② | 口子三 |
| 拣 | RANW | 扌七乙八 |
| 枧 | SMQN | 木门儿乙 |
| | SMQN⁹⁸③ | 木门儿乙 |
| 俭 | WWGI | 亻人一业 |
| 柬 | GLII③ | 一囗小氵 |
| | SLD⁹⁸③ | 木囗三 |
| 茧 | AJU | 艹虫丶 |
| 捡 | RWGI | 扌人一业 |
| | RWGG⁹⁸③ | 扌人一一 |
| 觅 | TMQB | 竹门儿《 |
| 减 | UDGT③ | 冫厂一丿 |
| | UDGK⁹⁸③ | 冫三一口 |
| 剪 | UEJV | 丷月刂刀 |
| 检 | SWGI② | 木人一业 |

| 检 | SWGG⁹⁸③ | 木人一一 |
|---|---|---|
| 趼 | KHGA | 口止一廾 |
| 睑 | HWGI | 目人一业 |
| | HWGG⁹⁸ | 目人一一 |
| 碱 | DWGI | 石人一业 |
| | DWGG⁹⁸ | 石人一一 |
| 裥 | PUUJ | 衤冫门日 |
| 锏 | QUJG | 钅门日一 |
| 简 | TUJF③ | 竹门日二 |
| 谫 | YUEV③ | 讠丷月刀 |
| 戬 | GOGA | 一业一戈 |
| | GOJA⁹⁸ | 一业日戈 |
| 碱 | DDGT③ | 石厂一丿 |
| | DDGK⁹⁸③ | 石厂一口 |
| 翦 | UEJN | 丷月刂羽 |
| 謇 | PFJY | 宀二刂言 |
| | PAWY⁹⁸ | 宀廾八言 |
| 蹇 | PFJH | 宀二刂止 |
| | PAWH⁹⁸ | 宀廾八止 |
| 见 | MQB | 门儿《 |
| | MQB⁹⁸② | 门儿《 |
| 件 | WRHH③ | 亻二丨丨 |
| | WTGH⁹⁸③ | 亻丿キ丨 |
| 建 | VFHP | ヨ二丨辶 |
| | VGP⁹⁸② | ヨキ辶 |
| 饯 | QNGT | 勹乙戋丿 |
| | QNGA⁹⁸③ | 勹乙一戈 |
| 剑 | WGIJ③ | 人一业刂 |
| | WARH③ | 亻弋二丨 |
| 牮 | WAYG⁹⁸ | 亻弋、キ |
| 荐 | ADHB③ | 艹ナ丨子 |
| 贱 | MGT | 贝戋丿 |
| | MGAY⁹⁸ | 贝一戈丶 |
| 健 | WVFP③ | 亻ヨ二辶 |
| | WVGP⁹⁸③ | 亻ヨキ辶 |
| 涧 | IUJG | 氵门日一 |
| 舰 | TEMQ | 丿舟门儿 |
| | TUMQ⁹⁸③ | 丿舟门儿 |
| 渐 | ILRH② | 氵车斤丨 |
| | ILRH⁹⁸② | 氵车斤丨 |
| 谏 | YGLI③ | 讠一囗小 |
| | YSLG⁹⁸③ | 讠木囗一 |
| 楗 | SVFP | 木ヨ二辶 |
| | SVGP⁹⁸③ | 木ヨキ辶 |
| 毽 | TFNP | 丿二乙辶 |
| | EVGP⁹⁸ | 毛ヨキ辶 |
| 溅 | IMGT | 氵贝戋丿 |
| | IMGA⁹⁸ | 氵贝一戈 |
| 腱 | EVFP | 月ヨ二辶 |
| | EVGP⁹⁸③ | 月ヨキ辶 |
| 践 | KHGT③ | 口止戋丿 |
| | KHGA⁹⁸③ | 口止一戈 |
| 鉴 | JTYQ | 刂丿丶金 |
| 键 | QVFP | 钅ヨ二辶 |
| | QVGP⁹⁸ | 钅ヨキ辶 |
| 僭 | WAQJ | 亻匚儿日 |

| 槛 | SJTL③ | 木刂⺊皿 | 焦 | WWYO | 亻亻圭灬 | 许 | YFH | 讠干丨 |
|---|---|---|---|---|---|---|---|---|
| 箭 | TUEJ③ | 竹⺑月刂 | 鲛 | QGUQ | 鱼一六乂 | 劫 | FCLN | 土厶乙乙 |
| 踺 | KHVP | 口止⺕辶 | | QGUR⁹⁸ | 鱼一六乂 | | FCET⁹⁸ | 土厶乃丿 |
| **jiang** | | | 蕉 | AWYO③ | 艹亻圭灬 | 杰 | SOU② | 木灬丿 |
| 江 | IAG② | 氵工一 | | AWYO⁹⁸ | 艹亻圭灬 | 拮 | RFKG③ | 扌士口一 |
| 姜 | UGVF③ | 丷王女二 | 礁 | DWYO③ | 石亻圭灬 | 洁 | IFKG③ | 氵士口一 |
| | UGVF⁹⁸ | 丷王女二 | | DWYO⁹⁸ | 石亻圭灬 | 结 | XFKG② | 纟士口一 |
| 将 | UQFY③ | 丬夕寸丶 | 鹪 | WYOG | 亻圭灬一 | 桀 | QAHS | 夕匚丨木 |
| 茳 | AIAF③ | 艹氵工二 | 角 | QEJ② | 夕用刂 | | QGSU⁹⁸③ | 夕一木丿 |
| 浆 | UQIU③ | 丬夕水丷 | 佼 | WUQY③ | 亻六乂丶 | 婕 | VGVH③ | 女一⺕止 |
| 豇 | GKUA | 一口丷工 | | WURY⁹⁸③ | 亻六乂丶 | 捷 | RGVH③ | 扌一⺕止 |
| 僵 | WGLG③ | 亻一田一 | 侥 | WATQ | 亻七儿 | 颉 | FKDM③ | 土口厂贝 |
| 缰 | XGLG③ | 纟一田一 | | WATQ⁹⁸③ | 亻七儿 | 睫 | HGVH③ | 目一⺕止 |
| 礓 | DGLG③ | 石一田一 | 狡 | QTUQ③ | 犭丿六乂 | 截 | FAWY③ | 十戈亻圭 |
| 疆 | XFGG③ | 弓土一一 | | QTUR⁹⁸③ | 犭丿六乂 | | FAWY⁹⁸ | 十戈亻圭 |
| | XFGG⁹⁸③ | 弓土一一 | 绞 | XUQY③ | 纟六乂丶 | 碣 | DJQN③ | 石日勹乙 |
| 讲 | YFJH③ | 讠二刂丨 | | XURY⁹⁸③ | 纟六乂丶 | 竭 | UJQN | 立日勹乙 |
| 奖 | UQDU③ | 丬夕大丷 | 饺 | QNUQ③ | 夕乙六乂 | 鲒 | QGFK | 鱼一土口 |
| 桨 | UQSU③ | 丬夕木丷 | | QNUR⁹⁸ | 夕乙六乂 | 羯 | UDJN | 丷𦍌日乙 |
| 蒋 | AUQF③ | 艹丬夕寸 | 皎 | RUQY③ | 白六乂丶 | | UJQN⁹⁸ | 羊日勹乙 |
| | AUQF⁹⁸ | 艹丬夕寸 | | RURY⁹⁸③ | 白六乂丶 | 姐 | VEGG③ | 女目一一 |
| 构 | DIFF | 三小二土 | 矫 | TDTJ | 𠂉大丿刂 | 解 | QEVH③ | 夕用刀丨 |
| | FSAF⁹⁸ | 二木艹土 | 脚 | EFCB | 月土厶卩 | | QEVG⁹⁸ | 夕用刀丰 |
| 匠 | ARK② | 匚斤⺌ | 铰 | QUQY③ | 钅六乂丶 | 介 | WJJ② | 人刂刂 |
| 降 | BTAH② | 阝夂匚丨 | | QURY⁹⁸③ | 钅六乂丶 | 戒 | AAK | 戈廾⺌ |
| | BTGH⁹⁸② | 阝夂丰丨 | 搅 | RIPQ | 扌⺍冖儿 | 芥 | AWJJ③ | 艹人刂刂 |
| 泽 | ITAH③ | 氵夂匚丨 | 剿 | VJSJ | 巛日木刂 | 届 | NMD② | 尸由三 |
| | ITGH⁹⁸③ | 氵夂丰丨 | 敫 | RYTY | 白方攵丶 | 界 | LWJJ③ | 田人刂刂 |
| 绛 | XTAH | 纟夂匚丨 | 徼 | TRYT③ | 彳白方攵 | | LWJJ⁹⁸ | 田人刂刂 |
| | XTGH⁹⁸③ | 纟夂丰丨 | 缴 | XRYT③ | 纟白方攵 | 疥 | UWJK③ | 疒人刂⺌ |
| 酱 | UQSG | 丬夕西一 | 叫 | KNHH② | 口乙丨丨 | 诫 | YAAH | 讠戈廾丨 |
| 犟 | XKJH | 弓口虫丨 | 峤 | MTDJ | 山𠂉大刂 | 借 | WAJG③ | 亻廿日一 |
| | XKJG⁹⁸ | 弓口虫丰 | 轿 | LTDJ③ | 车𠂉大刂 | 蚧 | JWJH③ | 虫人刂丨 |
| 糨 | OXKJ② | 米弓口虫 | 较 | LUQY② | 车六乂丶 | 骱 | MEWJ③ | 𠀎月人刂 |
| | OXKJ⁹⁸③ | 米弓口虫 | | LURY⁹⁸② | 车六乂丶 | **jin** | | |
| **jiao** | | | 教 | FTBT | 土丿子攵 | 今 | WYNB | 人丶乙《 |
| 交 | UQU② | 六乂丷 | 窖 | PWTK | 宀八丿口 | | WYNB⁹⁸③ | 人丶乙《 |
| | URU⁹⁸② | 六乂丷 | 酵 | SGFB | 西一土子 | 巾 | MHK | 冂丨⺌ |
| 郊 | UQBH③ | 六乂阝丨 | 醮 | SGWO | 西一亻灬 | 斤 | RTTH③ | 斤丿丿丨 |
| | URBH⁹⁸③ | 六乂阝丨 | 嚼 | KELF③ | 口⺳皿寸 | 金 | QQQQ | （键名字） |
| 姣 | VUQY③ | 女六乂丶 | **jie** | | | 津 | IVFH | 氵⺕二丨 |
| | VURY⁹⁸③ | 女六乂丶 | 阶 | BWJH③ | 阝人刂丨 | | IVGH⁹⁸ | 氵⺕丰丨 |
| 娇 | VTDJ | 女丿大刂 | 偈 | WJQN86 | 亻日勹乙 | 矜 | CBTN | マ卩丿乙 |
| 浇 | IATQ③ | 氵七丿儿 | | WJQ⁹⁸ | 亻日勹 | | CNHN⁹⁸ | マ乙丨乙 |
| 茭 | AUQU | 艹六乂 | 疖 | UBK | 疒卩⺌ | 衿 | PUWN | 衤丷人乙 |
| | AURU⁹⁸③ | 艹六乂 | 皆 | XXRF③ | 匕匕白二 | 筋 | TELB | 竹月力乙 |
| 骄 | CTDJ | 马丿大刂 | 接 | RUVG③ | 扌立女一 | | TEER⁹⁸ | 竹月力乙 |
| | CGTJ⁹⁸③ | 马一丿刂 | 秸 | TFKG③ | 禾土口一 | 襟 | PUSI③ | 衤丷木小 |
| 胶 | EUQY② | 月六乂丶 | 喈 | KXXR | 口匕匕白 | 仅 | WCY | 亻又丶 |
| | EURY⁹⁸② | 月六乂丶 | 嗟 | KUDA | 口丷𦍌工 | 卺 | BIGB | 了水一巳 |
| 椒 | SHIC③ | 木上小又 | | KUAG⁹⁸③ | 口羊工一 | 紧 | JCXI② | 刂又幺小 |
| 焦 | WYOU③ | 亻圭灬丷 | 揭 | RJQN③ | 扌日勹乙 | 堇 | AKGF | 廿口⺸二 |
| 蛟 | JUQY③ | 虫六乂丶 | 街 | TFFH | 彳土土丨 | 谨 | YAKG③ | 讠廿口⺸ |
| | JURY⁹⁸ | 虫六乂丶 | | TFFS⁹⁸ | 彳土土丁 | 锦 | QRMH③ | 钅白冂丨 |
| 跤 | KHUQ | 口止六乂 | 孑 | BNHG | 了乙一 | 瑾 | YAKG | ⺩廿口⺸ |
| | KHUR⁹⁸ | 口止六乂 | 节 | ABJ② | 艹卩刂 | 墐 | OAKG⁹⁸③ | 火廿口⺸ |

| | | | | | | | | |
|---|---|---|---|---|---|---|---|---|
| 馑 | QNAG | ⺈乙廿丰 | 弪 | XCAG | 弓又工一 | **ju** | | |
| 槿 | SAKG③ | 木廿口丰 | 径 | TCAG③ | 彳又工一 | 居 | NDD③ | 尸古三 |
| 瑾 | GAKG | 王廿口丰 | 迳 | CAPD③ | 又工辶三 | 拘 | RQKG③ | 扌勹口一 |
| 尽 | NYUU③ | 尸丶丷 | 胫 | ECAG③ | 月又工一 | 狙 | QTEG | 犭丿目一 |
| 劲 | CALN③ | 又工力乙 | 痉 | UCAD③ | 疒又工三 | 苴 | AEGF③ | 廿目一二 |
| | CAET⁹⁸ | 又工力丿 | 竞 | UKQB | 立口儿《 | 驹 | CQKG | 马勹口一 |
| 妗 | VWYN③ | 女人丶乙 | | UKQB⁹⁸③ | 立口儿《 | | CGQK⁹⁸ | 马一勹口 |
| | VWYN⁹⁸② | 女人丶乙 | 婧 | VGEG③ | 女丰月一 | 疽 | UEGD③ | 疒目一三 |
| 近 | RPK② | 斤辶Ⅲ | 竟 | UJQB③ | 立日儿《 | 掬 | RQOY③ | 扌勹米丶 |
| 进 | FJPK② | 二刂辶Ⅲ | 敬 | AQKT③ | ⺌勹口攵 | 椐 | SNDG③ | 木尸古一 |
| | FJPK③ | 二刂辶Ⅲ | | AQKT⁹⁸ | ⺌勹口攵 | 琚 | GNDG③ | 王尸古一 |
| 芨 | ANYU | ⺌尸丶丶 | 靓 | GEMQ③ | 丰月门儿 | 锔 | QNNK | 钅尸乙口 |
| | ANYU⁹⁸③ | ⺌尸丶丶 | 靖 | UGEG③ | 立丰月一 | 裾 | PUND | 衤丬尸古 |
| 晋 | GOGJ | 一业一日 | 境 | FUJQ③ | 土立日儿 | 雎 | EGWY | 且一亻圭 |
| | GOJF⁹⁸③ | 一业日二 | 獍 | QTUQ③ | 犭丿立儿 | 鞠 | AFQO③ | 廿革勹米 |
| 浸 | IVPC③ | 氵彐冖又 | 静 | GEQH③ | 丰月⺈丨 | 鞫 | AFQY | 廿革勹言 |
| 烬 | ONYU③ | 火尸丶丷 | 镜 | QUJQ③ | 钅立日儿 | 局 | NNKD③ | 尸乙口三 |
| 照 | MNYU③ | 贝尸丶丷 | **jiong** | | | 桔 | SFKG③ | 木士口一 |
| 缙 | XGOJ | 纟一业日 | 迥 | MKPD③ | 门口辶三 | 菊 | AQOU③ | 艹勹米丷 |
| | XGOJ⁹⁸③ | 纟一业日 | | MKPD⁹⁸② | 门口辶三 | 橘 | SCBK | 木マ卩口 |
| 禁 | SSFI③ | 木木二小 | 扃 | YNMK | 丶尸门口 | | SCNK⁹⁸ | 木マ乙口 |
| 靳 | AFRH③ | 廿甲斤丨 | 炯 | OMKG③ | 火门口一 | 咀 | KEGG③ | 口目一一 |
| 觐 | AKGQ | 廿口丰儿 | 窘 | PWVK | 宀八彐口 | 沮 | IEGG③ | 氵目一一 |
| 噤 | KSSI | 口木木小 | **jiu** | | | 举 | IWFH③ | 丷八二丨 |
| **jing** | | | 究 | PWVB③ | 宀八九 | | IGWG⁹⁸ | 丷一八丰 |
| 京 | YIU | 亠小丷 | 纠 | XNHH③ | 纟乙丨丨 | 矩 | TDAN③ | ⺅大匚コ |
| 泾 | ICAG③ | 氵又工一 | 鸠 | VQYG | 九勹丶一 | 莒 | AKKF | ⺌口口二 |
| 经 | XCAG② | 纟又工一 | | VQGG⁹⁸ | 九鸟一一 | 榉 | SIWH③ | 木丷八丨 |
| | XCAG⁹⁸③ | 纟又工一 | 赳 | FHNH | 土止乙丨 | | SIGG⁹⁸ | 木丷一丰 |
| 茎 | ACAF③ | ⺌又工二 | 阄 | UQJN③ | 门夕日乙 | 榘 | TDAS | ⺅大匚木 |
| 荆 | AGAJ③ | 艹一开刂 | 啾 | KTOY③ | 口禾火丶 | 龃 | HWBG | 止人凵一 |
| 惊 | NYIY | 忄亠小丶 | 揪 | RTOY③ | 扌禾火丶 | 踽 | KHTY | 口止丿丶 |
| 旌 | YTTG | 方⺅丿丰 | 鬏 | DETO | 镸彡禾火 | 句 | QKD | 勹口三 |
| 菁 | AGEF③ | 艹丰月二 | 九 | VTN③ | 九丿乙 | 巨 | AND | 匚コ三 |
| | AGEF⁹⁸③ | 艹丰月二 | 久 | QYI③ | 夕丶丶 | 讵 | YANG | 讠匚コ一 |
| 晶 | JJJF③ | 日日日二 | 灸 | QYOU③ | 夕丶火丷 | 拒 | RANG③ | 扌匚コ一 |
| 睛 | EGEG | 月丰月一 | 玖 | GQYY③ | 王夕丶丶 | 苣 | AANF | ⺌匚コ二 |
| 晴 | HGEG② | 目丰月一 | 韭 | DJDG | 三刂三一 | 具 | HWU③ | 且八丷 |
| 粳 | OGJQ③ | 米一日乂 | 酒 | ISGG | 氵西一一 | 炬 | OANG③ | 火匚コ一 |
| | OGJR⁹⁸③ | 米一日乂 | 旧 | HJG | 丨日一 | 钜 | QANG③ | 钅匚コ一 |
| 兢 | DQDQ③ | 古儿古儿 | 臼 | VTHG③ | 臼丿丨一 | 俱 | WHWY③ | 亻且八丶 |
| 精 | OGEG③ | 米丰月一 | | ETHG⁹⁸ | 臼丿丨一 | 倨 | WNDG③ | 亻尸古一 |
| | OGEG⁹⁸② | 米丰月一 | 咎 | THKF③ | 夂卜口二 | 剧 | NDJH③ | 尸古刂丨 |
| 鲸 | QGYI③ | 鱼一亠小 | 疚 | UQYI③ | 疒夕丶丶 | 惧 | NHWY③ | 忄且八丶 |
| 井 | FJK | 二刂Ⅲ | 柩 | SAQY | 木匚夕丶 | 据 | RNDG③ | 扌尸古一 |
| 阱 | BFJH③ | 阝二刂丨 | 柏 | SVG | 木白一 | 距 | KHAN③ | 口止匚コ |
| 刭 | CAJH③ | 又工刂丨 | | SEG⁹⁸ | 木白一 | 椇 | TRHW | 丿扌且八 |
| 肼 | EFJH③ | 月二刂丨 | 厩 | DVCQ③ | 厂彐ㄙ儿 | 棋 | CHWY⁹⁸ | 牛且八丶 |
| 颈 | CADM③ | 又工厂贝 | | DVAQ⁹⁸ | 厂𠬝匚儿 | 飓 | MQHW | 几乂且八 |
| 景 | JYIU② | 日亠小丷 | 救 | FIYT | 十水丶攵 | | WRHW⁹⁸ | 几乂且八 |
| | JYIU⁹⁸③ | 日亠小丷 | | GIYT⁹⁸ | 一水丶攵 | 锯 | QNDG③ | 钅尸古一 |
| 儆 | WAQT | 亻⺌勹攵 | 就 | YIDN② | 亠小尤乙 | 塞 | PWOV | 宀八米女 |
| | WAQT⁹⁸③ | 亻⺌勹攵 | 舅 | VLLB③ | 臼田力《 | 聚 | BCTI③ | 耳又丿水 |
| 憬 | NJYI③ | 忄日亠小 | | ELER⁹⁸ | 臼田力彡 | | BCIU⁹⁸ | 耳又氺丷 |
| 警 | AQKY | ⺌勹口言 | 僦 | WYIN⁸⁶③ | 亻亠小乙 | 屦 | NTOV | 尸彳米女 |
| 净 | UQVH③ | 丷⺈彐丨 | 鹫 | YIDG | 亠小尤一 | 踞 | KHND | 口止尸古 |

| 字 | 编码 | 字根 |
|---|---|---|
| 遮 | HAEP③ | 广七豕辶 |
|  | HGEP98 | 虍一豕辶 |
| 醸 | SGHE | 西一广豕 |
| **juan** |  |  |
| 捐 | RKEG③ | 扌口月一 |
| 娟 | VKEG③ | 女口月一 |
| 涓 | IKEG③ | 氵口月一 |
| 鹃 | KEQG③ | 口月勹一 |
| 镌 | QWYE | 钅亻圭乃 |
|  | QWYB98 | 钅亻圭乃 |
| 蠲 | UWLJ | 䒑八皿虫 |
| 卷 | UDBB | 䒑大巳《 |
|  | UGBB98 | 丷夫巳《 |
| 锩 | QUDB | 钅䒑大巳 |
|  | QUGB98 | 钅丷夫巳 |
| 倦 | WUDB③ | 亻䒑大巳 |
|  | WUGB98 | 亻丷夫巳 |
| 桊 | UDSU③ | 䒑大木丷 |
|  | UGS98 | 丷夫木 |
| 狷 | QTKE | 犭丿口月 |
| 绢 | XKEG③ | 纟口月一 |
| 隽 | WYEB | 亻圭乃《 |
|  | WYBR98 | 亻圭乃彡 |
| 眷 | UDHF | 䒑大目二 |
|  | UGHF98 | 丷夫目二 |
| 鄄 | SFBH③ | 西土子丨 |
| **jue** |  |  |
| 决 | UNWY② | 冫コ人丶 |
| 噘 | KDUW③ | 口厂䒑人 |
| 撅 | RDUW | 扌厂䒑人 |
| 孑 | BYI | 了丶冫 |
| 诀 | YNWY | 讠コ人丶 |
| 抉 | RNWY | 扌コ人丶 |
| 珏 | GGYY③ | 王王丶丶 |
| 绝 | XQCN③ | 纟⺈巴乙 |
| 觉 | IPMQ | ⺍冖门儿 |
| 倔 | WNBM③ | 亻尸山山 |
| 崛 | MNBM | 山尸山山 |
| 掘 | RNBM | 扌尸山山 |
| 桷 | SQEH③ | 木⺈用丨 |
| 觖 | QENW③ | ⺈用乙人 |
| 厥 | DUBW | 厂䒑凵人 |
| 劂 | DUBJ | 厂䒑凵刂 |
| 谲 | YCBK | 讠マ卩口 |
|  | YCNK98 | 讠マ乙口 |
| 獗 | QTDW | 犭丿厂人 |
| 蕨 | ADUW③ | 艹厂䒑人 |
| 噱 | KHAE | 口虍七豕 |
|  | KHGE98 | 口虍一豕 |
| 橛 | SDUW③ | 木厂䒑人 |
| 爵 | ELVF③ | 爫罒ヨ寸 |
| 镢 | QDUW | 钅厂䒑人 |
| 蹶 | KHDW③ | 口止厂人 |
| 矍 | HHWC③ | 目目亻又 |
| 爝 | OELF③ | 火爫罒寸 |
| 攫 | RHHC③ | 扌目目又 |
| **jun** |  |  |
| 军 | PLJ③ | 冖车刂 |
| 君 | VTKD | ヨノ口三 |
|  | VTKF98 | ヨノ口二 |
| 均 | FQUG③ | 土勹冫一 |
| 钧 | QQUG | 钅勹冫一 |
| 鞫 | PLHC③ | 冖车卢又 |
|  | PLBY98 | 冖车皮丶 |
| 菌 | ALTU③ | 艹口禾丶 |
| 筠 | TFQU | 竹土勹冫 |
| 麇 | YNJT | 广コ刂禾 |
|  | OXXT98 | 声匕匕禾 |
| 俊 | WCWT③ | 亻厶八夂 |
| 郡 | VTKB | ヨノ口阝 |
| 峻 | MCWT③ | 山厶八夂 |
| 捃 | RVTK | 扌ヨノ口 |
| 浚 | ICWT | 氵厶八夂 |
| 骏 | CCWT③ | 马厶八夂 |
|  | CGCT98 | 马一厶夂 |
| 竣 | UCWT③ | 立厶八夂 |
| **K** |  |  |
| **ka** |  |  |
| 咖 | KLKG③ | 口力口一 |
|  | KEKG98 | 口力口一 |
| 咔 | KHHY | 口上卜丶 |
| 喀 | KPTK③ | 口宀夂口 |
| 卡 | HHU | 上卜丷 |
| 佧 | WHHY③ | 亻上卜丶 |
| 胩 | EHHY③ | 月上卜丶 |
| **kai** |  |  |
| 开 | GAK③ | 一廾川 |
| 揩 | RXXR | 扌匕匕白 |
| 锎 | QUGA | 钅门一廾 |
| 凯 | MNMN③ | 山乙几乙 |
|  | MNWN98 | 山乙几乙 |
| 剀 | MNJH | 山乙刂丨 |
| 垲 | FMNN③ | 土山己乙 |
| 恺 | NMNN③ | 忄山己乙 |
| 铠 | QMNN③ | 钅山己乙 |
| 慨 | NVCQ③ | 忄ヨム儿 |
|  | NVAQ98 | 忄ヨ匚儿 |
| 蒈 | AXXR | 艹匕匕白 |
| 楷 | SXXR② | 木匕匕白 |
| 锴 | QXXR③ | 钅匕匕白 |
| 忾 | NRNN86③ | 忄气乙乙 |
|  | NRN98 | 忄气乙 |
| **kan** |  |  |
| 刊 | FJH | 干刂丨 |
| 槛 | SJTL | 木刂⺈皿 |
| 勘 | ADWL | 艹三八力 |
|  | DWNE98 | 甚八乙力 |
| 龛 | WGKX | 人一口匕 |
|  | WGKY98 | 人一口丶 |
| 堪 | FADN③ | 土艹三乙 |
|  | FDWN98 | 土甚八乙 |
| 戡 | ADWA | 艹三八戈 |
|  | DWNA98 | 甚八乙戈 |
| 坎 | FQWY③ | 土⺈人丶 |
| 侃 | WKQN③ | 亻口儿乙 |
|  | WKKN98 | 亻口儿乙 |
| 砍 | DQWY③ | 石⺈人丶 |
| 莰 | AFQW | 艹土⺈人 |
| 看 | RHF | 龵目二 |
| 阚 | UNBT③ | 门乙耳夂 |
| 瞰 | HNBT③ | 目乙耳夂 |
| **kang** |  |  |
| 康 | YVII③ | 广ヨ水氵 |
|  | OVI98 | 广ヨ水 |
| 慷 | NYVI③ | 忄广ヨ水 |
|  | NOVI98 | 忄广ヨ水 |
| 糠 | OYVI | 米广ヨ水 |
|  | OOVI98 | 米广ヨ水 |
| 亢 | YMB | 一几《 |
|  | YWB98 | 一几《 |
| 伉 | WYMN③ | 亻一几乙 |
|  | WYWN98 | 亻一几乙 |
| 扛 | RAG | 扌工一 |
| 抗 | RYMN | 扌一几乙 |
|  | RYWN98 | 扌一几乙 |
| 闶 | UYMV | 门一几《 |
|  | UYWV98 | 门一几《 |
| 炕 | OYMN③ | 火一几乙 |
|  | OYWN98 | 火一几乙 |
| 钪 | QYMN | 钅一几乙 |
|  | QYWN98 | 钅一几乙 |
| **kao** |  |  |
| 考 | FTGN③ | 土丿一乙 |
| 尻 | NVV | 尸九《 |
| 拷 | RFTN③ | 扌土丿乙 |
| 栲 | SFTN | 木土丿乙 |
| 烤 | OFTN③ | 火土丿乙 |
| 铐 | QFTN | 钅土丿乙 |
| 犒 | TRYK | 丿扌亠口 |
|  | CYMK98 | 牜亠门口 |
| 靠 | TFKD | 丿土口三 |
| **ke** |  |  |
| 科 | TUFH③ | 禾冫十丨 |
| 坷 | FSKG③ | 土丁口一 |
| 苛 | ASKF③ | 艹丁口二 |
| 蚵 | JSKG③ | 虫丁口一 |
| 柯 | SSKG③ | 木丁口一 |
| 珂 | GSKG③ | 王丁口一 |
| 轲 | LSKG③ | 车丁口一 |
| 疴 | USKD | 疒丁口三 |
| 钶 | QSKG③ | 钅丁口一 |
| 棵 | SJSY③ | 木日木丶 |
| 颏 | YNTM | 一乙丿贝 |
| 稞 | TJSY | 禾日木丶 |
| 窠 | PWJS③ | 宀八日木 |
| 颗 | JSDM③ | 日木丁贝 |
| 瞌 | HFCL | 目土厶皿 |
| 磕 | DFCL③ | 石土厶皿 |
| 蝌 | JTUF③ | 虫禾冫十 |
| 髁 | MEJS③ | 冎月日木 |
| 壳 | FPMB③ | 士冖几《 |

| 汉字 | 编码 | 拆分 |
|---|---|---|
| 壳 | FPWB⁹⁸ | 士冖几《 |
| 咳 | KYNW | 口亠乙人 |
| 可 | SKD③ | 丁口三 |
| 岢 | MSKF③ | 山丁口二 |
| 渴 | IJQN③ | 氵日勹乙 |
| 克 | DQB③ | 古儿《 |
| 刻 | YNTJ③ | 亠乙丿刂 |
| 客 | PTKF② | 宀夂口二 |
| 恪 | NTKG | 忄夂口一 |
| 课 | YJSY③ | 讠日木丶 |
| 氪 | RNDQ | 气乙古儿 |
| 氪 | RDQ⁹⁸ | 气古儿 |
| 骒 | CJSY③ | 马日木丶 |
| 骒 | CGJS⁹⁸ | 马一日木 |
| 缂 | XAFH | 纟廿甲丨 |
| 嗑 | KFCL | 口土厶皿 |
| 溘 | IFCL③ | 氵土厶皿 |
| 锞 | QJSY③ | 钅日木丶 |
| **ken** | | |
| 肯 | HEF③ | 止月二 |
| 垦 | VEFF③ | ヨ以土二 |
| 垦 | VFF⁹⁸ | 艮土二 |
| 恳 | VENU | ヨ以心丷 |
| 恳 | VNU⁹⁸ | 艮心丷 |
| 啃 | KHEG③ | 口止月一 |
| 根 | PUVE | 衤ヨ以 |
| 根 | PUVY⁹⁸ | 衤艮丶 |
| **keng** | | |
| 吭 | KYMN③ | 口亠几乙 |
| 吭 | KYWN⁹⁸ | 口亠几乙 |
| 坑 | FYMN | 土亠几乙 |
| 坑 | FYWN⁹⁸ | 土亠几乙 |
| 铿 | QJCF③ | 钅刂又土 |
| **kong** | | |
| 空 | PWAF② | 宀八工二 |
| 倥 | WPWA③ | 亻宀八工 |
| 崆 | MPWA③ | 山宀八工 |
| 箜 | TPWA③ | 竹宀八工 |
| 孔 | BNN | 子乙乙 |
| 恐 | AMYN | 工几丶心 |
| 恐 | AWYN⁹⁸ | 工几丶心 |
| 控 | RPWA③ | 扌宀八工 |
| **kou** | | |
| 抠 | RAQY③ | 扌匚乂丶 |
| 抠 | RARY⁹⁸ | 扌匚乂丶 |
| 彀 | FPGC | 士冖一又 |
| 芤 | ABNB③ | 艹子乙《 |
| 眍 | HAQY③ | 目匚乂丶 |
| 眍 | HARY⁹⁸ | 目匚乂丶 |
| 口 | KKKK | （键名字） |
| 叩 | KBH | 口卩丨 |
| 扣 | RKG③ | 扌口一 |
| 寇 | PFQC | 宀二儿又 |
| 筘 | TRKF③ | 竹扌口二 |
| 蔻 | APFC | 艹宀二又 |
| **ku** | | |
| 枯 | SDG③ | 木古一 |
| 剀 | DFNJ | 大二乙刂 |
| 哭 | KKDU | 口口犬丷 |
| 堀 | FNBM | 土尸凵山 |
| 窟 | PWNM③ | 宀八尸山 |
| 骷 | MEDG | 冂月古一 |
| 苦 | ADF | 艹古二 |
| 库 | YLK | 广车川 |
| 库 | OLK⁹⁸ | 广车川 |
| 绔 | XDFN③ | 纟大二乙 |
| 誇 | IPTK③ | 氵宀丿口 |
| 裤 | PUYL③ | 衤广车 |
| 裤 | PUOL⁹⁸ | 衤广车 |
| 酷 | SGTK | 西一丿口 |
| **kua** | | |
| 夸 | DFNB③ | 大二乙《 |
| 侉 | WDFN③ | 亻大二乙 |
| 垮 | FDFN | 土大二乙 |
| 挎 | RDFN | 扌大二乙 |
| 胯 | EDFN③ | 月大二乙 |
| 跨 | KHDN③ | 口止大乙 |
| **kuai** | | |
| 快 | NNWY③ | 忄コ人丶 |
| 郐 | AEEJ | 艹月月刂 |
| 块 | FNWY③ | 土コ人丶 |
| 侩 | WWFC | 亻人二厶 |
| 郐 | WFCB | 人二厶阝 |
| 哙 | KWFC | 口人二厶 |
| 狯 | QTWC | 犭丿人厶 |
| 脍 | EWFC③ | 月人二厶 |
| 筷 | TNNW③ | 竹忄コ人 |
| **kuan** | | |
| 宽 | PAMQ② | 宀艹门儿 |
| 髋 | MEPQ | 冂月宀儿 |
| 款 | FFIW③ | 士二小人 |
| **kuang** | | |
| 匡 | AGD | 匚王三 |
| 诓 | YAGG | 讠匚王一 |
| 哐 | KAGG③ | 口匚王一 |
| 筐 | TAGF③ | 竹匚王二 |
| 狂 | QTGG | 犭丿王一 |
| 诳 | YQTG③ | 讠丿丿王 |
| 夼 | DKJ | 大川刂 |
| 邝 | YBH | 广阝丨 |
| 邝 | OBH⁹⁸ | 广阝丨 |
| 圹 | FYT | 土广丿 |
| 圹 | FOT⁹⁸ | 土广丿 |
| 纩 | XYT | 纟广丿 |
| 纩 | XOT⁹⁸ | 纟广丿 |
| 况 | UKQN③ | 冫口儿乙 |
| 旷 | JYT | 日广丿 |
| 旷 | JOT⁹⁸ | 日广丿 |
| 矿 | DYT | 石广丿 |
| 矿 | DOT⁹⁸ | 石广丿 |
| 贶 | MKQN③ | 贝口儿乙 |
| 框 | SAGG | 木匚王一 |
| 眶 | HAGG③ | 目匚王一 |
| **kui** | | |
| 亏 | FNV | 二乙《 |
| 亏 | FNB⁹⁸ | 二乙《 |
| 岿 | MJVF③ | 山刂ヨ二 |
| 悝 | NJFG | 忄日土一 |
| 盔 | DOLF③ | ナ火皿二 |
| 窥 | PWFQ | 宀二人儿 |
| 窥 | PWGQ⁹⁸ | 宀夫门儿 |
| 奎 | DFFF | 大土土二 |
| 逵 | FWFP | 土八土辶 |
| 馗 | VUTH | 九丷丿目 |
| 喹 | KDFF③ | 口大土土 |
| 揆 | RWGD | 扌癶一大 |
| 葵 | AWGD③ | 艹癶一大 |
| 暌 | JWGD | 日癶一大 |
| 魁 | RQCF | 白儿厶十 |
| 睽 | HWGD | 目癶一大 |
| 蝰 | JDFF | 虫大土土 |
| 夔 | UHTT③ | 丷止丿目 |
| 夔 | UTHT⁹⁸ | 丷丿目丿 |
| 傀 | WRQC③ | 亻白儿厶 |
| 跬 | KHFF | 口止土土 |
| 匮 | AKHM | 匚口丨贝 |
| 喟 | KLEG③ | 口田月一 |
| 愦 | NKHM | 忄口丨贝 |
| 愧 | NRQC | 忄白儿厶 |
| 溃 | IKHM③ | 氵口丨贝 |
| 蒉 | AKHM | 艹口丨贝 |
| 馈 | QNKM | 勹乙口贝 |
| 篑 | TKHM | 竹口丨贝 |
| 聩 | BKHM③ | 耳口丨贝 |
| **kun** | | |
| 昆 | JXXB③ | 日匕匕《 |
| 坤 | FJHH | 土日丨丨 |
| 琨 | GJXX③ | 王日匕匕 |
| 锟 | QJXX③ | 钅日匕匕 |
| 髡 | DEGQ | 镸彡一儿 |
| 醌 | SGJX | 西一日匕 |
| 悃 | NLSY③ | 忄口木丶 |
| 捆 | RLSY③ | 扌口木丶 |
| 阃 | ULSI③ | 门口木氵 |
| 困 | LSI③ | 口木氵 |
| **kuo** | | |
| 阔 | UITD③ | 门氵古 |
| 扩 | RYT③ | 扌广丿 |
| 扩 | ROT⁹⁸ | 扌广丿 |
| 括 | RTDG③ | 扌丿古一 |
| 蛞 | JTDG | 虫丿古一 |
| 廓 | YYBB | 广古子阝 |
| 廓 | OYBB⁹⁸ | 广古子阝 |
| **L** | | |
| **la** | | |
| 拉 | FUG | 土立一 |
| 拉 | RUG③ | 扌立一 |
| 啦 | KRUG③ | 口扌立一 |
| 邋 | VLQP③ | 巛口乂辶 |
| 邋 | VLRP⁹⁸ | 巛口乂辶 |
| 旯 | JVB | 日九《 |

| 字 | 编码 | 字根 | 字 | 编码 | 字根 | 字 | 编码 | 字根 |
|---|---|---|---|---|---|---|---|---|
| 砬 | DUG | 石立一 | 篮 | TJTL | 竹刂𠂆皿 | 醪 | SGNE | 西一羽彡 |
| 喇 | KGKJ③ | 口一口刂 | 锎 | QUGI | 钅门一小 | 老 | FTXB③ | 土丿匕巛 |
| | KSKJ98 | 口木口刂 | | QUSL98 | 钅门木囬 | 佬 | WFTX③ | 亻土丿匕 |
| 刺 | GKIJ | 一口小刂 | 览 | JTYQ | 刂𠂆丶儿 | 姥 | VFTX③ | 女土丿匕 |
| | SKJH98 | 木口刂丨 | 揽 | RJTQ③ | 扌刂𠂆儿 | 栳 | SFTX | 木土丿匕 |
| 腊 | EAJG③ | 月廾日一 | 缆 | XJTQ③ | 纟刂𠂆儿 | 铑 | QFTX | 钅土丿匕 |
| 瘌 | UGKJ③ | 疒一口刂 | 榄 | SJTQ | 木刂𠂆儿 | 涝 | IAPL③ | 氵艹冖力 |
| | USKJ98 | 疒木口刂 | 漤 | ISSV | 氵木木女 | | IAPE98 | 氵艹冖力 |
| 蜡 | JAJG③ | 虫廾日一 | 蜀 | LFMF③ | 皿十门十 | 烙 | OTKG③ | 火夂口一 |
| 辣 | UGKI③ | 辛一口小 | 懒 | NGKM | 忄一口贝 | 耢 | DIAL | 三小艹力 |
| | USKG98 | 辛木口一 | | NSKM98 | 忄木口贝 | | FSAE98 | 二木艹力 |
| | lai | | 烂 | OUFG③ | 火丷二一 | 酪 | SGTK | 西一夂口 |
| 来 | GOI③ | 一米氵 | | OUDG98 | 火丷三一 | | le | |
| | GUS98 | 一丷木 | 滥 | IJTL③ | 氵刂𠂆皿 | 勒 | AFLN③ | 艹串力乙 |
| 崃 | MGOY③ | 山一米丶 | | lang | | | AFET98 | 艹串力丿 |
| | MGUS98 | 山一丷木 | 狼 | QTYE③ | 犭丿丶𧘇 | 仂 | WLN | 亻力乙 |
| 徕 | TGOY③ | 彳一米丶 | | QTYV98 | 犭丿丶艮 | | WET98 | 亻力丿 |
| | TGUS98 | 彳一丷木 | 啷 | KYVB③ | 口丶彐阝 | 乐 | QII③ | 匚小氵 |
| 涞 | IGOY③ | 氵一米丶 | | KYVB98 | 口丶艮阝 | | TNII98 | 丿乙小氵 |
| | IGUS98 | 氵一丷木 | 郎 | YVCB | 丶彐厶阝 | 叻 | KLN | 口力乙 |
| 莱 | AGOU③ | 艹一米丷 | | YVBH98 | 丶艮阝丨 | | KET98 | 口力丿 |
| | AGUS98 | 艹一丷木 | 莨 | AYVE③ | 艹丶彐𧘇 | 泐 | IBLN③ | 氵阝力乙 |
| 铼 | QGOY | 钅一米丶 | | AYV98 | 艹丶艮 | | IBET98 | 氵阝力丿 |
| | QGUS98 | 钅一丷木 | 廊 | YYVB③ | 广丶彐阝 | 鳓 | QGAL | 鱼一廿力 |
| 赉 | GOMU③ | 一米贝丷 | | OYVB98 | 广丶艮阝 | | QGAE98 | 鱼一廿力 |
| | GUSM98 | 一丷木贝 | 琅 | GYVE③ | 王丶彐𧘇 | 肋 | ELN | 月力乙 |
| 睐 | HGOY③ | 目一米丶 | | GYVY98 | 王丶艮丶 | | EET98 | 月力丿 |
| | HGUS98 | 目一丷木 | 榔 | SYVB③ | 木丶彐阝 | | lei | |
| 赖 | GKIM | 一口小贝 | 稂 | TYVE③ | 禾丶彐𧘇 | 类 | ODU③ | 米大丷 |
| | SKQM98 | 木口勹贝 | | TYVY98 | 禾丶艮丶 | 雷 | FLF | 雨田二 |
| 濑 | IGKM | 氵一口小贝 | 锒 | QYVE | 钅丶彐𧘇 | 嫘 | VLXI③ | 女田幺小 |
| | ISKM98 | 氵木口贝 | | QYVY98 | 钅丶艮丶 | 缧 | XLXI | 纟田幺小 |
| 癞 | UGKM | 疒一口小贝 | 螂 | JYVB③ | 虫丶彐阝 | 檑 | SFLG③ | 木雨田一 |
| | USKM98 | 疒木口贝 | 朗 | YVCE③ | 丶彐厶月 | 镭 | QFLG③ | 钅雨田一 |
| 籁 | TGKM | 竹一口小贝 | | YVEG98 | 丶艮月一 | 羸 | YNKY | 亠乙口丶 |
| | TSKM98 | 竹木口贝 | 阆 | UYVE③ | 门丶彐𧘇 | | YEUY98 | 亡月羊丶 |
| | lan | | | UYVI98 | 门丶艮氵 | 耒 | DII | 三小氵 |
| 兰 | UFF | 丷二二 | 浪 | IYVE③ | 氵丶彐𧘇 | | FSI98 | 二木氵 |
| | UDF98 | 丷三二 | | IYVY98 | 氵丶艮丶 | 诔 | YDIY | 讠三小八 |
| 岚 | MMQU | 山几乂丷 | 莨 | AIYE③ | 艹氵丶𧘇 | | YFSY98 | 讠二木丶 |
| | MWRU98 | 山几乂丷 | | AIYV98 | 艹氵丶艮 | 垒 | CCCF | 厶厶厶土 |
| 拦 | RUFG③ | 扌丷二一 | | lao | | 磊 | DDDF③ | 石石石二 |
| | RUDG98 | 扌丷三一 | 捞 | RAPL③ | 扌艹冖力 | 蕾 | AFLF | 艹雨田二 |
| 栏 | SUFG③ | 木丷二一 | | RAPE98 | 扌艹冖力 | 儡 | WLLL③ | 亻田田田 |
| | SUDG98 | 木丷三一 | 劳 | APLB③ | 艹冖力巛 | 泪 | IHG | 氵目一 |
| 婪 | SSVF③ | 木木女二 | | APER98 | 艹冖力彡 | 累 | LXIU② | 田幺小丷 |
| 阑 | UGLI | 门一囬小 | 牢 | PRHJ③ | 宀二丨刂 | 酹 | SGEF③ | 西一爫寸 |
| | USLD98 | 门木囬三 | | PTGJ98 | 宀丿扌刂 | 擂 | RFLG③ | 扌雨田二 |
| 蓝 | AJTL③ | 艹刂𠂆皿 | 唠 | KAPL③ | 口艹冖力 | 嘞 | KAFL③ | 口廿串力 |
| 谰 | YUGI③ | 讠门一小 | | KAPE98 | 口艹冖力 | | KAFE98③ | 口廿串力 |
| | YUSL98 | 讠门木囬 | 崂 | MAPL③ | 山艹冖力 | | leng | |
| 澜 | IUGI | 氵门一小 | | MAPE98 | 山艹冖力 | 棱 | SFWT③ | 木土八夂 |
| | IUSL98 | 氵门木囬 | 痨 | UAPL | 疒艹冖力 | 塄 | FLYN③ | 土皿方乙 |
| 褴 | PUJL | 礻丷刂皿 | | UAPE98 | 疒艹冖力 | | FLYT98 | 土皿方丿 |
| 斓 | YUGI | 文门一小 | 铹 | QAPL③ | 钅艹冖力 | 楞 | SLYN③ | 木皿方乙 |
| | YUSL98 | 文门木囬 | | QAPE98 | 钅艹冖力 | | SLYT98 | 木皿方丿 |

| 冷 | UWYC | 冫人丶マ |
|---|---|---|
| 愣 | NLYN③ | 忄四方乙 |
| | NLYT⁹⁸ | 忄四方丿 |
| li | | |
| 里 | JFD | 日土三 |
| 厘 | DJFD | 厂日土三 |
| 梨 | TJSU③ | 禾刂木丷 |
| 狸 | QTJF | 犭丿日土 |
| 离 | YBMC③ | 文凵冂厶 |
| | YBMC⁹⁸ | 文凵冂厶 |
| 莉 | ATJJ③ | 艹禾刂刂 |
| 骊 | CGMY③ | 马一门丶 |
| | CGGY⁹⁸③ | 马一一丶 |
| 犁 | TJRH③ | 禾刂丿丨 |
| | TJTG⁹⁸ | 禾刂丿丰 |
| 喱 | KDJF | 口厂日土 |
| | KDJF⁹⁸③ | 口厂日土 |
| 鹂 | GMYG | 一门丶一 |
| 漓 | IYBC | 氵文凵厶 |
| | IYRC⁹⁸③ | 氵亠乂厶 |
| 缡 | XYBC③ | 纟文凵厶 |
| | XYRC⁹⁸③ | 纟亠乂厶 |
| 蓠 | AYBC | 艹文凵厶 |
| | AYRC⁹⁸ | 艹亠乂厶 |
| 蜊 | JTJH③ | 虫禾刂丨 |
| 嫠 | FITV③ | 二小丿女 |
| | FTDV⁹⁸③ | 未攵厂女 |
| 璃 | GYBC③ | 王文凵厶 |
| | GYRC⁹⁸ | 王亠乂厶 |
| 鲡 | QGGY | 鱼一一丶 |
| | QGGY⁹⁸③ | 鱼一一丶 |
| 黎 | TQTI③ | 禾勹丿水 |
| 篱 | TYBC③ | 竹文凵厶 |
| | TYRC⁹⁸③ | 竹亠乂厶 |
| 罹 | LNWY③ | 皿忄亻圭 |
| 藜 | ATQI③ | 艹禾勹水 |
| 黧 | TQTO③ | 禾勹丿灬 |
| 蠡 | XEJJ③ | 彑豕虫虫 |
| 礼 | PYNN | 礻丶乙乙 |
| 李 | SBF② | 木子二 |
| 俚 | WJFG③ | 亻日土一 |
| 哩 | KJFG③ | 口日土一 |
| 娌 | VJFG | 女日土一 |
| 逦 | GMYP | 一门丶辶 |
| 理 | GJFG③ | 王日土一 |
| 锂 | QJFG③ | 钅日土一 |
| 鲤 | QGJF | 鱼一日土 |
| 澧 | IMAU③ | 氵冂卄丷 |
| 醴 | SGMU | 西一冂丷 |
| 鳢 | QGMU | 鱼一冂丷 |
| 力 | LTN② | 力丿乙 |
| | ENT⁹⁸② | 力乙丿 |
| 历 | DLV② | 厂力巛 |
| | DEE⁹⁸ | 厂力彡 |
| 厉 | DDNV③ | 厂厂乙巛 |
| | DGQ⁹⁸ | 厂一勹 |

| 立 | UUUU② | (键名字) |
|---|---|---|
| 吏 | GKQI③ | 一口乂氵 |
| | GKRI⁹⁸③ | 一口乂氵 |
| 丽 | GMYY③ | 一门丶丶 |
| 利 | TJH | 禾刂丨 |
| 励 | DDNL | 厂厂乙力 |
| | DGQE⁹⁸ | 厂一勹力 |
| 呖 | KDLN③ | 口厂力乙 |
| | KDET⁹⁸ | 口厂力丿 |
| 坜 | FDLN③ | 土厂力一 |
| | FDET⁹⁸ | 土厂力丿 |
| 沥 | IDLN③ | 氵厂力乙 |
| | IDET⁹⁸ | 氵厂力丿 |
| 苈 | ADLB③ | 艹厂力乙 |
| | ADER⁹⁸ | 艹厂力彡 |
| 例 | WGQJ③ | 亻一夕刂 |
| 戾 | YNDI③ | 丶尸犬氵 |
| 枥 | SDLN③ | 木厂力乙 |
| | SDET⁹⁸③ | 木厂力丿 |
| 疠 | UDNV | 疒厂乙巛 |
| | UGQE⁹⁸ | 疒一勹彡 |
| 隶 | VII | 彐水氵 |
| 俐 | WTJH③ | 亻禾刂丨 |
| 俪 | WGMY | 亻一门丶 |
| 栎 | SQIY③ | 木匚小丶 |
| | STNI⁹⁸ | 木丿乙小 |
| 疬 | UDLV③ | 疒厂力巛 |
| | UDEE⁹⁸③ | 疒厂力彡 |
| 荔 | ALLL③ | 艹力力力 |
| | AEEE⁹⁸③ | 艹力力力 |
| 轹 | LQIY③ | 车匚小丶 |
| | LTNI⁹⁸③ | 车丿乙小 |
| 郦 | GMYB | 一门丶阝 |
| 栗 | SSU | 西木丷 |
| 猁 | QTTJ③ | 犭丿禾刂 |
| 砺 | DDDN | 石厂厂乙 |
| | DDGQ⁹⁸ | 石厂一勹 |
| 砾 | DQIY③ | 石匚小丶 |
| | DTNI⁹⁸ | 石丿乙小 |
| 莅 | AWUF | 艹亻立二 |
| 唳 | KYND | 口丶尸犬 |
| 笠 | TUF | 竹立二 |
| 粒 | OUG | 米立一 |
| | OUG⁹⁸② | 米立一 |
| 粝 | ODDN③ | 米厂厂乙 |
| | ODGQ⁹⁸ | 米厂一勹 |
| 蛎 | JDDN③ | 虫厂厂乙 |
| | JDGQ⁹⁸ | 虫厂一勹 |
| 傈 | WSSY③ | 亻西木丶 |
| 痢 | UTJK③ | 疒禾刂川 |
| 詈 | LYF | 皿言二 |
| 跞 | KHQI③ | 口止匚小 |
| | KHTI⁹⁸ | 口止丿小 |
| 雳 | FDLB | 雨厂力《 |
| | FDER⁹⁸③ | 雨厂力彡 |
| 溧 | ISSY | 氵西木丶 |

| 篥 | TSSU③ | 竹西木丷 |
|---|---|---|
| lia | | |
| 俩 | WGMW③ | 亻一门人 |
| | WGMW⁹⁸ | 亻一门人 |
| lian | | |
| 连 | LPK② | 车辶川 |
| 奁 | DAQU③ | 大匚乂丷 |
| | DARU⁹⁸③ | 大匚乂丷 |
| 帘 | PWMH③ | 宀八门丨 |
| 怜 | NWYC | 忄人丶マ |
| 涟 | ILPY③ | 氵车辶丶 |
| 莲 | ALPU③ | 艹车辶丷 |
| 联 | BUDY② | 耳丷大丶 |
| 裢 | PULP③ | 衤丷车辶 |
| 廉 | YUVO | 广丷彐小 |
| | OUVW⁹⁸③ | 广丷彐八 |
| 鲢 | QGLP | 鱼一车辶 |
| 濂 | IYUO③ | 氵广丷小 |
| | IOUW⁹⁸ | 氵广丷八 |
| 臁 | EYUO③ | 月广丷小 |
| | EOUW⁹⁸ | 月广丷八 |
| 镰 | QYUO | 钅广丷小 |
| | QOUW⁹⁸ | 钅广丷八 |
| 蠊 | JYUO③ | 虫广丷小 |
| | JOUW⁹⁸ | 虫广丷八 |
| 敛 | WGIT | 人一丷攵 |
| 琏 | GLPY③ | 王车辶丶 |
| 脸 | EWGI② | 月人一丷 |
| 裣 | PUWI | 衤丷人丷 |
| | PUWG⁹⁸ | 衤丷人一 |
| 蔹 | AWGT | 艹人一攵 |
| 练 | XANW③ | 纟七乙八 |
| 炼 | OANW③ | 火七乙八 |
| 恋 | YONU③ | 亠小心丷 |
| 殓 | GQWI③ | 一夕人丷 |
| | GQWG⁹⁸ | 一夕人一 |
| 链 | QLPY③ | 钅车辶丶 |
| 楝 | SGLI③ | 木一皿小 |
| | SSLG⁹⁸ | 木木皿一 |
| 潋 | IWGT | 氵人一攵 |
| liang | | |
| 良 | YVEI② | 丶彐以氵 |
| | YVI⁹⁸ | 丶艮氵 |
| 凉 | UYIY | 冫亠小丶 |
| 梁 | IVWS③ | 氵刀八木 |
| 椋 | SYIY | 木亠小丶 |
| 粮 | OYVE③ | 米丶彐以 |
| | OYVY⁹⁸ | 米丶艮丶 |
| 粱 | IVWO | 氵刀八米 |
| 墚 | FIVS③ | 土氵刀木 |
| 踉 | KHYE | 口止丶以 |
| | KHYV⁹⁸ | 口止丶艮 |
| 两 | GMWW | 一门人人 |
| 魉 | RQCW | 白儿厶人 |
| 亮 | YPMB③ | 亠冖几《 |
| | YPWB⁹⁸ | 亠冖几《 |

| 谅 | YYIY③ | 讠古小丶 |
|---|---|---|
| 辆 | LGMW③ | 车一门人 |
| 晾 | JYIY | 日古小丶 |
| 量 | JGJF③ | 日一日土 |

**liao**

| 疗 | UBK | 疒了川 |
|---|---|---|
| 潦 | IDUI | 氵大ﾍ小 |
| 辽 | BPK | 了辶川 |
| 聊 | BQTB③ | 耳⺄丿卩 |
| 僚 | WDUI③ | 亻大ﾍ小 |
| 寥 | PNWE③ | 宀羽人彡 |
| 廖 | YNWE③ | 广羽人彡 |
| 嘹 | KDUI③ | 口大ﾍ小 |
| 寮 | PDUI③ | 宀大ﾍ小 |
| 撩 | RDUI③ | 扌大ﾍ小 |
| 獠 | QTDI | 犭丿大小 |
| 缭 | XDUI③ | 纟大ﾍ小 |
| 燎 | ODUI③ | 火大ﾍ小 |
| 镣 | QDUI③ | 钅大ﾍ小 |
| 鹩 | DUJG | 大ﾍ日一 |
| 钌 | QBH | 钅了丨 |
| 蓼 | ANWE③ | 艹羽人彡 |
| 了 | BNH | 了乙丨 |
| 尥 | DNQY③ | 尢乙勹丶 |
| 料 | OUFH③ | 米丷十丨 |
| 撂 | RLTK③ | 扌田夂口 |

**lie**

| 列 | GQJH② | 一歹刂丨 |
|---|---|---|
| 咧 | KGQJ③ | 口一歹刂 |
| 劣 | ITLB③ | 小丿力《 |
|  | ITER98 | 小丿力彡 |
| 冽 | UGQJ③ | 冫一歹刂 |
| 洌 | IGQJ③ | 氵一歹刂 |
| 埒 | FEFY③ | 土㲋寸 |
| 烈 | GQJO | 一歹刂灬 |
| 捩 | RYND | 扌丶尸犬 |
| 猎 | QTAJ③ | 犭丿龹日 |
| 裂 | GQJE | 一歹刂衣 |
| 趔 | FHGJ | 土止一刂 |
| 躐 | KHVN | 口止巛乙 |
| 鬣 | DEVN | 镸彡巛乙 |

**lin**

| 林 | SSY② | 木木丶 |
|---|---|---|
| 邻 | WYCB | 人丶マ阝 |
| 临 | JTYJ③ | 刂丿丶四 |
| 啉 | KSSY③ | 口木木丶 |
| 淋 | ISSY③ | 氵木木丶 |
| 琳 | GSSY③ | 王木木丶 |
| 粼 | OQAB | 米夕匚《 |
|  | OQGB98 | 米夕一《 |
| 嶙 | MOQH③ | 山米夕丨 |
|  | MOQG98 | 山米夕一 |
| 遴 | OQAP③ | 米夕匚辶 |
|  | OQGP98 | 米夕一辶 |
| 辚 | LOQH③ | 车米夕丨 |
|  | LOQG98 | 车米夕一 |
| 霖 | FSSU③ | 雨木木丶 |

| 瞵 | HOQH③ | 目米夕丨 |
|---|---|---|
|  | HOQG98 | 目米夕一 |
| 磷 | DOQH③ | 石米夕丨 |
|  | DOQG98 | 石米夕一 |
| 鳞 | QGOH③ | 鱼一米丨 |
|  | QGOG98 | 鱼一米一 |
| 麟 | YNJH | 广⼕丨丨 |
|  | OXXG98 | 声比比一 |
| 凛 | UYLI③ | 冫亠口小 |
| 廪 | YYLI | 广亠口小 |
|  | OYLI98 | 广亠口小 |
| 懔 | NYLI③ | 忄亠口小 |
| 檩 | SYLI | 木亠口小 |
| 吝 | YKF | 文口二 |
| 赁 | WTFM | 亻丿士贝 |
| 蔺 | AUWY③ | 艹门亻圭 |
| 膦 | EOQH③ | 月米夕丨 |
|  | EOQG98 | 月米夕一 |
| 躏 | KHAY | 口止艹圭 |

**ling**

| 玲 | GWYC③ | 王人丶マ |
|---|---|---|
| 拎 | RWYC | 扌人丶マ |
| 伶 | WWYC | 亻人丶マ |
| 灵 | VOU② | ヨ火丷 |
| 囹 | LWYC③ | 口人丶マ |
| 岭 | MWYC③ | 山人丶マ |
| 泠 | IWYC | 氵人丶マ |
| 苓 | AWYC | 艹人丶マ |
| 柃 | SWYC | 木人丶マ |
| 瓴 | WYCN | 人丶マ乙 |
|  | WYCY98 | 人丶マ丶 |
| 凌 | UFWT③ | 冫土八夂 |
| 铃 | QWYC | 钅人丶マ |
| 陵 | BFWT③ | 阝土八夂 |
| 棱 | SVOY③ | 木ヨ火丶 |
| 绫 | XFWT③ | 纟土八夂 |
| 羚 | UDWC | 丷手人マ |
|  | UWYC98 | 羊人丶マ |
| 翎 | WYCN | 人丶マ羽 |
| 聆 | BWYC | 耳人丶マ |
| 菱 | AFWT | 艹土八夂 |
| 蛉 | JWYC | 虫人丶マ |
| 零 | FWYC | 雨人丶マ |
| 龄 | HWBC | 止人凵マ |
| 鲮 | QGFT | 鱼一土夂 |
| 霪 | FKKB③ | 雨口口阝 |
| 领 | WYCM | 人丶マ贝 |
| 令 | WYCU③ | 人丶マ丷 |
| 另 | KLB② | 口力《 |
|  | KER98 | 口力彡 |
| 吟 | KWYC | 口人丶マ |

**liu**

| 溜 | IQYL | 氵乚丶田 |
|---|---|---|
| 熘 | OQYL | 火乚丶田 |
| 刘 | YJH② | 文刂丨 |
| 浏 | IYJH | 氵文刂丨 |
| 流 | IYCQ③ | 氵亠厶儿 |

| 流 | IYCK98 | 氵亠厶儿 |
|---|---|---|
| 留 | QYVL | 乚丶刀田 |
| 琉 | GYCQ③ | 王亠厶儿 |
|  | GYCK98 | 王亠厶儿 |
| 硫 | DYCQ③ | 石亠厶儿 |
|  | DYCK98 | 石亠厶儿 |
| 旒 | YTYQ | 方𠂆亠儿 |
|  | YTYK98 | 方𠂆亠儿 |
| 遛 | QYVP | 乚丶刀辶 |
| 馏 | QNQL | 夕乙乚田 |
| 骝 | CQYL | 马乚丶田 |
|  | CGQL98 | 马一乚田 |
| 榴 | SQYL③ | 木乚丶田 |
| 瘤 | UQYL | 疒乚丶田 |
| 镏 | QQYL | 钅乚丶田 |
| 鎏 | IYCQ | 氵亠厶金 |
| 柳 | SQTB③ | 木⺄丿卩 |
| 绺 | XTHK③ | 纟夂卜口 |
| 锍 | QYCQ | 钅亠厶儿 |
|  | QYCK98 | 钅亠厶儿 |
| 六 | UYGY② | 六丶一丶 |
| 鹨 | NWEG | 羽人彡一 |

**long**

| 龙 | DXV② | 尢匕巛 |
|---|---|---|
|  | DXY98 | 尢匕丶 |
| 咙 | KDXN③ | 口尢匕乙 |
|  | KDXY98 | 口尢匕丶 |
| 泷 | IDXN③ | 氵尢匕乙 |
|  | IDXY98 | 氵尢匕丶 |
| 茏 | ADXB③ | 艹尢匕《 |
|  | ADXY98 | 艹尢匕丶 |
| 栊 | SDXN③ | 木尢匕乙 |
|  | SDXY98 | 木尢匕丶 |
| 珑 | GDXN③ | 王尢匕乙 |
|  | GDXY98 | 王尢匕丶 |
| 胧 | EDXN③ | 月尢匕乙 |
|  | EDXY98 | 月尢匕丶 |
| 砻 | DXDF③ | 尢匕石二 |
|  | DXYD98 | 尢匕丶石 |
| 笼 | TDXB③ | 𥫗尢匕《 |
|  | TDXY98 | 𥫗尢匕丶 |
| 聋 | DXBF③ | 尢匕耳二 |
|  | DXYB98 | 尢匕丶耳 |
| 隆 | BTGG③ | 阝夂一丰 |
| 癃 | UBTG | 疒阝夂丰 |
| 窿 | PWBG③ | 宀八阝丰 |
| 陇 | BDXN③ | 阝尢匕乙 |
|  | BDXY98 | 阝尢匕丶 |
| 垄 | DXFF③ | 尢匕土二 |
|  | DXYF98 | 尢匕丶土 |
| 垅 | FDXN③ | 土尢匕乙 |
|  | FDXY98 | 土尢匕丶 |
| 拢 | RDXN③ | 扌尢匕乙 |
|  | RDXY98 | 扌尢匕丶 |

**lou**

| 搂 | ROVG② | 扌米女一 |
|---|---|---|
| 娄 | OVF | 米女二 |

| | | | | | | | | | |
|---|---|---|---|---|---|---|---|---|---|
| 嵝 | KOVG③ | 口米女一 | 辘 | LYNX③ | 车广コヒ | 骆 | CTKG③ | 马夂口一 |
| 蒌 | AOVF③ | 艹米女二 | | LOXX⁹⁸ | 车严ヒヒ | | CGTK⁹⁸ | 马一夂口 |
| 楼 | SOVG③ | 木米女一 | 潞 | IKHK | 氵口止口 | 珞 | GTKG③ | 王夂口一 |
| 蝼 | DIOV③ | 三小米女 | 璐 | GKHK | 王口止口 | 落 | AITK③ | 艹氵夂口 |
| | FSOV⁹⁸ | 二木米女 | 簏 | TYNX | 竹广コヒ | 摞 | RLXI③ | 扌田幺小 |
| 蝼 | JOVG③ | 虫米女一 | | TOXX⁹⁸ | 竹严ヒヒ | 漯 | ILXI③ | 氵田幺小 |
| 蟟 | MEOV③ | 凹月米女 | 鹭 | KHTG | 口止夂一 | 雒 | TKWY | 夂口亻圭 |
| 嵝 | MOVG③ | 山米女一 | 麓 | SSYX | 木木广ヒ | | lü | | |
| 篓 | TOVF③ | 竹米女二 | | SSOX⁹⁸ | 木木严ヒ | 吕 | KKF② | 口口二 |
| 陋 | BGMN③ | 阝一门乙 | 鼟 | TFNJ | 丿二乙日 | 偻 | WOVG③ | 亻米女一 |
| 漏 | INFY | 氵尸雨、 | | EQGJ⁹⁸ | 毛鱼一日 | 滤 | IHAN③ | 氵广七心 |
| 瘘 | UOVD③ | 疒米女三 | | luan | | | IHNY⁹⁸ | 氵虍心、 |
| 镂 | QOVG③ | 钅米女一 | 栾 | YOSU③ | 亠小木 | 驴 | CYNT③ | 马、尸丿 |
| 露 | FKHK | 雨口止口 | 娈 | YOV | 亠小女二 | | CGYN⁹⁸ | 马一、尸 |
| | lu | | 孪 | YOBF③ | 亠小子二 | 闾 | UKKD | 门口口三 |
| 卢 | HNE② | 卜尸彡 | 峦 | YOMJ③ | 亠小山丨 | 榈 | SUKK③ | 木门口口 |
| 噜 | KQGJ③ | 口鱼一日 | 挛 | YORJ③ | 亠小手丨 | 侣 | WKKG③ | 亻口口一 |
| 撸 | RQGJ③ | 扌鱼一日 | 寣 | YOQG③ | 亠小勹一 | 旅 | YTEY | 方𠂉㇛、 |
| 庐 | YYNE | 广、尸彡 | 裔 | YOMW | 亠小门人 | 稆 | TKKG③ | 禾口口一 |
| | OYNE⁹⁸ | 广、尸彡 | 滦 | IYOS | 氵亠小木 | 铝 | QKKG③ | 钅口口一 |
| 芦 | AYNR | 艹、尸丿 | 銮 | YOQF | 亠小金二 | 屡 | NOVD③ | 尸米女三 |
| 垆 | FHNT | 土卜尸丿 | 卵 | QYTY③ | 𠂆、丿、 | 缕 | XOVG③ | 纟米女一 |
| 泸 | IHNT③ | 氵卜尸丿 | 乱 | TDNN③ | 丿古乙乙 | 膂 | YTEE | 方𠂉𠄌月 |
| 炉 | OYNT③ | 火、尸丿 | | lun | | 褛 | PUOV③ | 衤冫米女 |
| 栌 | SHNT | 木卜尸丿 | 抡 | RWXN③ | 扌人匕乙 | 履 | NTTT③ | 尸彳𠂉夂 |
| 胪 | EHNT | 月卜尸丿 | 仑 | WXB | 人匕巜 | 律 | TVFH | 彳ヨ二丨 |
| 轳 | LHNT | 车卜尸丿 | 伦 | WWXN③ | 亻人匕乙 | | TVGH⁹⁸ | 彳ヨ丰丨 |
| 鸬 | HNQG③ | 卜尸勹一 | 囵 | LWXV | 口人匕巜 | 虑 | HANI③ | 广七心氵 |
| 舻 | TEHN③ | 丿舟卜尸 | 沦 | IWXN③ | 氵人匕乙 | | HNI⁹⁸ | 虍心氵 |
| | TUHN⁹⁸ | 丿舟卜尸 | 纶 | XWXN③ | 纟人匕乙 | 绿 | XVIY② | 纟ヨ水、 |
| 颅 | HNDM | 卜尸厂贝 | 轮 | LWXN③ | 车人匕乙 | 氯 | RNVI③ | 𠂉乙ヨ水 |
| 鲈 | QGHN | 鱼一卜尸 | 论 | YWXN③ | 讠人匕乙 | | RVII⁹⁸ | 气ヨ水氵 |
| 卤 | HLQI③ | 卜口乂氵 | | luo | | 捋 | REFY | 扌爫寸、 |
| | HLR⁹⁸ | 卜口乂 | 罗 | LQU② | 罒夕丷 | | lüe | | |
| 虏 | HALV | 广七力巜 | 猡 | QTLQ | 犭丿罒夕 | 略 | LTKG③ | 田夂口一 |
| | HEE⁹⁸ | 虍力彡 | 脶 | EKMW③ | 月口门人 | 掠 | RYIY③ | 扌亠小、 |
| 掳 | RHAL③ | 扌广七力 | 萝 | ALQU③ | 艹罒夕丷 | 锊 | QEFY | 钅爫寸、 |
| | RHET⁹⁸ | 扌虍力丿 | 逻 | LQPI③ | 罒夕辶氵 | | M | | |
| 鲁 | QGJF③ | 鱼一日二 | 椤 | SLQY③ | 木罒夕、 | 呒 | KFQN③ | 口二儿乙 |
| 橹 | SQGJ③ | 木鱼一日 | 锣 | QLQY③ | 钅罒夕、 | | ma | | |
| 镥 | QQGJ③ | 钅鱼一日 | 箩 | TLQU③ | 竹罒夕丷 | 妈 | VCG② | 女马一 |
| 陆 | BFMH③ | 阝二山丨 | 骡 | CLXI③ | 马田幺小 | 麻 | YSSI③ | 广木木氵 |
| | BGB⁹⁸ | 阝丰山 | | CGLI⁹⁸ | 马一田小 | | OSSI⁹⁸ | 广木木氵 |
| 录 | VIU② | ヨ水丷 | 镙 | QLXI③ | 钅田幺小 | 蟆 | JAJD | 虫艹日大 |
| 赂 | MTKG③ | 贝夂口一 | 螺 | JLXI③ | 虫田幺小 | 马 | CNNG② | 马乙乙一 |
| 辂 | LTKG | 车夂口一 | 倮 | WJSY③ | 亻日木、 | | CGD⁹⁸ | 马一三 |
| 渌 | IVIY③ | 氵ヨ水、 | 裸 | PUJS | 衤冫日木 | 犸 | QTCG | 犭丿马一 |
| 逯 | VIPI | ヨ水辶氵 | 瘰 | ULXI③ | 疒田幺小 | 玛 | GCG | 王马一 |
| 鹿 | YNJX③ | 广コ刂匕 | 蠃 | YNKY | 亠乙口、 | 码 | DCG | 石马一 |
| | OXXV⁹⁸ | 严ヒヒ巜 | | YEJY | 亠月虫、 | 蚂 | JCG | 虫马一 |
| 禄 | PYVI③ | 衤、ヨ水 | 漯 | IQIY③ | 氵汇小、 | | JCGG⁹⁸ | 虫马一一 |
| 碌 | DVIY③ | 石ヨ水、 | | ITNI⁹⁸ | 氵丿乙小 | 杩 | SCG | 木马一 |
| 路 | KHTK③ | 口止夂口 | 洛 | ITKG③ | 氵夂口一 | 骂 | KKCF③ | 口口马二 |
| 潞 | IYNX | 氵广コ匕 | 络 | XTKG③ | 纟夂口一 | | KKCG⁹⁸ | 口口马一 |
| | IOXX⁹⁸ | 氵严ヒヒ | 荦 | APRH③ | 艹冖牛丨 | 吗 | KCG | 口马一 |
| 戮 | NWEA③ | 羽人彡戈 | | APTG⁹⁸ | 艹冖丿丰 | 嘛 | KYSS② | 口广木木 |

| 汉字 | 编码 | 字根 | 汉字 | 编码 | 字根 | 汉字 | 编码 | 字根 |
|---|---|---|---|---|---|---|---|---|
| 嘛 | KOSS⁹⁸ | 口广木木 | 锚 | QALG③ | 钅艹田一 | 浼 | IQKQ③ | 氵𠂉口儿 |
| mai | | | 髦 | DETN | 镸彡丿乙 | 镁 | QUGD③ | 钅丷王大 |
| 埋 | FJFG③ | 土日土一 | 髦 | DEEB⁹⁸ | 镸彡毛巛 | 妹 | VFIY③ | 女二小丶 |
| 霾 | FEEF | 雨四彡土 | 蝥 | CBTJ | 矛阝丿虫 | 妹 | VFY⁹⁸ | 女未丶 |
| 霾 | FEJF⁹⁸ | 雨彡日土 | 蝥 | CNHJ⁹⁸ | 矛乙丨虫 | 昧 | JFIY③ | 日二小丶 |
| 买 | NUDU | 乙丷大丷 | 蟊 | CBTJ | 矛阝丿虫 | 昧 | JFY⁹⁸ | 日未丶 |
| 荬 | ANUD | 艹乙丷大 | 蟊 | CNHJ⁹⁸ | 矛乙丨虫 | 袂 | PUNW③ | 衤冫コ人 |
| 劢 | DNLN③ | 丆乙力乙 | 卯 | QTBH | 𠂉丿卩丨 | 媚 | VNHG③ | 女尸目一 |
| 劢 | GQET⁹⁸ | 一勹力丿 | 岇 | MQTB③ | 山𠂉丿卩 | 寐 | PNHI | 宀乙丨小 |
| 迈 | DNPV③ | 丆乙辶巛 | 泖 | IQTB③ | 氵𠂉丿卩 | 寐 | PUFU⁹⁸ | 宀丬未丷 |
| 迈 | GQP⁹⁸ | 一勹辶 | 茆 | AQTB | 艹𠂉丿卩 | 魅 | RQCI | 白儿厶小 |
| 麦 | GTU | 韦攵丷 | 昴 | JQTB③ | 日𠂉丿卩 | 魅 | RQCF⁹⁸ | 白儿厶未 |
| 卖 | FNUD | 十乙丷大 | 铆 | QQTB③ | 钅𠂉丿卩 | men | | |
| 脉 | EYNI | 月丶乙氺 | 茂 | ADNT③ | 艹厂乙丿 | 门 | UYHN③ | 门丶丨乙 |
| 唛 | KGTY③ | 口韦攵丶 | 茂 | ADU⁹⁸ | 艹戊丷 | 扪 | RUN | 扌门乙 |
| man | | | 冒 | JHF | 日目二 | 钔 | QUN | 钅门乙 |
| 蛮 | YOJU③ | 亠小虫丷 | 贸 | QYVM③ | 𠂉丶刀贝 | 闵 | UNI | 门心氵 |
| 颟 | AGMM | 艹一门贝 | 耄 | FTXN | 土丿匕乙 | 焖 | OUNY③ | 火门心丶 |
| 馒 | QNJC | 勹乙日又 | 耄 | FTXE⁹⁸ | 土丿匕毛 | 懑 | IAGN | 氵艹一心 |
| 瞒 | HAGW | 目艹一人 | 袤 | YCBE | 亠マ卩κ | 们 | WUN② | 亻门乙 |
| 鞔 | AFQQ | 廿革勹儿 | 袤 | YCNE⁹⁸ | 亠マ乙κ | meng | | |
| 鳗 | QGJC | 鱼一日又 | 帽 | MHJH③ | 冂丨日目 | 蒙 | APGE③ | 艹冖一豕 |
| 满 | IAGW | 氵艹一人 | 瑁 | GJHG | 王日目一 | 蒙 | APFE⁹⁸ | 艹冖二豕 |
| 螨 | JAGW | 虫艹一人 | 瞀 | CBTH | 矛阝丿目 | 虻 | JYNN③ | 虫亠乙乙 |
| 曼 | JLCU③ | 日罒又丷 | 瞀 | CNHH⁹⁸ | 矛乙丨目 | 萌 | AJEF③ | 艹日月二 |
| 谩 | YJLC③ | 讠日罒又 | 貌 | EERQ | 四彡白儿 | 盟 | JELF③ | 日月皿二 |
| 墁 | FJLC③ | 土日罒又 | 貌 | ERQN⁹⁸ | 豸白儿乙 | 甍 | ALPN③ | 艹罒冖乙 |
| 慢 | MHJC③ | 门丨日又 | 懋 | SCBN | 木マ卩心 | 甍 | ALPY⁹⁸ | 艹罒冖丶 |
| 慢 | NJLC③ | 忄日罒又 | 懋 | SCNN⁹⁸ | 木マ乙心 | 瞢 | ALPH③ | 艹罒冖目 |
| 漫 | IJLC | 氵日罒又 | me | | | 朦 | EAPE③ | 月艹冖豕 |
| 缦 | XJLC③ | 纟日罒又 | 么 | TCU② | 丿厶丷 | 檬 | SAPE③ | 木艹冖豕 |
| 蔓 | AJLC③ | 艹一罒又 | mei | | | 礞 | DAPE③ | 石艹冖豕 |
| 熳 | OJLC③ | 火日罒又 | 眉 | NHD | 尸目三 | 艨 | TEAE③ | 丿舟艹豕 |
| 镘 | QJLC③ | 钅日罒又 | 没 | IMCY② | 氵几又丶 | 艨 | TUAE⁹⁸ | 丿舟艹豕 |
| mang | | | 没 | IWCY⁹⁸ | 氵几又丶 | 勐 | BLLN③ | 子皿力乙 |
| 忙 | NYNN | 忄亠乙乙 | 枚 | STY | 木攵丶 | 勐 | BLET⁹⁸ | 子皿力丿 |
| 邙 | YNBH③ | 亠乙阝丨 | 玫 | GTY③ | 王攵丶 | 猛 | QTBL | 犭丿子皿 |
| 芒 | AYNB③ | 艹亠乙巛 | 莓 | ATXU③ | 艹𠂉口丷 | 锰 | QBLG③ | 钅子皿一 |
| 盲 | YNHF③ | 亠乙目二 | 莓 | ATXU⁹⁸ | 艹𠂉母丷 | 艋 | TEBL | 丿舟子皿 |
| 茫 | AIYN③ | 艹氵亠乙 | 梅 | STXU③ | 木𠂉口丷 | 艋 | TUBL⁹⁸ | 丿舟子皿 |
| 硭 | DAYN③ | 石艹亠乙 | 梅 | STXY⁹⁸ | 木𠂉母丶 | 蜢 | JBLG③ | 虫子皿一 |
| 莽 | ADAJ③ | 艹犬廾刂 | 媒 | VAFS③ | 女艹二木 | 懵 | NALH③ | 忄艹罒目 |
| 漭 | IADA | 氵艹犬廾 | 媒 | VFSY⁹⁸ | 女甘木丶 | 蠓 | JAPE③ | 虫艹冖豕 |
| 蟒 | JADA | 虫艹犬廾 | 嵋 | MNHG③ | 山尸目一 | 梦 | SSQU③ | 木木夕丷 |
| 氓 | YNNA | 亠乙口七 | 湄 | INHG③ | 氵尸目一 | mi | | |
| mao | | | 猸 | QTNH | 犭丿尸目 | 迷 | OPI② | 米辶氵 |
| 猫 | QTAL | 犭丿艹田 | 楣 | SNHG③ | 木尸目一 | 咪 | KOY | 口米丶 |
| 毛 | TFNV③ | 丿二乙巛 | 煤 | OAFS② | 火艹二木 | 弥 | XQIY③ | 弓勹小丶 |
| 毛 | ETGN⁹⁸ | 毛丿一乙 | 煤 | OFSY | 火甘木丶 | 祢 | PYQI③ | 衤丶勹小 |
| 矛 | CBTR③ | 矛阝丿丿 | 酉 | SGTU | 西一丿丷 | 猕 | QTXI | 犭丿弓小 |
| 矛 | CNHT⁹⁸ | 矛乙丨丿 | 酶 | SGTX | 西一𠂉母 | 谜 | YOPY③ | 讠米辶丶 |
| 牦 | TRTN | 丿扌丿乙 | 镅 | QNHG③ | 钅尸目一 | 醚 | SGOP③ | 西一米辶 |
| 牦 | CEN⁹⁸ | 牜毛乙 | 鹛 | NHQG③ | 尸目勹一 | 糜 | YSSO | 广木木米 |
| 茅 | ACBT | 艹矛阝丿 | 霉 | FTXU | 雨𠂉口丷 | 糜 | OSSO⁹⁸ | 广木木米 |
| 茅 | ACNT⁹⁸ | 艹矛乙丿 | 每 | TXGU③ | 𠂉口一丷 | 靡 | YSSI | 广木木小 |
| 旄 | YTTN | 方𠂉丿乙 | 每 | TXU⁹⁸ | 𠂉母丷 | 靡 | OSSI⁹⁸ | 广木木小 |
| 旄 | YTEN⁹⁸ | 方𠂉毛乙 | 美 | UGDU | 丷王大丷 | 縻 | YNJO | 广コ丨米 |

| 字 | 编码 | 字根 | 字 | 编码 | 字根 | 字 | 编码 | 字根 |
|---|---|---|---|---|---|---|---|---|
| 麋 | OXXO⁹⁸ | 声匕匕米 | 藐 | AEEQ③ | 艹四⺆儿 | 谟 | YAJD③ | 讠艹日大 |
| 靡 | YSSD | 广木木三 | | AERQ⁹⁸③ | 艹豸白儿 | 嫫 | VAJD | 女艹日大 |
| | OSSD⁹⁸ | 广木木三 | 邈 | EERP | 四⺆白辶 | | VAJD⁹⁸③ | 女艹日大 |
| 蘼 | AYSD | 艹广木三 | | ERQP⁹⁸ | 豸白儿辶 | 馍 | QNAD | 勹乙艹大 |
| | AOSD⁹⁸ | 艹广木三 | 妙 | VITT③ | 女小丿丿 | 摹 | AJDR | 艹日大手 |
| 米 | OYTY③ | 米、丿、 | 庙 | YMD | 广由三 | 模 | SAJD③ | 木艹日大 |
| 半 | GJGH | 一刂一丨 | | OMD⁹⁸② | 广由三 | | SAJD⁹⁸② | 木艹日大 |
| 弭 | XBG | 弓耳一 | 缪 | XNWE③ | 纟羽人彡 | 膜 | EAJD | 月艹日大 |
| 敉 | OTY | 米攵、 | | mie | | | EAJD⁹⁸② | 月艹日大 |
| 脒 | EOY | 月米、 | 灭 | GOI | 一火⺀ | 麽 | YSSC | 广木木厶 |
| 眯 | HOY② | 目米、 | 乜 | NNV | 乙乙巛 | | OSSC⁹⁸ | 广木木厶 |
| 糸 | XIU | 幺小⺀ | 哶 | KUDH③ | 口丷手丨 | 摩 | YSSR | 广木木手 |
| 汨 | IJG | 氵日一 | | KUH⁹⁸ | 口羊丨 | | OSSR⁹⁸③ | 广木木手 |
| 宓 | PNTR | 宀心丿彡 | 蔑 | ALDT | 艹皿厂丿 | 磨 | YSSD | 广木木石 |
| 泌 | INTT③ | 氵心丿丿 | | ALAW⁹⁸③ | 艹皿戈人 | | OSSD⁹⁸ | 广木木石 |
| 觅 | EMQB③ | 爫门儿彡 | 篾 | TLDT | ⺮皿厂丿 | 蘑 | VYSC③ | 女广木厶 |
| 秘 | TNTT② | 禾心丿丿 | | TLAW⁹⁸③ | ⺮皿戈人 | | VOSC⁹⁸ | 女广木厶 |
| 密 | PNTM③ | 宀心丿山 | 蠛 | JALT③ | 虫艹皿丿 | 蘑 | AYSD③ | 艹广木石 |
| 幂 | PJDH③ | 冖日大丨 | | JALW⁹⁸③ | 虫艹皿人 | | AOSD⁹⁸③ | 艹广木石 |
| 谧 | YNTL | 讠心丿皿 | | min | | 魔 | YSSC | 广木木厶 |
| 嘧 | KPNM③ | 口宀心山 | 民 | NAV② | 尸七巛 | | OSSC⁹⁸ | 广木木厶 |
| 蜜 | PNTJ | 宀心丿虫 | 黾 | KJNB③ | 口日乙巛 | 抹 | RGSY③ | 扌一木、 |
| | mian | | 岷 | MNAN③ | 山尸七乙 | 末 | GSI② | 一木⺀ |
| 面 | DMJD② | 丆门刂三 | 玟 | GYY | 王文、 | 殁 | GQMC | 一夕几又 |
| | DLJF⁹⁸② | 丆囗刂二 | 苠 | ANAB③ | 艹尸七《 | | GQWC⁹⁸③ | 一夕几又 |
| 眠 | HNAN③ | 目尸七乙 | 珉 | GNAN③ | 王尸七乙 | 沫 | IGSY③ | 氵一木、 |
| 绵 | XRMH② | 纟白门丨 | 缗 | XNAJ③ | 纟尸七日 | 茉 | AGSU③ | 艹一木⺀ |
| 棉 | SRMH③ | 木白门丨 | 皿 | LHNG③ | 皿丨乙一 | 陌 | BDJG③ | 阝丆日一 |
| 免 | QKQB③ | 勹口儿《 | | LHNG⁹⁸ | 皿丨乙一 | 秣 | TGSY③ | 禾一木、 |
| 沔 | IGHN③ | 氵一丨乙 | 闵 | UYI | 门文⺀ | | TGSY⁹⁸ | 禾一木、 |
| 勉 | QKQL | 勹口儿力 | 抿 | RNAN③ | 扌尸七乙 | 莫 | AJDU③ | 艹日大⺀ |
| | QKQE⁹⁸ | 勹口儿力 | 泯 | INAN③ | 氵尸七乙 | | AJDU⁹⁸ | 艹日大⺀ |
| 眄 | HGHN③ | 目一丨乙 | 闽 | UJI | 门虫⺀ | 寞 | PAJD③ | 宀艹日大 |
| | HGHN⁹⁸ | 目一丨乙 | 悯 | NUYY③ | 忄门文、 | 漠 | IAJD③ | 氵艹日大 |
| 娩 | VQKQ③ | 女勹口儿 | 敏 | TXGT | 𠂉口一攵 | 蓦 | AJDC | 艹日大马 |
| 冕 | JQKQ | 日勹口儿 | | TXTY⁹⁸ | 𠂉母攵、 | | AJDG⁹⁸ | 艹日大一 |
| 湎 | IDMD③ | 氵丆门三 | 愍 | NATN | 尸七攵心 | 貊 | EEDJ③ | 四⺆丆日 |
| | IDLF⁹⁸③ | 氵丆囗二 | 鳘 | TXGG | 𠂉口一一 | | EDJG⁹⁸ | 豸丆日一 |
| 缅 | XDMD③ | 纟丆门三 | | TXTG⁹⁸ | 𠂉母攵一 | 墨 | LFOF | 囜土灬土 |
| | XDLF⁹⁸② | 纟丆囗二 | | ming | | 瘼 | UAJD | 疒艹日大 |
| 腼 | EDMD③ | 月丆门三 | 明 | JEG② | 日月一 | 镆 | QAJD | 钅艹日大 |
| | EDLF⁹⁸③ | 月丆囗二 | 名 | QKF② | 夕口二 | 默 | LFOD | 囜土灬犬 |
| 渑 | IKJN③ | 氵口日乙 | 鸣 | KQYG③ | 口勹、一 | 貘 | EEAD③ | 四⺆艹大 |
| | miao | | | KQGG⁹⁸② | 口鸟一一 | | EAJD⁹⁸ | 豸艹日大 |
| 苗 | ALF | 艹田二 | 茗 | AQKF | 艹夕口二 | 糖 | DIYD③ | 三小广石 |
| | ALF⁹⁸② | 艹田二 | 冥 | PJUU③ | 冖日六⺀ | | FSOD⁹⁸ | 二木广石 |
| 喵 | KALG③ | 口艹田一 | 铭 | QQKG③ | 钅夕口一 | | mou | |
| 描 | RALG③ | 扌艹田一 | 溟 | IPJU | 氵冖日六 | 谋 | YAFS③ | 讠艹二木 |
| 瞄 | HALG③ | 目艹田一 | 暝 | JPJU | 日冖日六 | | YFSY⁹⁸③ | 讠甘木 |
| | HALG⁹⁸② | 目艹田一 | 瞑 | HPJU | 目冖日六 | 蛑 | JCRH③ | 虫厶⺊丨 |
| 鹋 | ALQG | 艹田勹一 | 螟 | JPJU③ | 虫冖日六 | | JCTG⁹⁸ | 虫厶丿丨 |
| 杪 | SITT③ | 木小丿丿 | 酩 | SGQK | 西一夕口 | 哞 | KCRH③ | 口厶⺊丨 |
| 眇 | HITT③ | 目小丿丿 | 命 | WGKB | 人一口卩 | | KCTG⁹⁸ | 口厶⺊丨 |
| 秒 | TITT② | 禾小丿丿 | | miu | | 牟 | CRHJ② | 厶⺊丨丨 |
| 森 | IIIU | 水水水⺀ | 谬 | YNWE | 讠羽人彡 | | CTGJ⁹⁸ | 厶丿丨丨 |
| 渺 | IHIT | 氵目小丿 | | mo | | 侔 | WCRH③ | 亻厶⺊丨 |
| 缈 | XHIT③ | 纟目小丿 | 摸 | RAJD | 扌艹日大 | | WCTG⁹⁸③ | 亻厶丿丨 |

| | | | | | | | | | |
|---|---|---|---|---|---|---|---|---|---|
| 眸 | HCRH③ | 目厶亠丨 | 呐 | KMWY③ | 口门人丶 | | ne | | |
| | HCTG⁹⁸ | 目厶丿丰 | | nai | | 呢 | KNXN③ | 口尸匕乙 | |
| 蝥 | CBTQ | マ卩丿金 | 乃 | ETN | 乃丿乙 | 讷 | YMWY③ | 讠门人丶 | |
| | CNHQ⁹⁸ | マ乙丨金 | | BNT⁹⁸ | 乃乙丿 | | nei | | |
| 某 | AFSU③ | 艹二木丶 | 佴 | WBG | 亻耳一 | 内 | MWI② | 门人氵 | |
| | FSU⁹⁸② | 甘木丶 | 捼 | RDFI | 扌大二小 | 馁 | QNEV③ | 夕乙四女 | |
| | mu | | 奶 | VEN② | 女乃乙 | | nen | | |
| 母 | XGUI③ | 囗一丷氵 | | VBT⁹⁸ | 女乃丿 | 嫩 | VGKT③ | 女一口攵 | |
| | XNNY⁹⁸ | 母乙乙丶 | 艿 | AEB | 艹乃《 | | VSKT⁹⁸③ | 女木口攵 | |
| 毪 | TFNH | 丿二乙丨 | | ABR⁹⁸ | 艹乃彡 | 恁 | WTFN | 亻丿士心 | |
| | ECTG⁹⁸③ | 毛厶丿丰 | 氖 | RNEB③ | 气乙乃《 | | neng | | |
| 亩 | YLF | 亠田二 | | RBE⁹⁸ | 气乃彡 | 能 | CEXX② | 厶月匕匕 | |
| | YLF⁹⁸② | 亠田二 | 奈 | DFIU③ | 大二小丷 | | ni | | |
| 牡 | TRFG | 丿扌土一 | 柰 | SFIU | 木二小丷 | 泥 | INXN③ | 氵尸匕乙 | |
| | CFG⁹⁸ | 牛土一 | 耐 | DMJF | 厂门刂寸 | | INXN⁹⁸③ | 氵尸匕乙 | |
| 姆 | VXGU② | 女囗一丷 | 萘 | ADFI | 艹大二小 | 妮 | VNXN③ | 女尸匕乙 | |
| | VXY⁹⁸② | 女母丶 | 鼐 | EHNN③ | 乃目乙乙 | 尼 | NXV② | 尸匕巛 | |
| 拇 | RXGU③ | 扌囗一丷 | | BHNN⁹⁸③ | 乃目乙乙 | 坭 | FNXN③ | 土尸匕乙 | |
| | RXY⁹⁸ | 扌母丶 | | nan | | 怩 | NNXN③ | 忄尸匕乙 | |
| 木 | SSSS | (键名字) | 男 | LLB② | 田力《 | 倪 | WVQN③ | 亻白儿乙 | |
| 仫 | WTCY | 亻丿厶丶 | | LER⁹⁸② | 田力彡 | | WEQN⁹⁸③ | 亻白儿乙 | |
| 目 | HHHH | (键名字) | 囡 | LVD | 口女三 | 铌 | QNXN③ | 钅尸匕乙 | |
| 沐 | ISY | 氵木丶 | 南 | FMUF② | 十门丷十 | 猊 | QTVQ③ | 犭丿白儿 | |
| 坶 | FXGU③ | 土囗一丷 | 难 | CWYG | 又亻圭一 | | QTEQ⁹⁸ | 犭丿白儿 | |
| | FXY⁹⁸② | 土母丶 | 喃 | KFMF③ | 口十门十 | 霓 | FVQB③ | 雨白儿《 | |
| 牧 | TRTY③ | 丿扌攵丶 | 楠 | SFMF③ | 木十门 | | FEQB⁹⁸③ | 雨白儿《 | |
| | CTY⁹⁸② | 牜攵丶 | 赧 | FOBC | 土业阝又 | 鲵 | QGVQ | 鱼一白儿 | |
| 首 | AHF | 艹目二 | 腩 | EFMF③ | 月十门 | | QGEQ⁹⁸ | 鱼一白儿 | |
| 钼 | QHG | 钅目一 | 蝻 | JFMF③ | 虫十门十 | 伲 | WNXN③ | 亻尸匕乙 | |
| 募 | AJDL | 艹日大力 | | nang | | 你 | WQIY② | 亻勹小丶 | |
| | AJDE⁹⁸ | 艹日大力 | 囊 | GKHE③ | 一口丨衣 | | WQIY⁹⁸③ | 亻勹小丶 | |
| 墓 | AJDF | 艹日大土 | 嚢 | KGKE | 口一口衣 | 拟 | RNYW③ | 扌乙丶人 | |
| 幕 | AJDH | 艹日大丨 | 馕 | QNGE | 勹乙一衣 | 旎 | YTNX | 方广乙匕 | |
| | AJDH⁹⁸③ | 艹日大丨 | 曩 | JYKE③ | 日一口衣 | 昵 | JNXN③ | 日尸匕乙 | |
| 睦 | HFWF② | 目土八土 | | JYKE⁹⁸ | 日一口衣 | 逆 | UBTP③ | 丷凵丿辶 | |
| | HFWF⁹⁸③ | 目土八土 | 攮 | RGKE | 扌一口衣 | | UBTP⁹⁸ | 丷凵丿辶 | |
| 慕 | AJDN | 艹日大小 | | nao | | 匿 | AADK | 匚艹ナ口 | |
| 暮 | AJDJ | 艹日大日 | 闹 | UYMH③ | 门亠门丨 | | AADK⁹⁸③ | 匚艹ナ口 | |
| 穆 | TRIE③ | 禾白小彡 | 孬 | GIVB③ | 一小女子 | 溺 | IXUU③ | 氵弓丷丷 | |
| | N | | | DHVB⁹⁸ | 不卜女子 | 睨 | HVQN③ | 目白儿乙 | |
| 嗯 | KLDN | 口口大心 | 呶 | KVCY③ | 口女又丶 | | HEQ⁹⁸ | 目白儿 | |
| | na | | 挠 | RATQ | 扌七儿 | 腻 | EAFM③ | 月弋二贝 | |
| 那 | VFBH③ | 刀二阝丨 | | RATQ⁹⁸③ | 扌七儿 | | EAFY⁹⁸③ | 月七二丶 | |
| | NGB⁹⁸ | 乙丰阝 | 硇 | DTLQ③ | 石丿口乂 | 愿 | AADN | 匚艹ナ心 | |
| 拿 | WGKR | 人一口手 | | DTLR⁹⁸③ | 石丿口乂 | | nian | | |
| 镎 | QWGR | 钅人一手 | 铙 | QATQ③ | 钅七儿 | 年 | RHFK② | 亠丨十川 | |
| 哪 | KVFB② | 口刀二阝 | 猱 | QTCS | 犭丿マ木 | | TG⁹⁸② | 丿丰 | |
| | KNGB⁹⁸③ | 口乙丰阝 | 蛲 | JATQ | 虫七儿 | 拈 | RHKG | 扌卜口一 | |
| 纳 | XMWY③ | 纟门人丶 | 垴 | FYBH | 土文凵丨 | | RHKG⁹⁸ | 扌卜口一 | |
| | XMWY⁹⁸② | 纟门人丶 | | FYRB⁹⁸③ | 土亠乂凵 | 鲇 | QGHK | 鱼一卜口 | |
| 肭 | EMWY③ | 月门人丶 | 恼 | NYBH③ | 忄文凵丨 | 鲶 | QGWN | 鱼一人心 | |
| 娜 | VVFB③ | 女刀二阝 | | NYRB⁹⁸ | 忄亠乂凵 | 黏 | TWIK | 禾人水口 | |
| | VNGB⁹⁸③ | 女乙丰阝 | 脑 | EYBH③ | 月文凵丨 | 捻 | RWYN | 扌人丶心 | |
| 衲 | PUMW | 衤冫门人 | | EYRB⁹⁸ | 月亠乂凵 | 辇 | FWFL | 二人二车 | |
| 钠 | QMWY③ | 钅门人丶 | 瑙 | GVTQ③ | 王巛丿乂 | | GGLJ⁹⁸ | 夫夫车刂 | |
| 捺 | RDFI | 扌大二小 | | GVTR⁹⁸③ | 王巛丿乂 | 撵 | RFWL | 扌二人车 | |
| | | | 淖 | IHJH③ | 氵卜早 | | RGGL⁹⁸③ | 扌夫夫车 | |

| 字 | 编码 | 字根 |
|---|---|---|
| 碾 | DNAE③ | 石尸廿K |
| 甘 | AGHG③ | 廿一丨一 |
|  | AGHG98 | 廿一丨一 |
| 念 | WYNN | 人、乙心 |
| 埝 | FWYN | 土人、心 |
| 蔫 | AGHO | 廿一止灬 |
|  | AGHO98③ | 廿一止灬 |
| 粘 | OHKG② | 米卜口一 |
|  | OHKG98 | 米卜口一 |
| niang | | |
| 娘 | VYVE③ | 女、ヨK |
|  | VYV98② | 女、艮 |
| 酿 | SGYE | 西一、K |
|  | SGYV98 | 西一、艮 |
| niao | | |
| 鸟 | QYNG | ク、乙一 |
|  | QGD98 | 鸟一三 |
| 茑 | AQYG | 廿ク、一 |
|  | AQGF98 | 廿鸟一二 |
| 袅 | QYNE | ク、乙衣 |
|  | QYEU98 | 鸟一衣 |
| 鹩 | LLVL③ | 田力女力 |
|  | LEVE98③ | 田力女力 |
| 尿 | NII | 尸水氵 |
| 脲 | ENIY③ | 月尸水、 |
| nie | | |
| 捏 | RJFG③ | 扌日土一 |
|  | RJFG98③ | 扌日土一 |
| 陧 | BJFG③ | 阝日土一 |
| 涅 | IJFG | 氵日土一 |
|  | IJFG98③ | 氵日土一 |
| 聂 | BCCU③ | 耳又又冫 |
| 臬 | THSU③ | ノ目木冫 |
| 嗫 | KHWB | 口止人凵 |
| 嗫 | KBCC③ | 口耳又又 |
| 镊 | QBCC③ | 钅耳又又 |
| 镍 | QTHS③ | 钅ノ目木 |
|  | QTHS98 | 钅ノ目木 |
| 颞 | BCCM | 耳又又贝 |
| 蹑 | KHBC③ | 口止耳又 |
|  | KHBC98 | 口止耳又 |
| 孽 | AWNB | 廿亻二子 |
|  | ATNB98 | 廿ノ目子 |
| 蘖 | AWNS | 廿亻二木 |
|  | ATNS98 | 廿ノ目木 |
| nin | | |
| 您 | WQIN | 亻ク小心 |
| ning | | |
| 宁 | PSJ② | 宀丁刂 |
| 咛 | KPSH③ | 口宀丁丨 |
| 拧 | RPSH③ | 扌宀丁丨 |
| 狞 | QTPS③ | 犭ノ宀丁 |
| 柠 | SPSH③ | 木宀丁丨 |
| 聍 | BPSH③ | 耳宀丁丨 |
| 凝 | UXTH③ | 冫匕ノ卜 |
| 佞 | WFVG③ | 亻二女一 |
| 泞 | IPSH③ | 氵宀丁丨 |

| 字 | 编码 | 字根 |
|---|---|---|
| 甯 | PNEJ③ | 宀心用刂 |
| niu | | |
| 牛 | RHK | 仁丨川 |
|  | TGK98 | ノ キ川 |
| 扭 | RXL③ | 扌幺力 |
|  | RXET98③ | 扌幺力ノ |
| 妞 | VNFG③ | 女乙土一 |
|  | VNHG98 | 女乙丨一 |
| 忸 | NNFG③ | 忄乙土一 |
|  | NNHG98 | 忄乙丨一 |
| 扭 | RNFG③ | 扌乙土一 |
|  | RNHG98③ | 扌乙丨一 |
| 狃 | QTNF | 犭ノ乙土 |
|  | QTNG98 | 犭ノ乙一 |
| 纽 | XNFG③ | 纟乙土一 |
|  | XNHG98③ | 纟乙丨一 |
| 钮 | QNFG③ | 钅乙土一 |
|  | QNHG98③ | 钅乙丨一 |
| nong | | |
| 农 | PEI | 冖K氵 |
|  | PEI98② | 冖K氵 |
| 侬 | WPEY③ | 亻冖K、 |
| 哝 | KPEY③ | 口冖K、 |
| 浓 | IPEY③ | 氵冖K、 |
| 脓 | EPEY③ | 月冖K、 |
|  | EPEY98 | 月冖K、 |
| 弄 | GAJ | 王廾刂 |
| nou | | |
| 耨 | DIDF③ | 三小厂寸 |
|  | FSDF98③ | 二木厂寸 |
| nu | | |
| 奴 | VCY | 女又、 |
| 孥 | VCBF | 女又子二 |
|  | VCBF98③ | 女又子二 |
| 驽 | VCCF③ | 女又马二 |
|  | VCCG98③ | 女又马一 |
| 努 | VCLB③ | 女又力《 |
|  | VCER98③ | 女又力彡 |
| 弩 | VCXB③ | 女又弓《 |
| 笯 | VCMW | 女又门人 |
| 怒 | VCNU③ | 女又心冫 |
| nü | | |
| 女 | VVVV③ | (键名字) |
| 钕 | QVG | 钅女一 |
| 恧 | DMJN | 厂门刂心 |
| 衄 | TLNF | ノ血乙土 |
|  | TLNG98 | ノ血乙一 |
| nuan | | |
| 暖 | JEFC③ | 日爫二又 |
|  | JEGC98 | 日爫手又 |
| nue | | |
| 虐 | HAAG③ | 卢七匚一 |
|  | HAGD98③ | 虍匚一三 |
| 疟 | UAGD | 疒匚一三 |
| · nuo | | |
| 挪 | RVFB③ | 扌刀二阝 |
|  | RNGB98 | 扌乙ヨ阝 |

| 字 | 编码 | 字根 |
|---|---|---|
| 雏 | WCWY | 亻又亻圭 |
| 诺 | YADK③ | 讠廿ナ口 |
| 喏 | KADK | 口廿ナ口 |
|  | KADK98③ | 口廿ナ口 |
| 搦 | RXUU③ | 扌弓冫冫 |
| 锘 | QADK③ | 钅廿ナ口 |
| 懦 | NFDJ | 忄雨ア刂 |
|  | NFDJ98③ | 忄雨ア刂 |
| 糯 | OFDJ③ | 米雨ア刂 |
|  | OFDJ98 | 米雨ア刂 |
| O | | |
| 哦 | KTRT③ | 口ノ扌ノ |
|  | KTRY98③ | 口ノ扌、 |
| 噢 | KTMD | 口ノ门大 |
| ou | | |
| 欧 | AQQW③ | 匚乂ク人 |
|  | ARQW98③ | 匚乂ク人 |
| 讴 | YAQY③ | 讠匚乂、 |
|  | YARY98③ | 讠匚乂、 |
| 殴 | AQMC③ | 匚乂几又 |
|  | ARWC98③ | 匚乂几又 |
| 瓯 | AQGN | 匚乂一乙 |
|  | ARGY98③ | 匚乂一、 |
| 鸥 | AQQG | 匚乂ク一 |
|  | ARQG98 | 匚乂鸟一 |
| 呕 | KAQY | 口匚乂、 |
|  | KARY98③ | 口匚乂、 |
| 偶 | WJMY③ | 亻日门、 |
| 耦 | DIJY③ | 三小日、 |
|  | FSJY98 | 二木日、 |
| 藕 | ADIY | 廿三小、 |
|  | AFSY98 | 廿二木、 |
| 怄 | NAQY③ | 忄匚乂、 |
|  | NARY98③ | 忄匚乂、 |
| 沤 | IAQY③ | 氵匚乂、 |
|  | IARY98③ | 氵匚乂、 |
| P | | |
| pa | | |
| 怕 | NRG③ | 忄白一 |
| 扒 | RWY | 扌八、 |
| 趴 | KHWY③ | 口止八、 |
|  | KHWY98 | 口止八、 |
| 啪 | KRRG③ | 口扌白一 |
| 葩 | ARCB③ | 廿白巴《 |
| 杷 | SCN | 木巴乙 |
| 爬 | RHYC | 厂丨乁巴 |
| 耙 | DICN③ | 三小巴乙 |
|  | FSCN98③ | 二木巴乙 |
| 琶 | GGCB③ | 王王巴《 |
| 筢 | TRCB③ | 竹扌巴《 |
| 帕 | MHRG③ | 冂丨白一 |
| pai | | |
| 拍 | RRG | 扌白一 |
| 俳 | WDJD | 亻三刂三 |
|  | WHDD98③ | 亻丨三三 |
| 排 | TDJD | 彳三刂三 |

无师自通 —— 不背字根学五笔打字

| 汉字 | 编码 | 字根 |
|---|---|---|
| 徘 | THDD⁹⁸ | 彳丨三三 |
| 排 | RDJD③ | 扌三刂三 |
| 排 | RHDD⁹⁸③ | 扌丨三三 |
| 牌 | THGF | ノ丨一十 |
| 哌 | KREY③ | 口厂K乀丶 |
| 派 | IREY③ | 氵厂K乀丶 |
| 派 | IREY⁹⁸② | 氵厂K乀丶 |
| 湃 | IRDF③ | 氵尹三十 |
| 湃 | IRDF⁹⁸ | 氵尹三十 |
| 蒎 | AIRE③ | 艹氵厂K |

| pan | | |
|---|---|---|
| 潘 | ITOL③ | 氵丿米田 |
| 潘 | ITOL⁹⁸③ | 氵丿米田 |
| 攀 | SQQR③ | 木乂乂手 |
| 攀 | SRRR⁹⁸③ | 木乂乂手 |
| 爿 | NHDE | 乙丨厂彡 |
| 爿 | UNHT⁹⁸ | 爿乙丨丿 |
| 盘 | TELF③ | 丿舟皿二 |
| 盘 | TULF⁹⁸③ | 丿舟皿二 |
| 磐 | TEMD③ | 丿舟几石 |
| 磐 | TUWD⁹⁸ | 丿舟几石 |
| 蹒 | KHAW | 口止艹人 |
| 蟠 | JTOL | 虫丿米田 |
| 判 | UDJH | ⺉ナ刂丨 |
| 判 | UGJH⁹⁸ | ⺀ナ刂丨 |
| 泮 | IUFH③ | 氵丷十丨 |
| 泮 | IUGH⁹⁸ | 氵丷龶丨 |
| 叛 | UDRC | ⺉ナ厂又 |
| 叛 | UGRC⁹⁸ | ⺀ナ厂又 |
| 盼 | HWVN③ | 目八刀乙 |
| 盼 | HWVT⁹⁸ | 目八刀丿 |
| 畔 | LUFH③ | 田丷十丨 |
| 畔 | LUGH⁹⁸ | 田丷龶丨 |
| 袢 | PUUF③ | 衤丷丷十 |
| 袢 | PUUG⁹⁸③ | 衤丷丷十 |
| 襻 | PUSR | 衤丷木手 |

| pang | | |
|---|---|---|
| 旁 | UPYB③ | 立冖方《 |
| 旁 | YUPY⁹⁸③ | 亠丷冖方 |
| 彷 | TYN | 彳方乙 |
| 彷 | TYT⁹⁸ | 彳方丿 |
| 乓 | RGYU③ | 斤一丶丷 |
| 乓 | RYU⁹⁸ | 丘丶丷 |
| 滂 | IUPY③ | 氵立冖方 |
| 滂 | IYUY⁹⁸ | 氵亠丷方 |
| 庞 | YDXV③ | 广ナ匕《 |
| 庞 | ODXY⁹⁸③ | 广ナ匕丶 |
| 逄 | TAHP③ | 夂匚丨辶 |
| 逄 | TGPK⁹⁸ | 夂龶辶川 |
| 螃 | JUPY③ | 虫立冖方 |
| 螃 | JYUY⁹⁸③ | 虫亠丷方 |
| 榜 | DIUY③ | 三小立方 |
| 榜 | FSYY⁹⁸ | 二木亠方 |
| 胖 | EUFH③ | 月丷十丨 |
| 胖 | EUGH⁹⁸ | 月丷龶丨 |

| pao | | |
|---|---|---|

| 汉字 | 编码 | 字根 |
|---|---|---|
| 抛 | RVLN③ | 扌九力乙 |
| 抛 | RVET⁹⁸③ | 扌九力丿 |
| 脬 | EEBG③ | 月爫子一 |
| 刨 | QNJH | ク巳刂丨 |
| 咆 | KQNN③ | 口ク巳乙 |
| 庖 | YQNV③ | 广ク巳《 |
| 庖 | OQNV⁹⁸ | 广ク巳《 |
| 狍 | QTQN③ | 犭丿ク巳 |
| 炮 | OQNN② | 火ク巳乙 |
| 炮 | OQNN⁹⁸③ | 火ク巳乙 |
| 袍 | PUQN③ | 衤丷ク巳 |
| 鲍 | DFNN③ | 大二乙巳 |
| 跑 | KHQN③ | 口止ク巳 |
| 泡 | IQNN③ | 氵ク巳乙 |
| 疱 | UQNV③ | 疒ク巳《 |

| pei | | |
|---|---|---|
| 胚 | EGIG③ | 月一小一 |
| 胚 | EDHG⁹⁸③ | 月丆卜一 |
| 呸 | KGIG③ | 口一小一 |
| 呸 | KDHG⁹⁸ | 口丆卜一 |
| 醅 | SGUK | 西一立口 |
| 陪 | BUKG③ | 阝立口一 |
| 培 | FUKG③ | 土立口一 |
| 赔 | MUKG③ | 贝立口一 |
| 锫 | QUKG | 钅立口一 |
| 裴 | DJDE | 三刂三衣 |
| 裴 | HDHE⁹⁸ | 丨三丨衣 |
| 沛 | IGMH③ | 氵一门丨 |
| 沛 | IGMH⁹⁸③ | 氵一门丨 |
| 佩 | WMGH③ | 亻几一丨 |
| 佩 | WWGH⁹⁸ | 亻几一丨 |
| 帔 | MHHC | 冂丨广又 |
| 帔 | MHBY⁹⁸③ | 冂丨皮丶 |
| 斾 | YTGH③ | 方⺁一丨 |
| 配 | SGNN③ | 西一己乙 |
| 辔 | XLXK③ | 纟车纟口 |
| 霈 | FIGH③ | 雨氵一丨 |

| pen | | |
|---|---|---|
| 喷 | KFAM③ | 口十艹贝 |
| 盆 | WVLF③ | 八刀皿二 |
| 溢 | IWVL | 氵八刀皿 |

| peng | | |
|---|---|---|
| 烹 | YBOU③ | 亠了灬丷 |
| 怦 | NGUH③ | 忄一丷丨 |
| 怦 | RGUF⁹⁸ | 忄一丷十 |
| 抨 | RGUH③ | 扌一丷丨 |
| 抨 | RGUF⁹⁸ | 扌一丷十 |
| 砰 | DGUH③ | 石一丷丨 |
| 砰 | DGUF⁹⁸③ | 石一丷十 |
| 嘭 | KFKE | 口士口彡 |
| 朋 | EEG② | 月月一 |
| 朋 | EEG⁹⁸ | 月月一 |
| 堋 | FEEG③ | 土月月一 |
| 彭 | FKUE | 士口丷彡 |
| 棚 | SEEG③ | 木月月一 |
| 棚 | SEEG⁹⁸② | 木月月一 |

| 汉字 | 编码 | 字根 |
|---|---|---|
| 硼 | DEEG③ | 石月月一 |
| 硼 | DEEG⁹⁸ | 石月月一 |
| 蓬 | ATDP | 艹夂三辶 |
| 鹏 | EEQG③ | 月月ク一 |
| 澎 | IFKE | 氵士口彡 |
| 篷 | TTDP | 竹夂三辶 |
| 膨 | EFKE③ | 月士口彡 |
| 蟛 | JFKE③ | 虫士口彡 |
| 捧 | RDWH③ | 扌三人丨 |
| 捧 | RDWG⁹⁸③ | 扌三人丰 |
| 碰 | DUOG③ | 石䒑业一 |
| 碰 | DUO⁹⁸③ | 石䒑业 |

| pi | | |
|---|---|---|
| 拼 | RCAH③ | 扌厶廾丨 |
| 拼 | RCAH⁹⁸ | 扌厶廾丨 |
| 丕 | GIGF③ | 一小一二 |
| 丕 | DHGD⁹⁸ | 丆卜一三 |
| 批 | RXXN② | 扌匕匕乙 |
| 批 | RXXN⁹⁸③ | 扌匕匕乙 |
| 纰 | XXXN | 纟匕匕乙 |
| 纰 | XXXN⁹⁸③ | 纟匕匕乙 |
| 邳 | GIGB | 一小一阝 |
| 邳 | DHGB⁹⁸ | 丆卜一阝 |
| 坯 | FGIG | 土一小一 |
| 坯 | FDHG⁹⁸ | 土丆卜一 |
| 披 | RHCY③ | 扌广又丶 |
| 披 | RBY⁹⁸ | 扌皮丶 |
| 砒 | DXXN③ | 石匕匕乙 |
| 铍 | QHCY③ | 钅广又丶 |
| 铍 | QBY⁹⁸ | 钅皮丶 |
| 劈 | NKUV | 尸口辛刀 |
| 噼 | KNKU | 口尸口辛 |
| 霹 | FNKU | 雨尸口辛 |
| 皮 | HCI② | 广又氵 |
| 皮 | BNTY⁹⁸③ | 皮乙丿丶 |
| 芘 | AXXB③ | 艹匕匕《 |
| 枇 | SXXN | 木匕匕乙 |
| 毗 | LXXN③ | 田匕匕乙 |
| 疲 | UHCI③ | 疒广又氵 |
| 疲 | UBI⁹⁸ | 疒皮氵 |
| 蚍 | JXXN | 虫匕匕乙 |
| 郫 | RTFB | 白丿十阝 |
| 陴 | BRTF③ | 阝白丿十 |
| 啤 | KRTF③ | 口白丿十 |
| 埤 | FRTF③ | 土白丿十 |
| 琵 | GGXX③ | 王王匕匕 |
| 脾 | ERTF③ | 月白丿十 |
| 罴 | LFCO | 罒土厶灬 |
| 蜱 | JRTF③ | 虫白丿十 |
| 貔 | EETX | 豸丿口匕 |
| 貔 | ETLX⁹⁸③ | 豸口丨匕 |
| 鼙 | FKUF | 士口丷十 |
| 匹 | AQV | 匚儿《 |
| 庀 | YXV | 广匕《 |
| 庀 | OXV⁹⁸ | 广匕《 |
| 仳 | WXXN③ | 亻匕匕乙 |

| 汉字 | 编码 | 字根 |
|---|---|---|
| 圮 | FNN | 土已乙 |
| 痞 | UGIK③ | 疒一小口 |
|  | UDHK⁹⁸③ | 疒丆卜口 |
| 擗 | RNKU③ | 扌尸口辛 |
| 癖 | UNKU③ | 疒尸口辛 |
| 屁 | NXXV③ | 尸匕匕巛 |
| 淠 | ILGJ | 氵田一刂 |
| 媲 | VTLX③ | 女丿口匕 |
| 睥 | HRTF② | 目白丿十 |
| 僻 | WNKU③ | 亻尸口辛 |
| 甓 | NKUN | 尸口辛乙 |
| 襞 | NKUY | 尸口辛、 |
| 譬 | NKUY | 尸口辛言 |
| 足 | NHI | 乙疋氵 |
| **pian** | | |
| 偏 | WYNA | 亻丶尸艹 |
| 片 | THGN③ | 丿丨一乙 |
|  | THGN⁹⁸ | 丿丨一乙 |
| 编 | TRYA | 丿扌丶艹 |
|  | CYNA⁹⁸③ | 牜丶尸艹 |
| 篇 | TYNA | ⺮丶尸艹 |
|  | TYNA⁹⁸③ | ⺮丶尸艹 |
| 翩 | YNMN | 丶尸门羽 |
| 骈 | CUAH② | 马丷廾丨 |
|  | CGUA⁹⁸③ | 马一丷廾 |
| 胼 | EUAH③ | 月丷廾丨 |
| 蹁 | KHYA | 口止丶艹 |
| 谝 | YYNA | 讠丶尸艹 |
| 骗 | CYNA | 马丶尸艹 |
|  | CGYA⁹⁸ | 马一丶尸 |
| **piao** | | |
| 飘 | SFIQ | 西二小乂 |
|  | SFIR⁹⁸ | 西二小乂 |
| 剽 | SFIJ | 西二小刂 |
| 漂 | ISFI③ | 氵西二小 |
| 缥 | XSFI③ | 纟西二小 |
|  | XSFI⁹⁸ | 纟西二小 |
| 螵 | JSFI③ | 虫西二小 |
| 瓢 | SFIY | 西二小丶 |
| 殍 | GQEB | 一夕爫子 |
| 瞟 | HSFI③ | 目西二小 |
| 票 | SFIU | 西二小丷 |
| 嘌 | KSFI③ | 口西二小 |
| 嫖 | VSFI③ | 女西二小 |
| **pie** | | |
| 撇 | RUMT | 扌丷冂攵 |
|  | RITY⁹⁸ | 扌尚攵丶 |
| 氕 | RNTR | 一乙丿彡 |
|  | RTE⁹⁸ | 气丿彡 |
| 瞥 | UMIH | 丷冂小目 |
|  | ITHF⁹⁸ | 尚攵目二 |
| 苤 | AGIG③ | 艹一小一 |
|  | ADHG⁹⁸ | 艹丆卜一 |
| **pin** | | |
| 拼 | RUAH③ | 扌丷廾丨 |
| 姘 | VUAH③ | 女丷廾丨 |
| 贫 | WVMU③ | 八刀贝丿 |
| 嫔 | VPRW③ | 女宀斤八 |
| 频 | HIDM③ | 止小丆贝 |
|  | HHDM⁹⁸③ | 止少丆贝 |
|  | HHDF⁹⁸ | 止少丆十 |
| 品 | KKKF③ | 口口口二 |
| 榀 | SKKK③ | 木口口口 |
| 牝 | TRXN③ | 丿扌匕乙 |
|  | CXN⁹⁸② | 牜匕乙 |
| 聘 | BMGN③ | 耳由一乙 |
| **ping** | | |
| 乒 | RGTR③ | 斤一丿彡 |
|  | RTR⁹⁸ | 丘丿彡 |
| 娉 | VMGN | 女由一乙 |
| 俜 | WMGN | 亻由一乙 |
| 平 | GUHK② | 一丷丨川 |
|  | GUFK⁹⁸③ | 一丷十川 |
| 评 | YGUH③ | 讠一丷丨 |
|  | YGUF⁹⁸③ | 讠一丷十 |
| 凭 | WTFM | 亻丿士几 |
| 坪 | FGUH③ | 土一丷丨 |
|  | FGUF⁹⁸③ | 土一丷十 |
| 苹 | AGUH③ | 艹一丷丨 |
|  | AGUF⁹⁸ | 艹一丷十 |
| 屏 | NUAK③ | 尸丷廾川 |
| 枰 | SGUH③ | 木一丷丨 |
|  | SGUF⁹⁸③ | 木一丷十 |
| 瓶 | UAGN③ | 丷廾一乙 |
|  | UAGY⁹⁸③ | 丷廾一丶 |
| 萍 | AIGH③ | 艹氵一丨 |
|  | AIGF⁹⁸③ | 艹氵一十 |
| 鲆 | QGGH③ | 鱼一一丨 |
|  | QGGF⁹⁸③ | 鱼一一十 |
| **po** | | |
| 坡 | FHCY③ | 土广又丶 |
|  | FBY⁹⁸ | 土皮丶 |
| 钋 | QHY | 钅卜丶 |
| 泼 | INTY | 氵乙丿丶 |
|  | INTY⁹⁸③ | 氵乙丿丶 |
| 颇 | HCDM③ | 广又丆贝 |
|  | BDMY⁹⁸③ | 皮丆贝丶 |
| 婆 | IHCV | 氵广又女 |
|  | IBVF⁹⁸③ | 氵皮女二 |
| 鄱 | TOLB | 丿米田阝 |
| 蟠 | RTOL | 白丿米田 |
| 叵 | AKD | 匚口三 |
| 钷 | QAKG③ | 钅匚口一 |
| 笸 | TAKF | ⺮匚口二 |
| 迫 | RPD | 白辶三 |
| 珀 | GRG | 王白一 |
| 破 | DHCY③ | 石广又丶 |
|  | DBY⁹⁸ | 石皮丶 |
| 粕 | ORG | 米白一 |
| 魄 | RRQC | 白白儿厶 |
| **pou** | | |
| 剖 | UKJH③ | 立口刂丨 |
| 掊 | RUKG③ | 扌立口一 |
|  | RUKG⁹⁸ | 扌立口一 |
| 裒 | YVEU | 亠白化丷 |
|  | YEEU⁹⁸③ | 亠白化丷 |
| **pu** | | |
| 攴 | HCU | 卜又丷 |
| 扑 | RHY | 扌卜丶 |
| 脯 | EGEY③ | 月一月丶 |
|  | ESY⁹⁸ | 月甫丶 |
| 仆 | WHY | 亻卜丶 |
| 铺 | QGEY③ | 钅一月丶 |
|  | QSY⁹⁸② | 钅甫丶 |
| 匍 | QGEY | 勹一月丶 |
|  | QSI⁹⁸ | 勹甫氵 |
| 莆 | AGEY③ | 艹一月丶 |
|  | ASU⁹⁸ | 艹甫丷 |
| 菩 | AUKF③ | 艹立口二 |
| 葡 | AQGY③ | 艹勹一丶 |
|  | AQSU⁹⁸③ | 艹勹甫丷 |
| 蒲 | AIGY③ | 艹氵一丶 |
|  | AISU⁹⁸ | 艹氵甫丷 |
| 璞 | GOGY③ | 王业一丶 |
|  | GOUG⁹⁸③ | 王业丷夫 |
| 濮 | IWOY③ | 氵亻业丶 |
|  | IWOG⁹⁸ | 氵亻业夫 |
| 镤 | QOGY③ | 钅业一丶 |
|  | QOUG⁹⁸ | 钅业丷夫 |
| 朴 | SHY | 木卜丶 |
| 圃 | LGEY | 囗一月丶 |
|  | LSI⁹⁸ | 囗甫氵 |
| 埔 | FGEY | 土一月丶 |
|  | FSY⁹⁸ | 土甫丶 |
| 浦 | IGEY | 氵一月丶 |
|  | ISY⁹⁸ | 氵甫丶 |
| 普 | UOGJ② | 丷业一日 |
|  | UOJF⁹⁸③ | 丷业日二 |
| 溥 | IGEF | 氵一月寸 |
|  | ISFY⁹⁸ | 氵甫寸丶 |
| 谱 | YUOJ③ | 讠丷业日 |
| 氆 | TFNJ | 丿二乙日 |
|  | EUOJ⁹⁸③ | 毛丷业日 |
| 镨 | QUOJ③ | 钅丷业日 |
| 蹼 | KHOY③ | 口止业丶 |
|  | KHOG⁹⁸ | 口止业夫 |
| 瀑 | IJAI③ | 氵日共水 |
| 曝 | JJAI③ | 日日共水 |
| **Q** | | |
| **qi** | | |
| 七 | AGN② | 七一乙 |
| 沏 | IAVN③ | 氵七刀乙 |
|  | IAVT⁹⁸③ | 氵七刀丿 |
| 妻 | GVHV② | 一ヨ丨女 |
| 柒 | IASU③ | 氵七木丷 |
| 凄 | UGVV | 冫一ヨ女 |
| 栖 | SSG | 木西一 |
| 桤 | SMNN | 木山己乙 |
|  | SMNN⁹⁸③ | 木山己乙 |
| 戚 | DHIT③ | 厂上小丿 |
|  | DHII⁹⁸ | 戊上小氵 |

| 字 | 编码 | 字根 |
|---|---|---|
| 蓑 | AGVV③ | 艹一ヨ女 |
| 期 | ADWE | 艹三八月 |
|  | DWEG98 | 其八月一 |
| 欺 | ADWW | 艹三八人 |
|  | DWQW98③ | 其八勹人 |
| 喊 | KDHT | 口厂上丿 |
|  | KDHI98 | 口戌上小 |
| 械 | SDHT | 木厂上丿 |
|  | SDHI98 | 木戌上小 |
| 漆 | ISWI③ | 氵木人水 |
| 蹊 | KHED | 口止四大 |
| 亓 | FJJ | 二丿丨 |
| 祁 | PYBH③ | 礻丶阝丨 |
| 齐 | YJJ | 文丨丨 |
| 圻 | FRH | 土斤丨 |
| 岐 | MFCY③ | 山十又丶 |
| 芪 | AQAB③ | 艹勹七《 |
| 其 | ADWU③ | 艹三八丷 |
|  | DWU98② | 其八丷 |
| 奇 | DSKF | 大丁口二 |
|  | DSKF98③ | 大丁口二 |
| 歧 | HFCY③ | 止十又丶 |
| 祈 | PYRH③ | 礻丶斤丨 |
| 耆 | FTXJ | 土丿匕日 |
| 脐 | EYJH③ | 月文丨丨 |
| 颀 | RDMY③ | 斤厂丆贝 |
|  | RDMY98 | 斤厂丆贝 |
| 崎 | MDSK③ | 山大丁口 |
| 淇 | IADW | 氵艹三八 |
|  | IDWY98 | 氵其八丶 |
| 畦 | LFFG③ | 田土土一 |
| 萁 | AADW | 艹艹三八 |
|  | ADWU98 | 艹其八丷 |
| 骐 | CADW | 马艹三八 |
|  | CGDW98 | 马一其八 |
| 骑 | CDSK | 马大丁口 |
|  | CGDK98 | 马一大口 |
| 棋 | SADW③ | 木艹三八 |
|  | SDWY98③ | 木其八丶 |
| 琦 | GDSK③ | 王大丁口 |
| 琪 | GADW③ | 王艹三八 |
|  | GDWY98③ | 王其八丶 |
| 祺 | PYAW③ | 礻丶艹八 |
|  | PYDW98 | 礻丶其八 |
| 蛴 | JYJH③ | 虫文丨丨 |
| 旗 | YTAW③ | 方𠂆艹八 |
|  | YTDW98③ | 方𠂆其八 |
| 綦 | ADWI | 三艹八小 |
|  | DWXI98③ | 其八幺小 |
| 蜞 | JADW③ | 虫艹三八 |
|  | JDWY | 虫其八丶 |
| 蕲 | AUJR | 艹丷日斤 |
| 鲯 | QGFJ | 鱼一土日 |
| 麒 | YNJW | 广コ丨八 |
|  | OXXW98 | 声匕匕八 |
| 乞 | TNB | 𠂉乙《 |

| 字 | 编码 | 字根 |
|---|---|---|
| 企 | WHF | 人止二 |
| 屺 | MNN | 山己乙 |
| 岂 | MNB② | 山己《 |
|  | MNB98 | 山己《 |
| 芑 | ANB | 艹己《 |
| 启 | YNKD③ | 丶尸口三 |
| 杞 | SNN | 木己乙 |
| 起 | FHNV③ | 土龰己《 |
| 绮 | XDSK③ | 纟大丁口 |
| 气 | RNB | 𠂉乙《 |
|  | RTGN98 | 气丿一乙 |
| 讫 | YTNN③ | 讠𠂉乙乙 |
| 汔 | ITNN③ | 氵𠂉乙乙 |
|  | ITNN98 | 氵𠂉乙乙 |
| 迄 | TNPV③ | 𠂉乙辶《 |
|  | TNPV98 | 𠂉乙辶《 |
| 弃 | YCAJ③ | 亠厶廾丨 |
| 汽 | IRNN③ | 氵𠂉乙乙 |
|  | IRN98 | 氵气乙 |
| 泣 | IUG | 氵立一 |
| 契 | DHVD③ | 三丨刀大 |
| 砌 | DAVN③ | 石七刀乙 |
|  | DAVT98③ | 石七刀丿 |
| 葺 | AKBF③ | 艹口耳二 |
| 碛 | DGMY③ | 石丰贝 |
| 器 | KKDK③ | 口口犬口 |
| 憩 | TDTN | 丿古丿心 |
| 欹 | DSKW | 大丁口人 |

**qia**

| 字 | 编码 | 字根 |
|---|---|---|
| 恰 | NWGK | 忄人一口 |
|  | NWGK98③ | 忄人一口 |
| 袷 | PUWK | 礻冫人口 |
| 掐 | RQVG③ | 扌勹臼一 |
|  | RQEG98③ | 扌勹臼一 |
| 葜 | ADHD | 艹三丨大 |
| 洽 | IWGK③ | 氵人一口 |
| 髂 | MEPK③ | ⺽月宀口 |

**qian**

| 字 | 编码 | 字根 |
|---|---|---|
| 千 | TFK | 丿十川 |
| 仟 | WTFH | 亻丿十丨 |
| 阡 | BTFH③ | 阝丿十丨 |
| 扦 | RTFH | 扌丿十丨 |
| 芊 | ATFJ③ | 艹丿十川 |
| 迁 | TFPK③ | 丿十辶川 |
| 钎 | WGIF | 人一业二 |
|  | WGIG98 | 人一业一 |
| 岍 | MGAH | 山一廾丨 |
| 铦 | QTFH③ | 钅丿十丨 |
|  | QTFH98 | 钅丿十丨 |
| 牵 | DPRH③ | 大冖扌丨 |
|  | DPTG98③ | 大冖丿丨 |
| 悭 | NJCF③ | 忄刂又土 |
| 铅 | QMKG③ | 钅几口一 |
|  | QWKG98③ | 钅几口一 |
| 谦 | YUVO③ | 讠丷ヨ小 |
|  | YUVW98③ | 讠丷ヨ八 |

| 字 | 编码 | 字根 |
|---|---|---|
| 愆 | TIFN | 彳氵二心 |
|  | TIGN98③ | 彳氵一心 |
| 签 | TWGI | 竹人一业 |
|  | TWGG98 | 竹人一一 |
| 骞 | PFJC | 宀二刂马 |
|  | PAWG98 | 宀廿八一 |
| 搴 | PFJR | 宀二刂手 |
|  | PAWR98 | 宀廿八手 |
| 褰 | PFJE | 宀二刂𧘇 |
|  | PAWE98 | 宀廿八𧘇 |
| 前 | UEJJ② | 䒑月刂刂 |
| 荨 | AVFU③ | 艹ヨ寸丷 |
| 钤 | QWYN | 钅人丶乙 |
| 虔 | HAYI③ | 广七文氵 |
|  | HYI98 | 虍文氵 |
| 钱 | QGT② | 钅戋丿 |
|  | QGAY98③ | 钅一戈丶 |
| 钳 | QAFG③ | 钅廿二一 |
|  | QFG98 | 钅甘一 |
| 乾 | FJTN③ | 十早𠂉乙 |
| 掮 | RYNE | 扌丶尸月 |
| 箝 | TRAF | 竹扌廿二 |
|  | TRFF98 | 竹扌甘二 |
| 潜 | IFWJ③ | 氵二人日 |
|  | IGGJ③ | 氵夫夫日 |
| 黔 | LFON | 罒土灬乙 |
| 浅 | IGT | 氵戋丿 |
|  | IGAY98③ | 氵一戈丶 |
| 肷 | EQWY③ | 月⺈人乀 |
| 慊 | NUVO③ | 忄丷ヨ小 |
|  | NUVW98③ | 忄丷ヨ八 |
| 遣 | KHGP | 口丨一辶 |
| 谴 | YKHP | 讠口丨辶 |
| 缱 | XKHP | 纟口丨辶 |
| 欠 | QWU② | ⺈人丷 |
| 芡 | AQWU③ | 艹⺈人丷 |
| 茜 | ASF | 艹西二 |
| 倩 | WGEG | 亻龶月一 |
| 堑 | LRFF③ | 车斤土二 |
| 嵌 | MAFW③ | 山廿二人 |
|  | MFQW98③ | 山甘⺈人 |
| 椠 | LRSU③ | 车斤木丷 |
| 歉 | UVOW | 丷ヨ小人 |
|  | UVJW98 | 丷ヨ刂人 |

**qiang**

| 字 | 编码 | 字根 |
|---|---|---|
| 枪 | SWBN③ | 木人巴乙 |
| 呛 | KWBN③ | 口人巴乙 |
| 羌 | UDNB | 丷尹乙《 |
|  | UNV98 | 羊乙《 |
| 戕 | NHDA | 乙丨丆戈 |
|  | UAY98 | 爿戈丶 |
| 戗 | WBAT③ | 人巴戈丿 |
|  | WBAY98③ | 人巴戈丶 |
| 跄 | KHWB | 口止人巴 |
| 腔 | EPWA③ | 月宀八工 |
| 蜣 | JUDN | 虫丷尹乙 |

| 字 | 编码 | 字根 | 字 | 编码 | 字根 | 字 | 编码 | 字根 |
|---|---|---|---|---|---|---|---|---|
| 蜕 | JUN98 | 虫羊乙 | 怯 | NFCY | 忄土厶丶 | 黥 | LFOI | 囗士灬小 |
| 销 | QGEG | 钅龶月一 | 窃 | PWAV | 宀八七刀 | 苘 | AMKF③ | 艹冂口二 |
|  | QGEG98③ | 钅龶月一 | 挈 | DHVR | 三丨刀手 | 顷 | XDMY② | 匕厂贝丶 |
| 锵 | QUQF | 钅丬夕寸 | 惬 | NAGW③ | 忄匚一人 | 请 | YGEG③ | 讠龶月一 |
|  | QUQF98③ | 钅丬夕寸 |  | NAGD98③ | 忄匚一大 | 磬 | FNMY | 士尸几言 |
| 镪 | QXKJ③ | 钅弓口虫 | 箧 | TAGW | 竹匚一人 |  | FNWY98 | 士尸几言 |
| 强 | XKJY② | 弓口虫丶 |  | TAGD98 | 竹匚一大 | 庆 | YDI② | 广大氵 |
| 墙 | FFUK | 土十⺌口 | 锲 | QDHD③ | 钅三丨大 |  | ODI98 | 广大氵 |
|  | FFUK98③ | 土十⺌口 |  | QDHD98 | 钅三丨大 | 箐 | TGEF③ | 竹龶月二 |
| 嫱 | VFUK | 女十⺌口 | 郄 | QDCB③ | 乂ナ厶阝 | 磬 | FNMD | 士尸几石 |
| 蔷 | AFUK③ | 艹十⺌口 |  | RDCB98 | 乂ナ厶阝 |  | FNWD98 | 士尸几石 |
| 樯 | SFUK③ | 木十⺌口 | **qin** | | | 磬 | FNMM | 士尸几山 |
| 抢 | RWBN③ | 扌人巴乙 | 亲 | USU② | 立木丶 |  | FNWB98 | 士尸几凵 |
| 羟 | UDCA | ⺍羊工一 |  | USU98 | 立木丶 | **qiong** | | |
|  | UCAG98 | 羊工一一 | 侵 | WVPC③ | 亻⺕冖又 | 穷 | PWLB③ | 宀八力《 |
| 襁 | PUXJ③ | 衤冫弓虫 | 钦 | QQWY③ | 钅⺈人丶 |  | PWE98 | 宀八力 |
| 炝 | OWBN③ | 火人巴乙 | 衾 | WYNE | 人丶乙衣 | 跫 | AMYH | 工几丶止 |
| **qiao** | | | 芩 | AWYN | 艹人丶乙 |  | AWYH98 | 工几丶止 |
| 敲 | YMKC | 亠门口又 | 芹 | ARJ | 艹斤刂 | 銎 | AMYQ | 工几丶金 |
| 硗 | MTDJ | 山丿大刂 | 秦 | DWTU③ | 三人禾冫 |  | AWYQ98 | 工几丶金 |
| 悄 | NIEG② | 忄⺌月一 | 琴 | GGWN③ | 王王人乙 | 邛 | ABH | 工阝丨 |
| 硗 | DATQ③ | 石七丿儿 | 禽 | WYBC③ | 人文凵厶 | 穹 | PWXB③ | 宀八弓《 |
| 跷 | KHAQ | 口止七儿 | 勤 | AKGL | 廿口⺺力 | 茕 | APNF③ | 艹冖乙十 |
| 锹 | QTOY③ | 钅禾火丶 |  | AKGE98③ | 廿口⺺力 |  | APNF98 | 艹冖乙十 |
| 橇 | STFN③ | 木丿二乙 | 嗪 | KDWT | 口三人禾 | 筇 | TABJ③ | 竹工阝刂 |
|  | SEEE98 | 木毛毛毛 | 溱 | IDWT③ | 氵三人禾 | 琼 | GYIY | 王亠小丶 |
| 缲 | XKKS③ | 纟口口木 |  | IDWT98 | 氵三人禾 | 蛩 | AMYJ | 工几丶虫 |
| 乔 | TDJJ③ | 丿大刂刂 | 噙 | KWYC | 口人文厶 |  | AWYJ98 | 工几丶虫 |
| 侨 | WTDJ③ | 亻丿大刂 | 擒 | RWYC | 扌人文厶 | **qiu** | | |
| 荞 | ATDJ③ | 艹丿大刂 | 檎 | SWYC | 木人文厶 | 秋 | TOY② | 禾火丶 |
| 桥 | STDJ③ | 木丿大刂 | 螓 | JDWT | 虫三人禾 | 湫 | ITOY③ | 氵禾火丶 |
| 谯 | YWYO | 讠亻圭灬 | 镡 | QVPC③ | 钅⺕冖又 | 丘 | RGD | 斤一三 |
| 憔 | NWYO | 忄亻圭灬 | 寝 | PUVC | 宀丬⺕又 |  | RTHG98 | 丘丿一一 |
| 劁 | AFTJ | 廿甲丿刂 | 吣 | KNY | 口心丶 | 邱 | RGBH③ | 斤一阝丨 |
| 樵 | SWYO | 木亻圭灬 | 沁 | INY② | 氵心丶 |  | RBH98 | 丘阝丨 |
| 瞧 | HWYO③ | 目亻圭灬 | 撳 | RQQW③ | 扌钅⺈人 | 蚯 | JRGG | 虫斤一一 |
| 巧 | AGNN | 工一乙乙 | 覃 | SJJ | 西早刂 |  | JRG98 | 虫丘一 |
| 愀 | NTOY③ | 忄禾火丶 | **qing** | | | 楸 | STOY③ | 木禾火丶 |
| 俏 | WIEG③ | 亻⺌月一 | 青 | GEF | 龶月二 | 鳅 | QGTO | 鱼一禾火 |
| 诮 | YIEG③ | 讠⺌月一 | 綮 | YNTI | 丶尸攵小 | 囚 | LWI | 囗人氵 |
| 峭 | MIEG② | 山⺌月一 | 氢 | RNCA③ | ⺈乙ㄥ工 | 犰 | QTVN | 犭丿九乙 |
| 窍 | PWAN | 宀八工乙 |  | RCAD③ | 气工三 | 求 | FIYI③ | 十水丶氵 |
| 翘 | ATGN | 七一丿羽 | 轻 | LCAG② | 车ㄥ工一 |  | GIY98③ | 一水丶 |
| 撬 | RTFN③ | 扌丿二乙 | 倾 | WXDM③ | 亻匕厂贝 | 虬 | JNN | 虫乙乙 |
|  | REEE98③ | 扌毛毛毛 | 卿 | QTVB | 卯丿⺕卩 | 泅 | ILWY③ | 氵囗人丶 |
| 鞘 | AFIE | 廿甲⺌月 | 圊 | LGED | 囗龶月三 | 俅 | WFIY | 亻十水丶 |
| **qie** | | | 清 | IGEG③ | 氵龶月一 |  | WGIY98 | 亻一水丶 |
| 切 | AVN② | 七刀乙 | 蜻 | JGEG | 虫龶月一 | 酋 | USGF | 丷西一二 |
|  | AVT98② | 七刀丿 | 鲭 | QGGE | 鱼一龶月 | 逑 | FIYP | 十水丶辶 |
| 趄 | FHEG③ | 土止且一 | 情 | NGEG③ | 忄龶月一 |  | GIYP98 | 一水丶辶 |
| 茄 | ALKF | 艹力口二 | 晴 | JGEG③ | 日龶月一 | 球 | GFIY③ | 王十水丶 |
|  | AEKF③ | 艹力口二 | 氰 | RNGE | 气乙龶月 |  | GGIY98 | 王一水丶 |
| 且 | EGD② | 月一三 |  | RGED③ | 气龶月三 | 赇 | MFIY③ | 贝十水丶 |
|  | EGD③ | 月一三 | 擎 | AQKR | 艹勹口手 |  | MGIY98③ | 贝一水丶 |
| 妾 | UVF | 立女二 | 檠 | AQKS | 艹勹口木 | 巯 | CAYQ③ | ㄥ工亠儿 |
|  |  |  |  |  |  |  | CAYK98 | ㄥ工亠儿 |

| 字 | 编码 | 字根 |
|---|---|---|
| 道 | USGP | 丷西一辶 |
| 袤 | FIYE | 十乂丶伙 |
|  | GIYE⁹⁸ | 一水丶伙 |
| 蝓 | JUSG③ | 虫丷西一 |
| 魋 | THLV | 丿目田九 |
| 糗 | OTHD | 米丿目犬 |
| **qu** | | |
| 区 | AQI | 匚乂氵 |
|  | ARI⁹⁸ | 匚乂氵 |
| 瞿 | HHWY | 目目亻圭 |
| 曲 | MAD② | 冂卄三 |
| 岖 | MAQY③ | 山匚乂丶 |
|  | MARY⁹⁸③ | 山匚乂丶 |
| 诎 | YBMH③ | 讠山山丨 |
| 驱 | CAQY③ | 马匚乂丶 |
|  | CGAR⁹⁸ | 马一匚乂 |
| 屈 | NBMK③ | 尸凵山川 |
| 祛 | PYFC | 衤丶土厶 |
| 蛆 | JEGG | 虫目一一 |
| 躯 | TMDQ | 丿冂三乂 |
|  | TMDR⁹⁸ | 丿冂三乂 |
| 蛐 | JMAG③ | 虫冂卄一 |
| 趋 | FHQV | 土止夕彐 |
|  | FHQV⁹⁸③ | 土止夕彐 |
| 鞠 | FWWO | 十人人米 |
|  | SWWO⁹⁸ | 木人人米 |
| 黢 | LFOT | 囗土灬夂 |
| 劬 | QKLN③ | 勹口力乙 |
|  | QKET⁹⁸ | 勹口力丿 |
| 胸 | EQKG③ | 月勹口一 |
| 鸲 | QKQG | 勹口勹一 |
| 渠 | IANS | 氵匚口木 |
| 蕖 | AIAS | 卄氵匚木 |
| 磲 | DIAS | 石氵匚木 |
| 璩 | GHAE | 王虍七豕 |
|  | GHGE⁹⁸ | 王虍一豕 |
| 蘧 | AHAP③ | 卄虍七辶 |
|  | AHGP⁹⁸ | 卄虍一辶 |
| 氍 | HHWN | 目目亻乙 |
|  | HHWE⁹⁸ | 目目亻毛 |
| 瘸 | UHHY③ | 疒目目圭 |
| 衢 | THHH | 彳目目丨 |
|  | THHS⁹⁸ | 彳目目丁 |
| 蠼 | JHHC | 虫目目又 |
| 取 | BCY② | 耳又丶 |
| 娶 | BCVF③ | 耳又女二 |
| 齲 | HWBY | 止人凵丶 |
| 去 | FCU | 土厶 |
| 阒 | UHDI③ | 门目犬氵 |
| 觑 | HAOQ | 广七业儿 |
|  | HOMQ⁹⁸ | 虍业冂儿 |
| 趣 | FHBC③ | 土止耳又 |
| **quan** | | |
| 圈 | LUDB③ | 囗丷大巴 |
|  | LUGB⁹⁸ | 囗丷夫巴 |
| 悛 | NCWT③ | 忄厶八夂 |

| 字 | 编码 | 字根 |
|---|---|---|
| 全 | WGF② | 人王二 |
| 权 | SCY② | 木又丶 |
| 诠 | YWGG③ | 讠人王一 |
| 泉 | RIU | 白水 |
| 荃 | AWGF | 卄人王二 |
| 拳 | UDRJ③ | 丷大手刂 |
|  | UGR⁹⁸ | 丷夫手 |
| 辁 | LWGG | 车人王一 |
| 痊 | UWGD③ | 疒人王大 |
| 铨 | QWGG③ | 钅人王一 |
| 筌 | TWGF | 竹人王二 |
| 蜷 | JUDB | 虫丷大巴 |
|  | JUGB⁹⁸ | 虫丷夫巴 |
| 醛 | SGAG | 西一卄王 |
| 鬈 | DEUB③ | 镸彡丷巴 |
| 颧 | AKKM③ | 卄口口贝 |
| 犬 | DGTY | 犬一丿丶 |
| 畎 | LDY | 田犬丶 |
| 绻 | XUDB | 纟丷大巴 |
|  | XUGB⁹⁸ | 纟丷夫巴 |
| 劝 | CLN② | 又力乙 |
|  | CET⁹⁸ | 又力丿 |
| 券 | UDVB③ | 丷大刀《 |
|  | UGVR⁹⁸③ | 丷夫刀彡 |
| **que** | | |
| 缺 | RMNW③ | 乍山乙人 |
|  | TFBW⁹⁸③ | 丿干凵人 |
| 炔 | ONWY③ | 火乙人丶 |
| 瘪 | ULKW | 疒力口人 |
|  | UEKW⁹⁸③ | 疒力口人 |
| 却 | FCBH③ | 土厶卩丨 |
| 悫 | FPMN | 士冖几心 |
|  | FPWN⁹⁸ | 士冖几心 |
| 雀 | IWYF | 小亻圭二 |
| **qun** | | |
| 逡 | CWTP③ | 厶八夂辶 |
| 裙 | PUVK | 衤丷彐口 |
| 群 | VTKD③ | 彐丿口 |
|  | VTKU⁹⁸ | 彐丿口羊 |
| **R** | | |
| **ran** | | |
| 然 | QDOU② | 夕犬灬 |
| 蚺 | JMFG③ | 虫冂土一 |
|  | JMFG⁹⁸ | 虫冂土一 |
| 髯 | DEMF③ | 镸彡冂土 |
| 燃 | OQDO | 火夕犬灬 |
| 冉 | MFD | 冂土三 |
| 苒 | AMFF③ | 卄冂土二 |
| 染 | IVSU③ | 氵九木 |
| **rang** | | |
| 嚷 | KYKE③ | 口亠口伙 |
| 禳 | PYYE | 衤丶亠伙 |
| 瓤 | YKKY | 亠口口丶 |
| 穰 | TYKE③ | 禾亠口伙 |
| 壤 | FYKE③ | 土亠口伙 |
| 攘 | RYKE③ | 扌亠口伙 |

| 字 | 编码 | 字根 |
|---|---|---|
| 让 | YHG② | 讠上一 |
| **rao** | | |
| 饶 | QNAQ③ | 饣乙七儿 |
| 荛 | AATQ③ | 卄七儿 |
| 桡 | SATQ③ | 木七儿 |
| 扰 | RDNN③ | 扌尢乙乙 |
|  | RDNY⁹⁸③ | 扌尢乙丶 |
| 娆 | VATQ③ | 女七儿 |
| 绕 | XATQ③ | 纟七儿 |
| **re** | | |
| 热 | RVYO | 扌九丶灬 |
| 惹 | ADKN | 卄ナ口心 |
| **ren** | | |
| 人 | WWWW | （键名字） |
| 仁 | WFG | 亻二一 |
| 壬 | TFD | 丿士三 |
| 忍 | VYNU | 刀丶心 |
|  | VYNU⁹⁸③ | 刀丶心 |
| 荏 | AWTF | 卄亻士 |
|  | AWTF⁹⁸③ | 卄亻士 |
| 稔 | TWYN | 禾人丶心 |
| 刃 | VYI | 刀丶氵 |
| 认 | YWY② | 讠人丶 |
| 仞 | WVYY③ | 亻刀丶丶 |
| 任 | WTFG③ | 亻丿士一 |
| 纫 | XVYY③ | 纟刀丶丶 |
| 妊 | VTFG③ | 女丿士一 |
| 韧 | LVYY③ | 车刀丶丶 |
| 轫 | FNHY | 二乙丨丶 |
| 饪 | QNTF | 饣乙丿士 |
| 祍 | PUTF | 衤丿士 |
| 葚 | AADN | 卄其三乙 |
|  | ADWN⁹⁸ | 卄其八乙 |
| **reng** | | |
| 扔 | REN② | 扌乃乙 |
|  | RBT⁹⁸ | 扌乃丿 |
| 仍 | WEN② | 亻乃乙 |
|  | WBT⁹⁸ | 亻乃丿 |
| **ri** | | |
| 日 | JJJJ | （键名字） |
| **rong** | | |
| 容 | PWWK③ | 宀八人口 |
| 戎 | ADE | 戈ナ彡 |
|  | ADI⁹⁸ | 戈ナ氵 |
| 肜 | EET | 月彡丿 |
| 狨 | QTAD | 犭丿戈ナ |
| 绒 | XADT③ | 纟戈ナ丿 |
|  | XADY⁹⁸③ | 纟戈ナ丶 |
| 茸 | ABF | 卄耳二 |
| 荣 | APSU③ | 卄冖木 |
| 嵘 | MAPS | 山卄冖木 |
| 溶 | IPWK | 氵宀八口 |
| 蓉 | APWK③ | 卄宀八口 |
| 榕 | SPWK | 木宀八口 |
| 熔 | OPWK③ | 火宀八口 |
| 蝾 | JAPS | 虫卄冖木 |
|  | JAPS⁹⁸③ | 虫卄冖木 |

| 融 | GKMJ③ | 一口冂虫 |
|---|---|---|

### rou

| 柔 | CBTS | マア丨木 |
|---|---|---|
| | CNHS98 | マ乙丨木 |
| 冗 | PMB | 宀几《 |
| | PWB98 | 宀几《 |
| 揉 | RCBS | 扌マア木 |
| | RCNS98 | 扌マ乙木 |
| 糅 | OCBS③ | 米マア木 |
| | OCNS98 | 米マ乙木 |
| 蹂 | KHCS | 口止マ木 |
| 鞣 | AFCS | 廿甲マ木 |
| 肉 | MWWI③ | 冂人人氵 |

### ru

| 如 | VKG② | 女口一 |
|---|---|---|
| 茹 | AVKF③ | 廿女口二 |
| 铷 | QVKG③ | 钅女口一 |
| 儒 | WFDJ③ | 亻雨丆刂 |
| 嚅 | KFDJ③ | 口雨丆刂 |
| 孺 | BFDJ③ | 子雨丆刂 |
| 濡 | IFDJ③ | 氵雨丆刂 |
| 薷 | AFDJ | 廿雨丆刂 |
| 襦 | PUFJ | 衤冫雨刂 |
| 蠕 | JFDJ | 虫雨丆刂 |
| 颥 | FDMM | 雨丆冂贝 |
| 汝 | IVG | 氵女一 |
| 乳 | EBNN③ | 孚子乙乙 |
| 辱 | DFEF | 厂二𧘇寸 |
| 入 | TYI② | 丿、氵 |
| 洳 | IVKG | 氵女口一 |
| 溽 | IDFF | 氵厂二寸 |
| 缛 | XDFF | 纟厂二寸 |
| | XDFF98③ | 纟厂二寸 |
| 蓐 | ADFF | 廿厂二寸 |
| 褥 | PUDF | 衤冫厂寸 |
| 蚋 | JMWY③ | 虫冂人丶 |

### ruan

| 软 | LQWY③ | 车夕人丶 |
|---|---|---|
| 阮 | BFQN③ | 阝二儿乙 |
| 朊 | EFQN③ | 月二儿乙 |

### rui

| 锐 | QUKQ③ | 钅丷口儿 |
|---|---|---|
| 蕤 | AETG | 廿豕丿圭 |
| | AGEG98 | 廿一豕圭 |
| 蕊 | ANNN③ | 廿心心心 |
| 芮 | AMWU | 廿冂人丷 |
| 枘 | SMWY③ | 木冂人丶 |
| 瑞 | GMDJ③ | 王山丆刂 |
| 睿 | HPGH | 𠂤宀一目 |

### run

| 润 | IUGG | 氵门王一 |
|---|---|---|
| 闰 | UGD② | 门王三 |

### ruo

| 弱 | XUXU② | 弓冫弓冫 |
|---|---|---|
| 若 | ADKF③ | 廿ナ口二 |
| 偌 | WADK | 亻廿ナ口 |
| | WADK98 | 亻廿ナ口 |

| 箬 | TADK | 竹廿ナ口 |
|---|---|---|
| | TADK98③ | 竹廿ナ口 |

## S

### sa

| 撒 | RAET③ | 扌廿月攵 |
|---|---|---|
| 仨 | WDG | 亻三一 |
| 洒 | ISG② | 氵西一 |
| 卅 | GKK | 一川 川 |
| 飒 | UMQY | 立几义丶 |
| | UWRY98 | 立几义丶 |
| 脎 | EQSY③ | 月乂木丶 |
| | ERSY98③ | 月乂木丶 |
| 萨 | ABUT③ | 廿阝立丿 |
| 挲 | IITR | 氵小丿手 |

### sai

| 赛 | PFJM | 宀二刂贝 |
|---|---|---|
| | PAWM98 | 宀廿八贝 |
| 塞 | PFJF | 宀二刂土 |
| | PAWF98 | 宀廿八土 |
| 腮 | ELNY③ | 月田心丶 |
| 噻 | KPFF③ | 口宀二土 |
| | KPAF98③ | 口宀廿土 |
| 鳃 | QGLN③ | 鱼一田心 |

### san

| 三 | DGGG② | 三一一一 |
|---|---|---|
| 叁 | CDDF③ | 厶大三二 |
| | CDDF98② | 厶大三二 |
| 毵 | CDEN | 厶大彡乙 |
| | CDEE98 | 厶大彡毛 |
| 伞 | WUHJ③ | 人丷丨刂 |
| | WUFJ98③ | 人丷丨刂 |
| 散 | AETY③ | 廿月攵丶 |
| 糁 | OCDE③ | 米厶大彡 |
| 馓 | QNAT | 夂乙廿攵 |

### sang

| 桑 | CCCS | 又又又木 |
|---|---|---|
| 嗓 | KCCS③ | 口又又木 |
| 搡 | RCCS | 扌又又木 |
| 磉 | DCCS③ | 石又又木 |
| 颡 | CCCM | 又又又贝 |
| 丧 | FUEU③ | 十丷㇇丷 |

### sao

| 搔 | RCYJ | 扌又丶虫 |
|---|---|---|
| 骚 | CCYJ | 马又丶虫 |
| | CGCJ98 | 马一又虫 |
| 缫 | XVJS③ | 纟巛日木 |
| 臊 | EKKS | 月口口木 |
| 鳋 | QGCJ | 鱼一又虫 |
| 扫 | RVG② | 扌ヨ一 |
| 嫂 | VVHC③ | 女白丨又 |
| | VEHC98③ | 女白丨又 |
| 埽 | FVPH③ | 土ヨ冖丨 |
| 瘙 | UCYJ③ | 疒又丶虫 |

### se

| 涩 | IVYH③ | 氵刀、止 |
|---|---|---|
| 色 | QCB② | 夕巴《 |

| 嗇 | FULK | 十丷口口 |
|---|---|---|
| 铯 | QQCN | 钅夕巴乙 |
| 瑟 | GGNT③ | 王王心丿 |
| 穑 | TFUK | 禾十丷口 |

### sen

| 森 | SSSU③ | 木木木丿 |
|---|---|---|

### seng

| 僧 | WULJ③ | 亻丷囧日 |
|---|---|---|

### sha

| 杀 | QSU | 乂木丿 |
|---|---|---|
| | RSU98 | 乂木丿 |
| 沙 | IITT③ | 氵小丿丿 |
| 纱 | XITT③ | 纟小丿丿 |
| 刹 | QSJH③ | 乂木刂丨 |
| | RSJH98③ | 乂木刂丨 |
| 砂 | DITT③ | 石小丿丿 |
| 莎 | AIIT | 廿氵小 |
| 铩 | QQSY③ | 钅乂木丶 |
| | QRSY98③ | 钅乂木丶 |
| 痧 | UIIT③ | 疒氵小 |
| 裟 | IITE | 氵小丿𧘇 |
| 鲨 | IITG | 氵小丿一 |
| 傻 | WTLT | 亻丿口夊 |
| | WTLT98③ | 亻丿口夊 |
| 嗄 | KUVG③ | 口立女一 |
| 啥 | KWFK | 口人干口 |
| 歃 | TFVW | 丿十白人 |
| | TFEW98 | 丿十白人 |
| 煞 | QVTO③ | 夕ヨ攵灬 |
| 霎 | FUVF③ | 雨立女二 |
| 杉 | SET | 木彡丿 |
| | SET98② | 木彡丿 |

### shai

| 筛 | TJGH | 竹刂一丨 |
|---|---|---|
| 晒 | JSG | 日西一 |
| 鳝 | QGUK | 鱼一丷口 |
| 酾 | SGGY | 西一一丶 |

### shan

| 山 | MMMM③ | (键名字) |
|---|---|---|
| 删 | MMGJ | 冂冂一刂 |
| 芟 | AMCU | 廿几又丷 |
| | AWCU98 | 廿几又丷 |
| 姗 | VMMG③ | 女冂冂一 |
| 衫 | PUET③ | 衤冫彡丿 |
| 钐 | QET | 钅彡丿 |
| 珊 | GMMG③ | 王冂冂一 |
| 舢 | TEMH | 丿舟山丨 |
| | TUMH98 | 丿舟山丨 |
| 跚 | KHMG③ | 口止冂一 |
| 煽 | OYNN | 火丶尸羽 |
| 潸 | ISSE | 氵木木月 |
| 膻 | EYLG③ | 月亠口一 |
| 闪 | UWI② | 门人氵 |
| 陕 | BGUW③ | 阝一丷人 |
| | BGUD98③ | 阝一丷大 |
| 讪 | YMH | 讠山丨 |
| 汕 | IMH | 氵山丨 |

| 字 | 编码 | 字根 | | 字 | 编码 | 字根 | | 字 | 编码 | 字根 |
|---|---|---|---|---|---|---|---|---|---|---|
| 疳 | UMK | 疒山川 | | 邵 | VKBH③ | 刀口阝丨 | | 慎 | NFHW③ | 忄十且八 |
| 苦 | AHKF③ | 艹十口二 | | 绍 | XVKG③ | 纟刀口一 | | 椹 | SADN | 木艹三乙 |
| 扇 | YNND | 、尸羽三 | | 哨 | KIEG③ | 口丷月一 | | | SDWN98 | 木其八乙 |
| 善 | UDUK | 丷丰丷口 | | 潲 | ITIE③ | 氵禾丷月 | | 蜃 | DFEJ | 厂二𧘇虫 |
| | UUKF98 | 羊丷口二 | | she | | | | 什 | WFH | 亻十丨 |
| 骟 | CYNN | 马、尸羽 | | 奢 | DFTJ③ | 大土丿日 | | | WFH98② | 亻十丨 |
| | CGYN98 | 马一、羽 | | 猞 | QTWK | 犭丿人口 | | 莘 | AUJ | 艹辛刂 |
| 鄯 | UDUB | 丷丰丷阝 | | 赊 | MWFI③ | 贝人二小 | | sheng | | |
| | UUKB98 | 羊丷口阝 | | 畲 | WFIL | 人二小田 | | 升 | TAK | 丿廾川 |
| 缮 | XUDK③ | 纟丷丰口 | | 舌 | TDD | 丿古三 | | 生 | TGD② | 丿丰三 |
| | XUUK98③ | 纟羊丷口 | | 佘 | WFIU | 人二小丷 | | | TGD98 | 丿丰三 |
| 嬗 | VYLG | 女亠口一 | | 蛇 | JPXN | 虫宀匕乙 | | 声 | FNR | 士尸彡 |
| | VYLG98③ | 女亠口一 | | 舍 | WFKF | 人干口二 | | 牲 | TRTG | 丿扌丿丰 |
| 擅 | RYLG③ | 扌亠口一 | | 厍 | DLK | 厂车川 | | | CTG98 | 牛丿丰 |
| 膳 | EUDK | 月丷丰口 | | 设 | YMCY③ | 讠几又丶 | | 胜 | ETGG③ | 月丿丰一 |
| | EUUK98 | 月羊丷口 | | | YWCY98③ | 讠几又丶 | | 笙 | TTGF | 竹丿丰二 |
| 赡 | MQDY③ | 贝⺈厂言 | | 社 | PYFG② | 礻丶土一 | | 甥 | TGLL | 丿丰田力 |
| 蟮 | JUDK | 虫丷丰口 | | 射 | TMDF | 丿门三寸 | | | TGLE98 | 丿丰田力 |
| | JUUK③ | 虫羊丷口 | | | TMDF98③ | 丿门三寸 | | 绳 | XKJN | 纟口日乙 |
| shang | | | | 涉 | IHIT③ | 氵止小丿 | | 省 | ITHF③ | 小丿目二 |
| 商 | UMWK② | 立门八口 | | | IHHT98③ | 氵止少丿 | | 青 | TGHF | 丿丰目二 |
| | YUMK98③ | 亠丷门口 | | 赦 | FOTY③ | 土小攵丶 | | 圣 | CFF | 又土二 |
| 伤 | WTLN③ | 亻一力乙 | | | FOTY98 | 土小攵丶 | | 晟 | JDNT③ | 日厂乙丿 |
| | WTE98 | 亻一力 | | 慑 | NBCC③ | 忄耳又又 | | | JDN98 | 日厂乙 |
| 殇 | GQTR | 一夕丿彡 | | 摄 | RBCC | 扌耳又又 | | 盛 | DNNL | 厂乙乙皿 |
| 觞 | QETR | 𢆶用丿彡 | | 滠 | IBCC③ | 氵耳又又 | | | DNLF98③ | 戊乙皿二 |
| 墒 | FUMK③ | 土立门口 | | 麝 | YNJF | 广コ川寸 | | 剩 | TUXJ | 禾丬匕刂 |
| | FYUK98 | 土亠丷口 | | | OXXF98 | 声匕匕寸 | | 嵊 | MTUX③ | 山禾丬匕 |
| 熵 | OUMK③ | 火立门口 | | 歙 | WGKW | 人一口人 | | shi | | |
| | OYUK98③ | 火亠丷口 | | shei | | | | 诗 | YFFY③ | 讠土寸丶 |
| 裳 | IPKE | 丷宀口衣 | | 谁 | YWYG | 讠亻圭一 | | 匙 | JGHX | 日一止匕 |
| 垧 | FTMK③ | 土丿门口 | | shen | | | | 尸 | NNGT | 尸乙一丿 |
| 晌 | JTMK③ | 日丿门口 | | 深 | IPWS③ | 氵宀八木 | | 失 | RWI② | 𠂇人氵 |
| 赏 | IPKM | 丷宀口贝 | | | IPWS98 | 氵宀八木 | | | TGI98 | 丿夫氵 |
| 上 | HHGG③ | 上丨一一 | | 申 | JHK | 日丨川 | | 师 | JGMH③ | 刂一冂丨 |
| | HHGG98 | 上丨一一 | | 伸 | WJHH③ | 亻日丨丨 | | 虱 | NTJI③ | 乙丿虫氵 |
| 尚 | IMKF | 丷门口二 | | 身 | TMDT | 丿门三丿 | | 施 | YTBN③ | 方𠂉也乙 |
| | IMKF98③ | 丷门口二 | | | TMDT98② | 丿门三丿 | | 狮 | QTJH③ | 犭丿刂丨 |
| 绱 | XIMK③ | 纟丷门口 | | 呻 | KJHH③ | 口日丨丨 | | 湿 | IJOG③ | 氵日业一 |
| shao | | | | 绅 | XJHH③ | 纟日丨丨 | | 著 | AFTJ | 艹土丿日 |
| 杓 | SQYY | 木勹丶丶 | | 诜 | YTFQ | 讠丿土儿 | | 鲺 | QGNJ③ | 鱼一乙虫 |
| 捎 | RIEG③ | 扌丷月一 | | 娠 | VDFE③ | 女厂二𧘇 | | 十 | FGH | 十一丨 |
| 梢 | SIEG③ | 木丷月一 | | 砷 | DJHH③ | 石日丨丨 | | | FGH98② | 十一丨 |
| 烧 | OATQ③ | 火七丿儿 | | 神 | PYJH③ | 礻丶日丨 | | 石 | DGTG | 石一丿一 |
| 稍 | TIEG③ | 禾丷月一 | | 沈 | IPQN③ | 氵宀儿乙 | | 时 | JFY② | 日寸丶 |
| 筲 | TIEF | 竹丷月二 | | 审 | PJHJ② | 宀日丨丨 | | 识 | YKWY③ | 讠口八丶 |
| 艄 | TEIE | 丿舟丷月 | | 哂 | KSG | 口西一 | | 实 | PUDU② | 宀丷大丷 |
| | TUIE98 | 丿舟丷月 | | 矧 | TDXH③ | 丿大弓丨 | | 拾 | RWGK | 扌人一口 |
| 蛸 | JIEG③ | 虫丷月一 | | 谂 | YWYN | 讠人丶心 | | 炻 | ODG | 火石一 |
| 勺 | QYI | 勹丶 | | 婶 | VPJH③ | 女宀日丨 | | 蚀 | QNJY③ | ⺈乙虫丶 |
| 芍 | AQYU③ | 艹勹丶 | | 沈 | IPJH③ | 氵宀日丨 | | 食 | WYVE③ | 人丶ヨ𧘇 |
| 苕 | AVKF | 艹刀口二 | | | IPJH98 | 氵宀日丨 | | | WYVU98③ | 人丶艮丷 |
| 韶 | UJVK③ | 立日刀口 | | 肾 | JCEF③ | 刂又月二 | | 埘 | FJFY | 土日寸丶 |
| 少 | ITR② | 小丿彡 | | 甚 | ADWN | 艹三八乙 | | 莳 | AJFU | 艹日寸丷 |
| | ITE98② | 小丿彡 | | | DWNB98 | 其入乙巛 | | 鲥 | QGJF | 鱼一日寸 |
| 劭 | VKLN③ | 刀口力乙 | | 胂 | EJHH | 月日丨丨 | | 史 | KQI② | 口乂氵 |
| | VKET98 | 刀口力丿 | | 渗 | ICDE③ | 氵厶大彡 | | | KRI98 | 口乂氵 |

| 字 | 编码 | 字根 |
|---|---|---|
| 矢 | TDU | ノ大丶 |
| 矣 | EGTY③ | 厶一人丶 |
|  | GEI⁹⁸ | 一厶氵 |
| 使 | WGKQ | 亻一口乂 |
|  | WGKR⁹⁸③ | 亻一口乂 |
| 始 | VCKG③ | 女厶口一 |
| 驶 | CKQY③ | 马口乂丶 |
|  | CGKR⁹⁸ | 马一口乂 |
| 屎 | NOI | 尸米氵 |
| 士 | FGHG | 士一丨一 |
| 氏 | QAV② | 厂七巛 |
| 世 | ANV② | 廿乙巛 |
|  | ANV⁹⁸ | 廿乙巛 |
| 仕 | WFG | 亻士一 |
| 市 | YMHJ | 亠门丨丨 |
|  | YMHJ⁹⁸② | 亠门丨丨 |
| 示 | FIU③ | 二小丷 |
|  | FIU⁹⁸② | 二小丷 |
| 式 | AAD② | 弋工三 |
|  | AAYI⁹⁸② | 七工丶氵 |
| 事 | GKVH② | 一口ヨ丨 |
| 侍 | WFFY③ | 亻土寸丶 |
|  | WFFY⁹⁸ | 亻土寸丶 |
| 势 | RVYL | 扌九、力 |
|  | RVYE⁹⁸ | 扌九、力 |
| 视 | PYMQ③ | 礻、门儿 |
| 试 | YAAG③ | 讠弋工一 |
|  | YAAY② | 讠弋工、 |
| 饰 | QNTH | 夂乙ノ丨 |
|  | QNTH⁹⁸③ | 夂乙ノ丨 |
| 室 | PGCF③ | 宀一厶土 |
| 恃 | NFFY③ | 忄土寸丶 |
| 拭 | RAAG③ | 扌弋工一 |
|  | RAAY⁹⁸③ | 扌弋工、 |
| 是 | JGHU③ | 日一疋丷 |
|  | JGHU⁹⁸ | 日一疋丷 |
| 柿 | SYMH | 木亠门丨 |
|  | SYMH⁹⁸③ | 木亠门丨 |
| 贳 | ANMU③ | 廿乙贝丷 |
| 适 | TDPD③ | ノ古辶三 |
| 舐 | TDQA | ノ古匚七 |
|  | TDQA⁹⁸③ | ノ古匚七 |
| 轼 | LAAG② | 车弋工一 |
|  | LAAY⁹⁸② | 车弋工、 |
| 逝 | RRPK③ | 扌斤辶川 |
| 铈 | QYMH | 钅亠门丨 |
| 弑 | QSAA | 乂木弋工 |
|  | RSAY⁹⁸③ | 乂木七、 |
| 谥 | YUWL③ | 讠丷八皿 |
| 释 | TOCH③ | ノ米又丨 |
|  | TOCG⁹⁸③ | ノ米又丰 |
| 嗜 | KFTJ | 口土ノ日 |
| 筮 | TAWW③ | 竹工人人 |
|  | TAWW⁹⁸ | 竹工人人 |
| 誓 | RRYF | 扌斤言二 |
| 噬 | KTAW③ | 口竹工人 |

| 字 | 编码 | 字根 |
|---|---|---|
| 螫 | FOTJ | 土业攵虫 |
| 峙 | MFFY③ | 山土寸丶 |
| **shou** | | |
| 收 | NHTY② | 乙丨攵丶 |
| 手 | RTGH② | 手ノ一丨 |
| 守 | PFU③ | 宀寸丷 |
| 首 | UTHF③ | 丷丿目二 |
| 艏 | TEUH③ | ノ舟丷目 |
|  | TUUH⁹⁸ | ノ舟丷目 |
| 寿 | DTFU③ | 三ノ寸丷 |
| 受 | EPCU③ | 爫冖又丷 |
| 狩 | QTPF | 犭ノ宀寸 |
| 兽 | ULGK③ | 丷田一口 |
| 售 | WYKF③ | 亻隹口二 |
| 授 | REPC③ | 扌爫冖又 |
| 绶 | XEPC③ | 纟爫冖又 |
| 瘦 | UVHC③ | 疒白丨又 |
|  | UEHC⁹⁸③ | 疒白丨又 |
| **shu** | | |
| 殳 | MCU | 几又丷 |
|  | WCU⁹⁸ | 几又丷 |
| 书 | NNHY③ | 乙乙丨丶 |
| 抒 | RCBH③ | 扌マ卩丨 |
|  | RCNH⁹⁸ | 扌マ乙丨 |
| 纾 | XCBH③ | 纟マ卩丨 |
|  | XCNH⁹⁸③ | 纟マ乙丨 |
| 叔 | HICY③ | 上小又丶 |
|  | HICY⁹⁸② | 上小又丶 |
| 枢 | SAQY③ | 木匚乂丶 |
|  | SARY⁹⁸③ | 木匚乂丶 |
| 姝 | VRIY③ | 女ㄈ小丶 |
|  | VTFY⁹⁸ | 女ノ未 |
| 倏 | WHTD | 亻丨攵犬 |
| 殊 | GQRI③ | 一歹二小 |
|  | GQTF⁹⁸③ | 一歹ノ未 |
| 梳 | SYCQ③ | 木亠厶儿 |
|  | SYCK⁹⁸③ | 木亠厶儿 |
| 淑 | IHIC③ | 氵上小又 |
|  | IHIC⁹⁸③ | 氵上小又 |
| 菽 | AHIC③ | 艹上小又 |
| 疏 | NHYQ③ | 乙止亠儿 |
|  | NHYK⁹⁸③ | 乙止亠儿 |
| 舒 | WFKB③ | 人干口卩 |
|  | WFKH⁹⁸ | 人干口丨 |
| 摅 | RHAN③ | 扌虍七心 |
|  | RHNY⁹⁸③ | 扌虍心丶 |
| 毹 | WGEN③ | 人一月乙 |
|  | WGEE⁹⁸ | 人一月乙 |
| 输 | LWGJ③ | 车人一刂 |
| 蔬 | ANHQ③ | 艹乙止儿 |
|  | ANHK⁹⁸③ | 艹乙止儿 |
| 秫 | TSYY③ | 禾木丶丶 |
| 熟 | YBVO② | 古子九灬 |
|  | YBVO⁹⁸③ | 古子九灬 |
| 孰 | YBVY③ | 古子九丶 |
| 赎 | MFND③ | 贝十乙大 |

| 字 | 编码 | 字根 |
|---|---|---|
| 塾 | YBVF | 古子九土 |
| 暑 | JFTJ③ | 日土ノ日 |
| 黍 | TWIU③ | 禾人水丷 |
| 署 | LFTJ | 罒土ノ日 |
| 鼠 | VNUN③ | 白乙丷乙 |
|  | ENUN⁹⁸③ | 白乙丷乙 |
| 蜀 | LQJU③ | 罒勹虫丷 |
| 薯 | ALFJ③ | 艹罒土日 |
| 曙 | JLFJ② | 日罒土日 |
| 术 | SYI② | 木丶氵 |
| 戍 | DYNT | 厂丶乙ノ |
|  | AWI⁹⁸ | 戈人氵 |
| 束 | GKII③ | 一口小氵 |
|  | SKD⁹⁸ | 木口三 |
| 沭 | ISYY | 氵木丶丶 |
| 述 | SYPI③ | 木丶辶氵 |
| 树 | SCFY③ | 木又寸丶 |
| 竖 | JCUF③ | 刂又立二 |
| 恕 | VKNU③ | 女口心丷 |
| 庶 | YAOI③ | 广廿灬氵 |
|  | OAOI⁹⁸③ | 广廿灬氵 |
| 数 | OVTY③ | 米女攵丶 |
|  | OVTY⁹⁸② | 米女攵丶 |
| 腧 | EWGJ | 月人一刂 |
| 墅 | JFCF | 日土マ土 |
| 漱 | IGKW③ | 氵一口人 |
|  | ISKW⁹⁸ | 氵木口人 |
| 澍 | IFKF | 氵士口寸 |
| 属 | NTKY③ | 尸ノ口丶 |
| **shua** | | |
| 刷 | NMHJ③ | 尸门丨刂 |
| 耍 | DMJV | 厂门丨女 |
| **shuai** | | |
| 衰 | YKGE | 亠口一伙 |
| 摔 | RYXF③ | 扌亠幺十 |
| 甩 | ENV② | 月乙巛 |
|  | ENV⁹⁸ | 月乙巛 |
| 帅 | JMHH③ | 刂门丨丨 |
| 率 | YXIF② | 亠幺小十 |
| 蟀 | JYXF③ | 虫亠幺十 |
| **shuan** | | |
| 闩 | UGD | 门一三 |
| 拴 | RWGG③ | 扌人王一 |
|  | RWGG⁹⁸ | 扌人王一 |
| 栓 | SWGG③ | 木人王一 |
| 涮 | INMJ③ | 氵尸门刂 |
| **shuang** | | |
| 双 | CCY② | 又又丶 |
| 霜 | FSHF② | 雨木目二 |
|  | FSHF⁹⁸② | 雨木目二 |
| 孀 | VFSH③ | 女雨木目 |
|  | VFSH⁹⁸ | 女雨木目 |
| 爽 | DQQQ③ | 大乂乂乂 |
|  | DRRR⁹⁸③ | 大乂乂乂 |
| **shui** | | |
| 水 | IIII② | (键名字) |
| 税 | TUKQ③ | 禾丷口儿 |

## 第一列

| 字 | 编码 | 字根 |
|---|---|---|
| 睡 | HTGF② | 目丿一士 |

shun

| 字 | 编码 | 字根 |
|---|---|---|
| 吮 | KCQN③ | 口厶儿乙 |
| 顺 | KDMY② | 川丁贝 |
| 舜 | EPQH | 四冖夕丨 |
|  | EPQG⁹⁸ | 四冖夕キ |
| 瞬 | HEPH③ | 目四冖丨 |
|  | HEPG⁹⁸③ | 目四冖キ |

shuo

| 字 | 编码 | 字根 |
|---|---|---|
| 说 | YUKQ② | 讠丷口儿 |
|  | YUKQ⁹⁸③ | 讠丷口儿 |
| 妁 | VQYY③ | 女勹、、 |
| 烁 | OQIY③ | 火匚小 |
|  | OTNI⁹⁸③ | 火丿乙小 |
| 朔 | UBTE | 丷凵丿月 |
| 铄 | QQIY③ | 钅匚小 |
|  | QTNI⁹⁸ | 钅丿乙小 |
| 硕 | DDMY③ | 石丁贝、 |
| 搠 | RUBE③ | 扌丷凵月 |
| 蒴 | AUBE③ | 艹丷凵月 |
| 槊 | UBTS | 丷凵丿木 |

si

| 字 | 编码 | 字根 |
|---|---|---|
| 思 | LNU② | 田心丷 |
| 厶 | CNY | 厶乙、 |
| 丝 | XXGF③ | 纟纟一二 |
| 司 | NGKD③ | 乙一口三 |
| 私 | TCY | 禾厶、 |
| 唆 | KXXG | 口纟纟一 |
| 鸶 | XXGG | 纟纟一一 |
| 斯 | ADWR | 艹三八斤 |
|  | DWRH⁹⁸ | 其八斤丨 |
| 缌 | XLNY | 纟田心、 |
| 蛳 | JJGH③ | 虫刂一丨 |
| 厮 | DADR | 厂艹三斤 |
|  | DDWR⁹⁸ | 厂其八斤 |
| 锶 | QLNY③ | 钅田心、 |
| 嘶 | KADR③ | 口艹三斤 |
|  | KDWR⁹⁸ | 口其八斤 |
| 撕 | RADR③ | 扌艹三斤 |
|  | RDWR⁹⁸ | 扌其八斤 |
| 澌 | IADR③ | 氵艹三斤 |
|  | IDWR⁹⁸ | 氵其八斤 |
| 死 | GQXB③ | 一夕匕《 |
| 巳 | NNGN | 己乙一乙 |
| 四 | LHNG② | 四丨乙一 |
| 寺 | FFU③ | 土寸丷 |
| 汜 | INN | 氵巳乙 |
| 伺 | WNGK③ | 亻乙一口 |
| 兕 | MMGQ | 几门一儿 |
|  | HNHQ⁹⁸ | 丨乙丨儿 |
| 姒 | VNYW③ | 女乙、人 |
| 祀 | PYNN | 礻、巳乙 |
| 泗 | ILG | 氵四一 |
| 似 | WNYW③ | 亻乙、人 |
| 饲 | QNNK | 夕乙乙口 |
| 驷 | CLG | 马四一 |
|  | CGLG⁹⁸ | 马一四一 |

## 第二列

| 字 | 编码 | 字根 |
|---|---|---|
| 俟 | WCTD③ | 亻厶彳大 |
| 笥 | TNGK③ | 竹乙一口 |
| 耜 | DINN③ | 三小コ コ |
|  | FSNG⁹⁸ | 二木目一 |
| 嗣 | KMAK③ | 口门艹口 |
| 肆 | DVFH③ | 镸ヨ二丨 |
|  | DVGH⁹⁸ | 镸ヨキ丨 |

song

| 字 | 编码 | 字根 |
|---|---|---|
| 松 | SWCY③ | 木八厶、 |
| 忪 | NWCY③ | 忄八厶、 |
| 淞 | USWC③ | 冫木八厶 |
| 崧 | MSWC③ | 山木八厶 |
| 凇 | ISWC | 氵木八厶 |
| 菘 | ASWC③ | 艹木八厶 |
| 嵩 | MYMK③ | 山亠冂口 |
| 怂 | WWNU③ | 人人心丷 |
|  | WWNU⁹⁸ | 人人心丷 |
| 悚 | NGKI③ | 忄一口小 |
|  | NSKG⁹⁸ | 忄木口一 |
| 耸 | WWBF③ | 人人耳二 |
| 竦 | UGKI | 立一口小 |
|  | USKG⁹⁸ | 立木口一 |
| 讼 | YWCY③ | 讠八厶、 |
|  | YWCY⁹⁸ | 讠八厶、 |
| 宋 | PSU | 宀木丷 |
| 诵 | YCEH | 讠マ用丨 |
| 送 | UDPI③ | 丷大辶 |
| 颂 | WCDM③ | 八厶丁贝 |

sou

| 字 | 编码 | 字根 |
|---|---|---|
| 搜 | RVHC③ | 扌白丨又 |
|  | REHC⁹⁸ | 扌白丨又 |
| 嗖 | KVHC③ | 口白丨又 |
|  | KEHC⁹⁸ | 口白丨又 |
| 溲 | IVHC③ | 氵白丨又 |
|  | IEHC⁹⁸ | 氵白丨又 |
| 馊 | QNVC③ | 夕乙白又 |
|  | QNEC⁹⁸ | 夕乙白又 |
| 飕 | MQVC③ | 几乂白又 |
|  | WREC⁹⁸ | 几乂白又 |
| 锼 | QVHC | 钅白丨又 |
|  | QEHC⁹⁸ | 钅白丨又 |
| 艘 | TEVC③ | 丿舟白又 |
|  | TUEC⁹⁸ | 丿舟白又 |
| 螋 | JVHC③ | 虫白丨又 |
|  | JEHC⁹⁸ | 虫白丨又 |
| 叟 | VHCU③ | 白丨又丷 |
|  | EHCU⁹⁸ | 白丨又丷 |
| 嗾 | KYTD③ | 口方𠂉大 |
| 瞍 | HVHC③ | 目白丨又 |
|  | HEHC⁹⁸ | 目白丨又 |
| 擞 | ROVT | 扌米女攵 |
| 嗽 | KGKW | 口一口人 |
|  | KSKW⁹⁸ | 口木口人 |
| 薮 | AOVT | 艹米女攵 |

su

| 字 | 编码 | 字根 |
|---|---|---|
| 苏 | ALWU③ | 艹力八丷 |
|  | AEW⁹⁸ | 艹力八 |

## 第三列

| 字 | 编码 | 字根 |
|---|---|---|
| 酥 | SGTY | 西一禾丶 |
| 稣 | QGTY | 鱼一禾丶 |
| 俗 | WWWK | 亻八人口 |
| 夙 | MGQI③ | 几一夕丶 |
| 诉 | YRYY② | 讠斤丶丶 |
|  | YRYY⁹⁸③ | 讠斤丶丶 |
| 肃 | VIJK③ | ヨ小丿川 |
|  | VHJW⁹⁸ | ヨ丨丿八 |
| 涑 | IGKI③ | 氵一口小 |
|  | ISKG⁹⁸ | 氵木口一 |
| 素 | GXIU③ | 圭幺小 |
| 速 | GKIP | 一口小辶 |
|  | SKP⁹⁸ | 木口辶 |
| 宿 | PWDJ | 宀亻丆日 |
| 粟 | SOU | 西米丷 |
| 谡 | YLWT③ | 讠田八攵 |
| 嗉 | KGXI | 口幺小 |
| 塑 | UBTF | 丷凵丿土 |
| 愫 | NGXI③ | 忄圭幺小 |
| 溯 | IUBE③ | 氵丷凵月 |
| 僳 | WSOY③ | 亻西米、 |
| 蔌 | AGKW③ | 艹一口人 |
|  | ASKW⁹⁸ | 艹木口人 |
| 觫 | QEGI | 用一小 |
|  | QESK⁹⁸ | 夕用木口 |
| 簌 | TGKW | 竹一口人 |
|  | TSKW⁹⁸ | 竹木口人 |

suan

| 字 | 编码 | 字根 |
|---|---|---|
| 酸 | SGCT③ | 西一厶攵 |
| 狻 | QTCT | 犭丿厶攵 |
| 蒜 | AFII③ | 艹二小小 |
| 算 | THAJ③ | 竹目廾刂 |

sui

| 字 | 编码 | 字根 |
|---|---|---|
| 虽 | KJU③ | 口虫丷 |
| 荽 | AEVF③ | 艹爫女二 |
| 眭 | HFFG③ | 目土土一 |
| 睢 | HWYG③ | 目亻圭一 |
| 濉 | IHWY③ | 氵目亻圭 |
| 绥 | XEVG③ | 纟爫女一 |
| 隋 | BDAE③ | 阝𠂇工月 |
| 随 | BDEP③ | 阝𠂇月辶 |
| 髓 | MEDP③ | 骨月𠂇辶 |
| 岁 | MQU③ | 山夕丷 |
| 祟 | BMFI③ | 凵山二小 |
| 谇 | YYWF③ | 讠亠人十 |
| 遂 | UEPI③ | 丷豕辶 |
| 碎 | DYWF③ | 石亠人十 |
| 隧 | BUEP③ | 阝丷豕辶 |
| 燧 | OUEP③ | 火丷豕辶 |
| 穗 | TGJN | 禾一日心 |
| 邃 | PWUP③ | 宀八丷辶 |

sun

| 字 | 编码 | 字根 |
|---|---|---|
| 孙 | BIY② | 子小、 |
| 狲 | QTBI | 犭丿子小 |
| 荪 | ABIU | 艹子小丷 |
| 飧 | QWYE | 夕人乀、 |
|  | QWYV⁹⁸ | 夕人乀、 |

**第一列**

| 字 | 编码 | 字根 |
|---|---|---|
| 损 | RKMY③ | 扌口贝、 |
| 笋 | TVTR③ | ⺮ヨ丿彡 |
| 隼 | WYFJ | 亻圭十刂 |
| 榫 | SWYF | 木亻圭十 |
| **suo** | | |
| 梭 | SCWT③ | 木厶八夂 |
| 嗍 | KUBE③ | 口丷凵月 |
| 唆 | KCWT③ | 口厶八夂 |
| 娑 | IITV | 氵小丿女 |
| 桫 | SIIT③ | 木氵小丿 |
| 睃 | HCWT③ | 目厶八夂 |
| 嗦 | KFPI | 口十宀小 |
| 羧 | UDCT | 丷𦍌厶夂 |
|  | UCWT⁹⁸ | 羊厶八夂 |
| 蓑 | AYKE③ | 艹亠口衣 |
| 缩 | XPWJ③ | 纟宀亻日 |
| 所 | RNRH② | 厂コ斤丨 |
| 唢 | KIMY③ | 口⺌贝、 |
| 索 | FPXI③ | 十宀幺小 |
| 琐 | GIMY③ | 王⺌贝、 |
| 锁 | QIMY③ | 钅⺌贝、 |
| **T** | | |
| **ta** | | |
| 他 | WBN② | 亻也乙 |
| 她 | VBN | 女也乙 |
| 它 | PXB② | 宀匕《 |
| 跶 | KHEY | 口止乃丿 |
|  | KHBY⁹⁸ | 口止乃、 |
| 铊 | QPXN③ | 钅宀匕乙 |
| 塌 | FJNG③ | 土日羽一 |
| 溻 | IJNG③ | 氵日羽一 |
| 塔 | FAWK | 土艹人口 |
| 獭 | QTGM | 犭丿一贝 |
|  | QTSM⁹⁸ | 犭丿木贝 |
| 鳎 | QGJN | 鱼一日羽 |
| 挞 | RDPY③ | 扌大辶、 |
| 闼 | UDPI | 门大辶三 |
| 遢 | JNPD③ | 日羽辶三 |
| 榻 | SJNG③ | 木日羽一 |
| 踏 | KHIJ | 口止水日 |
| 蹋 | KHJN | 口止日羽 |
| **tai** | | |
| 胎 | ECKG③ | 月厶口一 |
| 台 | CKF② | 厶口二 |
| 邰 | CKBH③ | 厶口阝丨 |
| 抬 | RCKG③ | 扌厶口一 |
| 苔 | ACKF③ | 艹厶口二 |
| 炱 | CKOU③ | 厶口火丷 |
| 跆 | KHCK | 口止厶口 |
| 鲐 | QGCK③ | 鱼一厶口 |
| 薹 | AFKF③ | 艹士口土 |
| 太 | DYI② | 大、氵 |
| 汰 | IDYY③ | 氵大、、 |
| 态 | DYNU③ | 大、心二 |
| 肽 | EDYY③ | 月大、、 |
| 钛 | QDYY③ | 钅大、、 |

**第二列**

| 字 | 编码 | 字根 |
|---|---|---|
| 泰 | DWIU | 三人水氺 |
| 酞 | SGDY | 西一大、 |
| **tan** | | |
| 贪 | WYNM | 人、乙贝 |
| 澹 | IQDY86 | 氵⺈厂言 |
|  | IQD⁹⁸ | 氵⺈厂言 |
| 坍 | FMYG | 土门一一 |
| 摊 | RCWY③ | 扌又亻圭 |
| 滩 | ICWY③ | 氵又亻圭 |
| 瘫 | UCWY | 疒又亻圭 |
| 坛 | FFCY③ | 土二厶、 |
| 昙 | JFCU | 日二厶丷 |
| 谈 | YOOY③ | 讠火火丶 |
| 郯 | OOBH③ | 火火阝丨 |
| 痰 | UOOI③ | 疒火火氵 |
| 锬 | QOOY③ | 钅火火丶 |
| 谭 | YSJH③ | 讠西早丨 |
| 潭 | ISJH③ | 氵西早丨 |
| 檀 | SYLG③ | 木亠口一 |
| 忐 | HNU | 上心丷 |
| 坦 | FJGG③ | 土日一一 |
| 袒 | PUJG | 衤丷日一 |
| 钽 | QJGG③ | 钅日一一 |
| 毯 | TFNO | 丿二乙火 |
|  | EOOI⁹⁸ | 毛火火氵 |
| 叹 | KCY | 口又丶 |
| 炭 | MDOU③ | 山ナ火丷 |
| 探 | RPWS | 扌宀八木 |
| 碳 | DMDO③ | 石山ナ火 |
| **tang** | | |
| 汤 | INRT③ | 氵乙丿丿 |
| 铴 | QINR③ | 钅乙丿彡 |
| 羰 | UDMO③ | 丷𦍌山火 |
|  | UMDO⁹⁸ | 羊山ナ火 |
| 镗 | QIPF | 钅⺌宀土 |
| 唐 | YVHK③ | 广ヨ丨口 |
|  | OVHK⁹⁸ | 广ヨ丨口 |
| 堂 | IPKF | 䒑宀口土 |
| 棠 | IPKS | 䒑宀口木 |
| 塘 | FYVK③ | 土广ヨ口 |
|  | FOVK⁹⁸ | 土广ヨ口 |
| 搪 | RYVK③ | 扌广ヨ口 |
|  | ROVK⁹⁸ | 扌广ヨ口 |
| 溏 | IYVK | 氵广ヨ口 |
|  | IOVK⁹⁸ | 氵广ヨ口 |
| 瑭 | GYVK③ | 王广ヨ口 |
|  | GOVK⁹⁸ | 王广ヨ口 |
| 樘 | SIPF③ | 木⺌宀土 |
| 膛 | EIPF③ | 月⺌宀土 |
| 糖 | OYVK③ | 米广ヨ口 |
|  | OOVK⁹⁸ | 米广ヨ口 |
| 螗 | JYVK③ | 虫广ヨ口 |
|  | JOVK⁹⁸ | 虫广ヨ口 |
| 螳 | JIPF③ | 虫⺌宀土 |
| 醣 | SGYK | 西一广口 |
|  | SGOK⁹⁸ | 西一广口 |

**第三列**

| 字 | 编码 | 字根 |
|---|---|---|
| 帑 | VCMH③ | 女又冂丨 |
| 倘 | WIMK③ | 亻⺌冂口 |
| 淌 | IIMK③ | 氵⺌冂口 |
| 傥 | WIPQ | 亻⺌宀儿 |
| 耥 | DIIK | 三小⺌口 |
|  | FSIK⁹⁸ | 二木⺌口 |
| 躺 | TMDK | 丿门三口 |
| 烫 | INRO | 氵乙丿火 |
| 趟 | FHIK③ | 土龰⺌口 |
| **tao** | | |
| 涛 | IDTF③ | 氵三丿寸 |
| 焘 | DTFO | 三丿寸灬 |
| 绦 | XTSY③ | 纟夂木丶 |
| 掏 | RQRM③ | 扌勹⺈山 |
|  | RQTB⁹⁸ | 扌勹⺈凵 |
| 滔 | IEVG③ | 氵爫臼一 |
|  | IEEG⁹⁸ | 氵爫臼一 |
| 韬 | FNHV | 二乙丨臼 |
|  | FNHE⁹⁸ | 二乙丨臼 |
| 饕 | KGNE | 口一乙⾷ |
|  | KGNV⁹⁸ | 口一乙艮 |
| 洮 | IIQN③ | 氵丷儿乙 |
|  | IQIY⁹⁸ | 氵儿⼃丶 |
| 逃 | IQPV③ | 丷儿辶巛 |
|  | QIP⁹⁸ | 儿⼃辶 |
| 桃 | SIQN③ | 木丷儿乙 |
|  | SQI⁹⁸ | 木儿⼃ |
| 陶 | BQRM③ | 阝勹⺈山 |
|  | BQRM⁹⁸ | 阝勹⺈山 |
| 啕 | KQRM | 口勹⺈山 |
|  | KQTB⁹⁸ | 口勹⺈凵 |
| 淘 | IQRM③ | 氵勹⺈山 |
|  | IQTB⁹⁸ | 氵勹⺈凵 |
| 萄 | AQRM③ | 艹勹⺈山 |
|  | AQTB⁹⁸ | 艹勹⺈凵 |
| 鼗 | IQFC③ | 丷儿士又 |
|  | QIFC⁹⁸ | 儿⼃士又 |
| 讨 | YFY | 讠寸、 |
| 套 | DDU | 大镸丷 |
| **te** | | |
| 特 | TRFF③ | 丿扌土寸 |
|  | CFFY⁹⁸ | 牜土寸丶 |
| 忑 | GHNU | 一卜心丷 |
| 忒 | ANI | 弋心氵 |
|  | ANYI⁹⁸ | 七心、氵 |
| 铽 | QANY | 钅弋心丶 |
| 慝 | AADN | 匚艹⺹心 |
| **teng** | | |
| 疼 | UTUI③ | 疒夂冫氵 |
| 腾 | EUDC86③ | 月䒑大马 |
| 誊 | UDYF | 䒑大言二 |
|  | UGYF⁹⁸ | 丷夫言二 |
| 滕 | EUDI | 月䒑大水 |
|  | EUGI⁹⁸ | 月䒑夫水 |
| 藤 | AEUI③ | 艹月䒑水 |
| **ti** | | |
| 梯 | SUXT③ | 木丷弓丿 |

| | | | | | | | | | |
|---|---|---|---|---|---|---|---|---|---|
| 剧 | JQRJ | 日勹刂刂 | 粜 | BMOU③ | 凵山米丷 | tou | | |
| 锑 | QUXT③ | 钅丷弓丿 | 跳 | KHIQ③ | 口止火儿 | 偷 | WWGJ | 亻人一刂 |
| 踢 | KHJR③ | 口止日彡 | | KHQI98 | 口止儿火 | 钭 | QUFH③ | 钅丷十丨 |
| 啼 | KUPH② | 口立冖丨 | tie | | | 头 | UDI | 丷大氵 |
| | KYUH98 | 口丷冖丨 | 贴 | MHKG | 贝卜口一 | 投 | RMCY③ | 扌几又丶 |
| 提 | RJGH② | 扌日一止 | 萜 | AMHK | 艹门卜口 | | RWCY98 | 扌几又丶 |
| 绨 | XUXT | 纟丷弓丿 | 铁 | QRWY③ | 钅仁人丶 | 骰 | MEMC③ | 冂月几又 |
| 缇 | XJGH③ | 纟日一止 | | QTGY98 | 钅丿夫丶 | | MEWC98 | 冂月几又 |
| 鹈 | UXHG | 丷弓丨一 | 帖 | MHHK③ | 门丨卜口 | 透 | TEPV③ | 禾乃辶巛 |
| 题 | JGHM | 日一止贝 | | MHHK98 | 门丨卜口 | | TBP98 | 禾乃辶 |
| 蹄 | KHUH | 口止立丨 | 餮 | GQWE | 一夕人𠄌 | tu | | |
| | KHYH98 | 口止亠丨 | | GQWV98 | 一夕人艮 | 凸 | HGMG③ | 丨一冂一 |
| 醒 | SGJH | 西一日止 | ting | | | | HGHG98 | 丨一丨一 |
| 体 | WSGG③ | 亻木一一 | 听 | KRH② | 口斤丨 | 秃 | TMB | 禾几巛 |
| 屉 | NANV③ | 尸廿乙巛 | 厅 | DSK② | 厂丁川 | | TWB98 | 禾几巛 |
| 剃 | UXHJ | 丷弓丨刂 | 汀 | ISH | 氵丁丨 | 突 | PWDU③ | 宀八犬丷 |
| 偶 | WMFK③ | 亻门土口 | 烃 | OCAG② | 火スエ一 | 图 | LTUI③ | 囗夂冫氵 |
| 惕 | NUXT③ | 忄丷弓丿 | | OCAG98③ | 火スエ一 | 徒 | TFHY | 彳土止丶 |
| 涕 | IUXT | 氵丷弓丿 | 廷 | TFPD | 丿士廴三 | 涂 | IWTY③ | 氵人禾丶 |
| 逖 | QTOP | 犭丿火辶 | 亭 | YPSJ③ | 亠冖丁刂 | | IWGS98 | 氵人一木 |
| 惖 | NJQR③ | 忄日勹彡 | 庭 | YTFP | 广丿士廴 | 荼 | AWTU③ | 艹人禾丷 |
| 替 | FWFJ③ | 二人二日 | | OTFP98 | 广丿士廴 | | AWGS98 | 艹人一木 |
| | GGJF98 | 夫夫日二 | 莛 | ATFP | 艹丿士廴 | 途 | WTPI③ | 人禾辶氵 |
| 嚏 | KFPH | 口十冖止 | 停 | WYPS③ | 亻亠冖丁 | | WGSP98 | 人一木辶 |
| tian | | | 婷 | VYPS③ | 女亠冖丁 | 屠 | NFTJ③ | 尸土丿日 |
| 天 | GDI② | 一大氵 | 葶 | AYPS③ | 艹亠冖丁 | 酴 | SGWT | 西一人禾 |
| 添 | IGDN③ | 氵一大小 | 蜓 | JTFP | 虫丿士廴 | | SGWS98 | 西一人木 |
| 田 | LLLL③ | (键名字) | 霆 | FTFP③ | 雨丿士廴 | 土 | FFFF | (键名字) |
| 恬 | NTDG③ | 忄丿古一 | 挺 | RTFP | 扌丿士廴 | 吐 | KFG | 口土一 |
| 畋 | LTY | 田攵丶 | 梃 | STFP | 木丿士廴 | 钍 | QFG | 钅土一 |
| 甜 | TDAF | 丿古廿二 | 铤 | QTFP | 钅丿士廴 | 兔 | QKQY | 勹口儿丶 |
| | TDFG98 | 丿古甘一 | 艇 | TETP③ | 丿舟丿廴 | 堍 | FQKY③ | 土勹口丶 |
| 填 | FFHW③ | 土十且八 | | TUTP98 | 丿舟丿廴 | | FQKY98 | 土勹口丶 |
| 阗 | UFHW③ | 门十且八 | tong | | | 菟 | AQKY | 艹勹口丶 |
| | UFHW | 门十且八 | 通 | CEPK③ | マ用辶刂 | tuan | | |
| 忝 | GDNU③ | 一大小丷 | 嗵 | KCEP③ | 口マ用辶 | 团 | LFTE③ | 囗十丿彡 |
| 珍 | GQWE | 一夕人彡 | 仝 | WAF | 人工二 | 湍 | IMDJ③ | 氵山厂刂 |
| 腆 | EMAW③ | 月门共八 | 同 | MGKD② | 门一口三 | 抟 | RFNY③ | 扌二乙丶 |
| 舔 | TDGN | 丿古一小 | | MGKD98③ | 门一口三 | 疃 | LUJF③ | 田立日土 |
| 掭 | RGDN | 扌一大小 | 佟 | WTUY | 亻夂冫丶 | 彖 | XEU | 彑豕丷 |
| tiao | | | 彤 | MYET③ | 门一彡丿 | tui | | |
| 挑 | RIQN③ | 扌火儿乙 | 茼 | AMGK③ | 艹门一口 | 推 | RWYG | 扌亻圭一 |
| | RQIY98 | 扌儿火丶 | 桐 | SMGK | 木门一口 | 颓 | TMDM | 禾几厂贝 |
| 佻 | WIQN③ | 亻火儿乙 | 砼 | DWAG③ | 石人工一 | | TWDM98 | 禾几厂贝 |
| | WQIY98 | 亻儿火丶 | 铜 | QMGK③ | 钅门一口 | 腿 | EVEP③ | 月ヨ以辶 |
| 祧 | PYIQ | 礻丶火儿 | 童 | UJFF | 立日土二 | | EVP98 | 月艮辶 |
| | PYQI98 | 礻丶儿火 | 酮 | SGMK | 西一门口 | 退 | VEPI③ | ヨ以辶氵 |
| 条 | TSU② | 夂木丶 | 僮 | WUJF③ | 亻立日土 | | VPI98 | 艮辶氵 |
| 迢 | VKPD③ | 刀口辶三 | 潼 | IUJF③ | 氵立日土 | 煺 | OVEP③ | 火ヨ以辶 |
| 笤 | TVKF③ | 竹刀口二 | 瞳 | HUJF② | 目立日土 | | OVPY98 | 火艮辶丶 |
| 蜩 | HWBK | 止人口口 | 统 | XYCQ③ | 纟亠厶儿 | 蜕 | JUKQ③ | 虫丷口儿 |
| 蜩 | JMFK | 虫门土口 | 捅 | RCEH③ | 扌マ用丨 | 褪 | PUVP | 礻丷ヨ辶 |
| 髫 | DEVK③ | 镸彡刀口 | 桶 | SCEH③ | 木マ用丨 | tun | | |
| 鲦 | QGTS | 鱼一夂木 | 筒 | TMGK | 竹门一口 | 吞 | GDKF③ | 一大口二 |
| 窕 | PWIQ③ | 宀八火儿 | 恫 | NFCL | 忄二厶力 | 囤 | LGBN③ | 囗一凵乙 |
| 眺 | HIQN③ | 目火儿乙 | | NFCE98 | 忄二厶力 | 暾 | JYBT③ | 日亠子攵 |
| | HQIY98 | 目儿火丶 | 痛 | UCEK③ | 疒マ用刂 | 屯 | GBNV② | 一凵巛 |

| | | |
|---|---|---|
| 饨 | QNGN | ⺈乙一乙 |
| 豚 | EEY | 月豕丶 |
| | EGEY⁹⁸ | 月一豕丶 |
| 臀 | NAWE | 尸共八月 |
| 余 | WIU | 人禾冫 |

| tuo | | |
|---|---|---|
| 拖 | RTBN③ | 扌⺀也乙 |
| 乇 | TAV | ノ七巛 |
| 托 | RTAN③ | 扌ノ七乙 |
| 脱 | EUKQ③ | 月丷口儿 |
| 驮 | CDY | 马大丶 |
| | CGDY⁹⁸ | 马一大丶 |
| 佗 | WPXN③ | 亻宀匕乙 |
| 陀 | BPXN③ | 阝宀匕乙 |
| 坨 | FPXN | 土宀匕乙 |
| 沱 | IPXN③ | 氵宀匕乙 |
| 驼 | CPXN② | 马宀匕乙 |
| | CGPX⁹⁸ | 马一宀匕 |
| 柁 | SPXN③ | 木宀匕乙 |
| 砣 | DPXN③ | 石宀匕乙 |
| 鸵 | QYNX | 勹丶乙匕 |
| | QGPX⁹⁸ | 鸟一宀匕 |
| 跎 | KHPX | 口止宀匕 |
| 酡 | SGPX③ | 西一宀匕 |
| 橐 | GKHS | 一口丨木 |
| 鼍 | KKLN③ | 口口田乙 |
| 妥 | EVF② | 爫女二 |
| 度 | YANY | 广廿尸丶 |
| | OANY⁹⁸ | 广廿尸丶 |
| 椭 | SBDE③ | 木阝𠂇月 |
| 拓 | RDG② | 扌石一 |
| 柝 | SRYY | 木斤丶丶 |
| 唾 | KTGF③ | 口ノ一士 |
| 箨 | TRCH | 𥫗扌又丨 |
| | TRCG⁹⁸ | 𥫗扌又 |

## W

| wa | | |
|---|---|---|
| 挖 | RPWN | 扌宀八乙 |
| 哇 | KFFG③ | 口土土一 |
| 娃 | VFFG③ | 女土土一 |
| | VFFG⁹⁸ | 女土土一 |
| 洼 | IFFG | 氵土土一 |
| 娲 | VKMW③ | 女口冂人 |
| 蛙 | JFFG③ | 虫土土一 |
| 瓦 | GNYN③ | 一乙丶乙 |
| | GNNY⁹⁸ | 一乙乙丶 |
| 佤 | WGNN③ | 亻一乙乙 |
| | WGNY⁹⁸ | 亻一乙丶 |
| 袜 | PUGS③ | 衤冫一木 |
| 腽 | EJLG③ | 月日皿一 |

| wai | | |
|---|---|---|
| 歪 | GIGH③ | 一小一止 |
| | DHGH⁹⁸ | 丆卜一止 |
| 崴 | MDGT | 山厂一ノ |
| | MDGV⁹⁸ | 山戊一女 |
| 外 | QHY② | 夕卜丶 |

| wan | | |
|---|---|---|
| 弯 | YOXB③ | 亠小弓巛 |
| 剜 | PQBJ | 宀夕㔾刂 |
| 湾 | IYOX③ | 氵亠小弓 |
| 蜿 | JPQB③ | 虫宀夕㔾 |
| 豌 | GKUB | 一口丷㔾 |
| 丸 | VYI | 九丶冫 |
| 纨 | XVYY | 纟九丶丶 |
| 芄 | AVYU③ | 艹九丶冫 |
| 完 | PFQB③ | 宀二儿巛 |
| 玩 | GFQN③ | 王二儿乙 |
| 顽 | FQDM③ | 二儿丆贝 |
| 烷 | OPFQ③ | 火宀二儿 |
| 宛 | PQBB② | 宀夕㔾巛 |
| 挽 | RQKQ | 扌⺈口儿 |
| 晚 | JQKQ② | 日⺈口儿 |
| 莞 | APFQ | 艹宀二儿 |
| 婉 | VPQB③ | 女宀夕㔾 |
| 惋 | NPQB③ | 忄宀夕㔾 |
| 绾 | XPNN③ | 纟宀コ コ |
| 脘 | EPFQ③ | 月宀二儿 |
| 菀 | APQB③ | 艹宀夕㔾 |
| 琬 | GPQB③ | 王宀夕㔾 |
| 皖 | RPFQ③ | 白宀二儿 |
| 畹 | LPQB③ | 田宀夕㔾 |
| 碗 | DPQB③ | 石宀夕㔾 |
| 万 | DNV | 丆乙巛 |
| | GQE⁹⁸ | 一勹彡 |
| 腕 | EPQB③ | 月宀夕㔾 |

| wang | | |
|---|---|---|
| 汪 | IGG② | 氵王一 |
| | IGG⁹⁸ | 氵王一 |
| 亡 | YNV | 亠乙巛 |
| 王 | GGGG③ | (键名字) |
| 网 | MQQI③ | 冂乂乂冫 |
| | MRR⁹⁸ | 冂乂乂 |
| 往 | TYGG③ | 彳丶王一 |
| 枉 | SGG | 木王一 |
| 罔 | MUYN③ | 冂丷亠乙 |
| 惘 | NMUN③ | 忄冂丷乙 |
| 辋 | LMUN③ | 车冂丷乙 |
| 魍 | RQCN | 白儿厶乙 |
| 妄 | YNVF | 亠乙女二 |
| 忘 | YNNU | 亠乙心冫 |
| 旺 | JGG | 日王一 |
| 望 | YNEG | 亠乙月王 |
| 尢 | DNV | 尢乙巛 |

| wei | | |
|---|---|---|
| 危 | QDBB③ | 勹厂㔾巛 |
| 威 | DGVT③ | 厂一女ノ |
| | DGVD⁹⁸③ | 戊一女三 |
| 偎 | WLGE | 亻田一⾐ |
| 逶 | TVPD | 禾女辶三 |
| 隈 | BLGE③ | 阝田一⾐ |
| 葳 | ADGT③ | 艹厂一ノ |
| | ADGV⁹⁸③ | 艹戊一女 |

| | | |
|---|---|---|
| 微 | TMGT③ | 彳山一攵 |
| 煨 | OLGE③ | 火田一⾐ |
| 薇 | ATMT③ | 艹彳山攵 |
| 巍 | MTVC③ | 山禾女厶 |
| 口 | LHNG | 口丨乙一 |
| 为 | YLYI③ | 丶力丶冫 |
| | YEYI⁹⁸ | 丶力丶冫 |
| 韦 | FNHK③ | 二乙丨二 |
| 围 | LFNH | 口二乙丨 |
| 帏 | MHFH③ | 冂丨二丨 |
| 沩 | IYLY③ | 氵丶力 |
| | IYEY⁹⁸ | 氵丶力 |
| 违 | FNHP | 二乙丨辶 |
| 闱 | UFNH③ | 门二乙丨 |
| 桅 | SQDB③ | 木勹厂㔾 |
| 涠 | ILFH③ | 氵口二丨 |
| 唯 | KWYG | 口亻主一 |
| 帷 | MHWY③ | 冂丨亻主 |
| 惟 | NWYG③ | 忄亻主一 |
| 维 | XWYG③ | 纟亻主一 |
| 嵬 | MRQC③ | 山白儿厶 |
| 潍 | IXWY③ | 氵纟亻主 |
| 伟 | WFNH | 亻二乙丨 |
| | WFNH⁹⁸ | 亻二乙丨 |
| 伪 | WYLY③ | 亻丶力 |
| | WYEY⁹⁸ | 亻丶力 |
| 尾 | NTFN③ | 尸ノ二乙 |
| | NEV⁹⁸② | 尸毛巛 |
| 纬 | XFNH③ | 纟二乙丨 |
| 苇 | AFNH③ | 艹二乙丨 |
| 委 | TVF③ | 禾女二 |
| | TVF⁹⁸③ | 禾女二 |
| 炜 | OFNH③ | 火二乙丨 |
| 玮 | GFNH③ | 王二乙丨 |
| 洧 | IDEG | 氵𠂇月一 |
| 娓 | VNTN | 女尸ノ乙 |
| | VNEN⁹⁸③ | 女尸毛乙 |
| 诿 | YTVG③ | 讠禾女一 |
| 萎 | ATVF③ | 艹禾女二 |
| 隗 | BRQC③ | 阝白儿厶 |
| 猥 | QTLE | 犭ノ田⾐ |
| | QTLE⁹⁸③ | 犭ノ田⾐ |
| 痿 | UTVD③ | 疒禾女三 |
| 艉 | TENN③ | ノ舟尸乙 |
| | TUNE⁹⁸③ | ノ舟尸毛 |
| 题 | JGHH | 日一止丨 |
| 鲔 | QGDE | 鱼一𠂇月 |
| 卫 | BGD② | 卩一三 |
| 未 | FII | 二小冫 |
| | FGGY⁹⁸ | 未一一丶 |
| 位 | WUG③ | 亻立一 |
| 味 | KFIY③ | 口二小丶 |
| | KFY⁹⁸ | 口未丶 |
| 畏 | LGEU③ | 田一⾐冫 |
| 胃 | LEF③ | 田月二 |
| 曹 | GJFK86 | 一日十口 |

| 字 | 编码 | 字根 | | 字 | 编码 | 字根 | | 字 | 编码 | 字根 |
|---|---|---|---|---|---|---|---|---|---|---|
| 售 | LKF⁹⁸ | 车口二 | | 乌 | QNGD③ | 勹乙一三 | | 杌 | SGQN | 木一儿乙 |
| 尉 | NFIF | 尸二小寸 | | | TNNG⁹⁸③ | 丿乙乙一 | | 芴 | AQRR | 艹勹丿丿 |
| 谓 | YLEG③ | 讠田月一 | | 圬 | FFNN③ | 土二乙乙 | | 物 | TRQR③ | 丿扌勹丿 |
| 喂 | KLGE③ | 口田一以 | | | FFNN⁹⁸ | 土二乙乙 | | | CQR⁹⁸② | 牜勹彡 |
| | KLGE⁹⁸② | 口田一以 | | 邬 | QNGB | 勹乙一阝 | | 误 | YKGD③ | 讠口一大 |
| 渭 | ILEG③ | 氵田月一 | | | TNNB⁹⁸ | 丿乙乙阝 | | 悟 | NGKG | 忄五口一 |
| 猬 | QTLE | 犭丿田月 | | 呜 | KQNG | 口勹乙一 | | 晤 | JGKG③ | 日五口一 |
| 蔚 | ANFF③ | 艹尸二寸 | | | KTNG⁹⁸ | 口丿乙一 | | 焐 | OGKG③ | 火五口一 |
| 慰 | NFIN③ | 尸二小心 | | 巫 | AWWI③ | 工人人氵 | | 婺 | CBTV | マ卩丿女 |
| 魏 | TVRC③ | 禾女白厶 | | 屋 | NGCF③ | 尸一厶土 | | | CNHV⁹⁸ | マ乙丨女 |
| | wen | | | 诬 | YAWW③ | 讠工人人 | | 痦 | UGKD | 疒五口三 |
| 温 | IJLG③ | 氵日皿一 | | 钨 | QQNG③ | 钅勹乙一 | | 骛 | CBTC | マ卩丿马 |
| 瘟 | UJLD③ | 疒日皿三 | | | QTNG⁹⁸ | 钅丿乙一 | | | CNHG⁹⁸ | マ乙丨一 |
| 文 | YYGY | 文丶一丶 | | 无 | FQV② | 二儿巛 | | 雾 | FTLB③ | 雨夂力巛 |
| 纹 | XYY | 纟文丶 | | 毋 | XDE | 母𠃌彡 | | | FTER⁹⁸ | 雨夂力彡 |
| 闻 | UBD | 门耳三 | | | NNDE⁹⁸③ | 乙乙𠂇彡 | | 寤 | PNHK | 宀乙丨口 |
| 蚊 | JYY | 虫文丶 | | 吴 | KGDU③ | 口一大丷 | | | PUGK⁹⁸ | 宀丬五口 |
| 阌 | UEPC | 门四冖又 | | 吾 | GKF | 五口二 | | 鹜 | CBTG | マ卩丿一 |
| 雯 | FYU | 雨文丷 | | 唔 | KGKG③86 | 口五口一 | | | CNHG⁹⁸ | マ乙丨一 |
| 刎 | QRJH③ | 勹丿刂丨 | | | KGK⁹⁸ | 口五口 | | 鋈 | ITDQ | 氵丿大金 |
| 吻 | KQRT③ | 口勹丿丿 | | 芜 | AFQB | 艹二儿巛 | | | **X** | |
| 紊 | YXIU | 文幺小丷 | | | AFQB⁹⁸③ | 艹二儿巛 | | | xi | |
| | YXIU⁹⁸③ | 文幺小丷 | | 梧 | SGKG③ | 木五口一 | | 西 | SGHG | 西一丨一 |
| 稳 | TQVN③ | 禾⺈彐心 | | 浯 | IGKG | 氵五口一 | | 蹊 | KHED | 口止四大 |
| | TQVN⁹⁸② | 禾⺈彐心 | | 蜈 | JKGD③ | 虫口一大 | | 褉 | PUJR | 衤丬日彡 |
| 问 | UKD | 门口三 | | 鼯 | VNUK | 白乙冫口 | | 夕 | QTNY | 夕丿乙丶 |
| | UKD⁹⁸② | 门口三 | | | ENUK⁹⁸ | 白乙冫口 | | 兮 | WGNB | 八一乙巛 |
| 汶 | IYY | 氵文丶 | | 五 | GGHG② | 五一丨一 | | | WGNB⁹⁸③ | 八一乙巛 |
| 璺 | WFMY③ | 亻二门丶 | | 午 | TFJ | 丿十刂 | | 汐 | IQY | 氵夕丶 |
| | EMGY⁹⁸ | 臼门一丶 | | 仵 | WTFH | 亻丿十丨 | | 吸 | KEYY② | 口乃丶丶 |
| | weng | | | 伍 | WGG | 亻五一 | | | KBYY⁹⁸③ | 口乃丶丶 |
| 翁 | WCNF③ | 八厶羽二 | | 坞 | FQNG | 土勹乙一 | | 希 | QDMH③ | 乂ナ冂丨 |
| 嗡 | KWCN③ | 口八厶羽 | | | FTNG⁹⁸ | 土丿乙一 | | | RDMH⁹⁸③ | 乂ナ冂丨 |
| 蓊 | AWCN③ | 艹八厶羽 | | 妩 | VFQN③ | 女二儿乙 | | 昔 | AJF | 艹日二 |
| 瓮 | WCGN③ | 八厶一乙 | | 庑 | YFQV③ | 广二儿巛 | | 析 | SRH② | 木斤丨 |
| 薶 | AYXY | 艹亠幺圭 | | | OFQV⁹⁸③ | 广二儿巛 | | 矽 | DQY | 石夕丶 |
| | wo | | | 忤 | NTFH | 忄丿十丨 | | 穸 | PWQU③ | 宀八夕丷 |
| 喔 | KNGF | 口尸一土 | | 怃 | NFQN③ | 忄二儿乙 | | | PWQU⁹⁸ | 宀八夕丷 |
| 窝 | PWKW | 宀八口人 | | 迕 | TFPK | 丿十辶川 | | 郗 | QDMB | 乂ナ冂阝 |
| 挝 | RFPY③ | 扌寸辶丶 | | 武 | GAHD③ | 一弋止三 | | | RDMB⁹⁸ | 乂ナ冂阝 |
| 倭 | WTVG③ | 亻禾女一 | | | GAHY⁹⁸③ | 一弋止丶 | | 唏 | KQDH③ | 口乂ナ丨 |
| 涡 | IKMW③ | 氵口冂人 | | 侮 | WTXU③ | 亻丿口丷 | | | KRDH⁹⁸③ | 口乂ナ丨 |
| 莴 | AKMW③ | 艹口冂人 | | | WTXY⁹⁸③ | 亻丿母丶 | | 奚 | EXDU③ | 爫幺大丷 |
| 蜗 | JKMW③ | 虫口冂人 | | 捂 | RGKG | 扌五口一 | | 息 | THNU③ | 丿目心丷 |
| 我 | TRNT③ | 丿扌乙丿 | | 牾 | TRGK | 丿扌五口 | | 浠 | IQDH | 氵乂ナ丨 |
| 沃 | ITDY | 氵丿大丶 | | | CGKG⁹⁸ | 牜五口一 | | | IRDH⁹⁸ | 氵乂ナ丨 |
| 肟 | EFNN③ | 月二乙乙 | | 鹉 | GAHG | 一弋止一 | | 牺 | TRSG③ | 丿扌西一 |
| 卧 | AHNH | 匚丨乙卜 | | 舞 | RLGH③ | 𠂉卌一丨 | | | CSG⁹⁸② | 牜西一 |
| 幄 | MHNF | 门丨尸土 | | | TGLG⁹⁸③ | 𠂉一卌丰 | | 悉 | TONU③ | 丿米心丷 |
| 握 | RNGF③ | 扌尸一土 | | 兀 | GQV | 一儿巛 | | 惜 | NAJG | 忄艹日一 |
| 渥 | INGF③ | 氵尸一土 | | 勿 | QRE | 勹丿彡 | | 欷 | QDMW | 乂ナ冂人 |
| 硪 | DTRT③ | 石丿扌丿 | | | QRE⁹⁸② | 勹丿彡 | | | RDMW⁹⁸ | 乂ナ冂人 |
| | DTRY⁹⁸ | 石丿扌丶 | | 务 | TLB③ | 夂力巛 | | 淅 | ISRH③ | 氵木斤丨 |
| 斡 | FJWF③ | 十早人十 | | | TER⁹⁸② | 夂力彡 | | 烯 | OQDH | 火乂ナ丨 |
| 龌 | HWBF | 止人凵土 | | 戊 | DNYT | 厂乙丶丿 | | | ORDH⁹⁸③ | 火乂ナ丨 |
| | wu | | | | DGTY⁹⁸ | 戊一丿丶 | | 硒 | DSG | 石西一 |
| 污 | IFNN③ | 氵二乙乙 | | 阢 | BGQN③ | 阝一儿乙 | | 菥 | ASRJ③ | 艹木斤刂 |

| 字 | 编码 | 字根 |
|---|---|---|
| 晰 | JSRH③ | 日木斤丨 |
| 犀 | NIRH③ | 尸水二丨 |
|  | NITG⁹⁸③ | 尸水丿丨 |
| 稀 | TQDH③ | 禾乂丆丨 |
|  | TRDH⁹⁸② | 禾乂丆丨 |
| 粞 | OSG | 米西一 |
| 翕 | WGKN | 人一口羽 |
| 舾 | TESG③ | 丿舟西一 |
|  | TUSG⁹⁸ | 丿舟西一 |
| 溪 | IEXD③ | 氵爫幺大 |
| 皙 | SRRF | 木斤白二 |
| 锡 | QJQR③ | 钅日勹彡 |
| 傺 | WFKK | 亻士口口 |
| 熄 | OTHN | 火丿目心 |
| 熙 | AHKO | 匚丨口灬 |
| 蜥 | JSRH | 虫木斤丨 |
| 嘻 | KFKK③ | 口士口口 |
| 嬉 | VFKK③ | 女士口口 |
| 膝 | ESWI③ | 月木人水 |
| 榍 | SNIH③ | 木尸水丨 |
|  | SNIG⁹⁸③ | 木尸水丰 |
| 憙 | FKUO | 士口丷灬 |
| 羲 | UGTT③ | 丷王禾丿 |
|  | UGTY⁹⁸③ | 丷王禾、 |
| 熄 | JTHN | 虫丿目心 |
| 蟋 | JTON | 虫丿米心 |
| 醯 | SGYL | 西一亠皿 |
| 曦 | JUGT③ | 日丷王丿 |
|  | JUGY⁹⁸③ | 日丷王、 |
| 躧 | VNUD | 白乙丿大 |
|  | ENUD⁹⁸ | 白乙丿大 |
| 习 | NUD② | 乙丿三 |
| 席 | YAMH③ | 广廿冂丨 |
|  | OAMH⁹⁸② | 广廿冂丨 |
| 袭 | DXYE③ | 尢匕亠衣 |
|  | DXYE⁹⁸ | 尢匕亠衣 |
| 觋 | AWWQ | 工人人儿 |
| 媳 | VTHN③ | 女丿目心 |
| 隰 | BJXO③ | 阝日幺灬 |
| 檄 | SRYT③ | 木白方攵 |
| 洗 | ITFQ③ | 氵丿土儿 |
| 玺 | QIGY③ | 尔小王、 |
| 徙 | THHY③ | 彳止止、 |
|  | THHY⁹⁸ | 彳止止、 |
| 铣 | QTFQ | 钅丿土儿 |
| 喜 | FKUK③ | 士口丷口 |
| 蒽 | ALNU | 艹田心丷 |
|  | ALNU⁹⁸③ | 艹田心丷 |
| 屣 | NTHH | 尸彳止广 |
|  | NTHH⁹⁸③ | 尸彳止广 |
| 徙 | ATHH③ | 艹彳止广 |
| 禧 | PYFK | 礻、士口 |
| 戏 | CAT② | 又戈丿 |
|  | CAY⁹⁸② | 又戈丿 |
| 系 | TXIU③ | 丿幺小丷 |
| 饩 | QNRN | 夕乙二乙 |
| 细 | XLG② | 纟田一 |
| 阋 | UVQV③ | 门白儿巛 |
|  | UEQV⁹⁸③ | 门白儿巛 |
| 舄 | VQOU③ | 白勹灬丷 |
|  | EQO⁹⁸ | 白勹灬 |
| 隙 | BIJI③ | 阝小日小 |
| 褉 | PYDD | 礻、三大 |

**xia**

| 字 | 编码 | 字根 |
|---|---|---|
| 虾 | JGHY | 虫一卜、 |
| 呷 | KLH | 口甲丨 |
| 瞎 | HPDK② | 目宀三口 |
| 匣 | ALK | 匚甲Ⅲ |
| 侠 | WGUW③ | 亻一丷人 |
|  | WGUD⁹⁸③ | 亻一丷大 |
| 狎 | QTLH③ | 犭丿甲丨 |
| 峡 | MGUW③ | 山一丷人 |
|  | MGUD⁹⁸③ | 山一丷大 |
| 柙 | SLH | 木甲丨 |
| 狭 | QTGW③ | 犭丿一人 |
| 硖 | DGUW③ | 石一丷人 |
|  | DGUD⁹⁸ | 石一丷大 |
| 遐 | NHFP③ | 彐丨二辶 |
| 暇 | JNHC③ | 日彐丨又 |
| 瑕 | GNHC③ | 王彐丨又 |
| 辖 | LPDK③ | 车宀三口 |
| 霞 | FNHC | 雨彐丨又 |
| 黠 | LFOK | 四土灬口 |
| 下 | GHI② | 一卜氵 |
| 吓 | KGHY③ | 口一卜、 |
| 夏 | DHTU③ | 丆目夂丷 |
| 厦 | DDHT③ | 厂丆目夂 |
| 罅 | RMHH | 缶山广丨 |
|  | TFBF⁹⁸ | 一十凵十 |

**xian**

| 字 | 编码 | 字根 |
|---|---|---|
| 先 | TFQB③ | 丿土儿 |
| 仙 | WMH② | 亻山丨巛 |
| 纤 | XTFH③ | 纟丿十丨 |
| 氙 | RNMJ③ | 二乙山Ⅲ |
|  | RMK⁹⁸ | 气山川 |
| 祆 | PYGD | 礻、一大 |
| 籼 | OMH | 米山丨 |
| 莶 | AWGI | 艹人一丷 |
|  | AWGG⁹⁸ | 艹人一一 |
| 掀 | RRQW③ | 扌斤勹人 |
| 跹 | KHTP | 口止丿辶 |
| 酰 | SGTQ | 西一丿儿 |
| 锨 | QRQW③ | 钅斤勹人 |
| 鲜 | QGUD | 鱼一丷丰 |
|  | QGUH⁹⁸③ | 鱼一羊丨 |
| 暹 | JWYP③ | 日亻圭辶 |
| 闲 | USI | 门木氵 |
| 弦 | XYXY③ | 弓亠幺、 |
| 贤 | JCMU③ | 刂又贝丷 |
| 咸 | DGKT③ | 厂一口丿 |
|  | DGKD⁹⁸ | 戊一口三 |
| 涎 | ITHP③ | 氵丿止廴 |

| 字 | 编码 | 字根 |
|---|---|---|
| 娴 | VUSY③ | 女门木、 |
| 舷 | TEYX | 丿舟亠幺 |
|  | TUYX⁹⁸ | 丿舟亠幺 |
| 衔 | TQFH③ | 彳钅二丨 |
|  | TQGS⁹⁸③ | 彳钅一丁 |
| 痫 | UUSI③ | 广门木氵 |
| 鹇 | USQG③ | 门木勹一 |
| 嫌 | VUVO② | 女丷彐小 |
|  | VUVW⁹⁸② | 女丷彐八 |
| 冼 | UTFQ③ | 冫丿土儿 |
| 显 | JOGF② | 日业一二 |
|  | JOF⁹⁸② | 日业二 |
| 险 | BWGI③ | 阝人一业 |
|  | BWGG⁹⁸ | 阝人一一 |
| 猃 | QTWI③ | 犭丿人业 |
|  | QTWG⁹⁸ | 犭丿人一 |
| 蚬 | JMQN③ | 虫门儿乙 |
| 筅 | TTFQ | 竹丿土儿 |
| 跣 | KHTQ | 口止丿儿 |
| 薛 | AQGD | 艹辥一羊 |
|  | AQGU⁹⁸ | 艹辥一羊 |
| 燹 | EEOU③ | 豕豕火丷 |
|  | GEGO⁹⁸③ | 一豕一火 |
| 县 | EGCU | 目一厶丷 |
| 岘 | MMQN | 山门儿乙 |
| 苋 | AMQB③ | 艹门儿巛 |
| 现 | GMQN③ | 王门儿乙 |
| 线 | XGT② | 纟戋丿 |
|  | XGAY⁹⁸② | 纟一戈、 |
| 限 | BVEY② | 阝彐⻌丶 |
|  | BVY⁹⁸② | 阝艮、 |
| 宪 | PTFQ③ | 宀丿土儿 |
| 陷 | BQVG③ | 阝⺈臼一 |
|  | BQEG⁹⁸③ | 阝⺈臼一 |
| 霰 | FAET③ | 雨艹月攵 |
| 馅 | QNQV | 夕乙⺈臼 |
|  | QNQE⁹⁸ | 夕乙⺈臼 |
| 羡 | UGUW③ | 丷王冫人 |
| 献 | FMUD | 十门丷犬 |
|  | FMUD⁹⁸③ | 十门丷犬 |
| 腺 | ERIY③ | 月白水、 |

**xiang**

| 字 | 编码 | 字根 |
|---|---|---|
| 香 | TJF | 禾日二 |
| 乡 | XTE | 纟丿彡 |
|  | XTE⁹⁸② | 纟丿彡 |
| 芗 | AXTR③ | 艹纟丿彡 |
| 相 | SHG② | 木目一 |
| 厢 | DSHD③ | 厂木目三 |
| 湘 | ISHG③ | 氵木目一 |
| 缃 | XSHG③ | 纟木目一 |
| 葙 | ASHF③ | 艹木目一 |
| 箱 | TSHF③ | 竹木目二 |
| 襄 | YKKE③ | 亠口口衣 |
| 骧 | CYKE③ | 马亠口衣 |
|  | CGYE⁹⁸ | 马一亠衣 |
| 镶 | QYKE③ | 钅亠口衣 |

| 详 | YUDH③ | 讠丷丰丨 |
|---|---|---|
| 详 | YUH98② | 讠丷丰丨 |
| 庠 | YUDK | 广丷丰川 |
| 庠 | OUK98 | 广羊川 |
| 祥 | PYUD③ | 礻丶丷丰 |
| 祥 | PYUH98③ | 礻丶丷丰丨 |
| 翔 | UDNG | 丷丰羽一 |
| 翔 | UNG98 | 羊羽一 |
| 享 | YBF | 亠子二 |
| 享 | YBF98② | 亠子二 |
| 响 | KTMK③ | 口丿门口 |
| 饷 | QNTK | 夂乙丿口 |
| 饟 | XTWE③ | 纟丿人𧘇 |
| 饟 | XTWV98③ | 纟丿人𧘇 |
| 想 | SHNU③ | 木目心丷 |
| 鲞 | UDQG | 丷大角一 |
| 鲞 | UGQG98 | 丷一夫角一 |
| 向 | TMKD② | 丿门口三 |
| 向 | TMKD98③ | 丿门口三 |
| 巷 | AWNB③ | 共八巳《 |
| 项 | ADMY③ | 工厂贝丶 |
| 象 | QJEU③ | 夕日象丷 |
| 象 | QKEU98③ | 夕口象丷 |
| 像 | WQJE③ | 亻夕日象 |
| 像 | WQKE98③ | 亻夕口象 |
| 橡 | SQJE③ | 木夕日象 |
| 橡 | SQKE98③ | 木夕口象 |
| 蟓 | JQJE③ | 虫夕日象 |
| 蟓 | JQKE98 | 虫夕口象 |

| xiao | | |
|---|---|---|
| 楒 | SKGN③ | 木口一乙 |
| 消 | IIEG③ | 氵丷月一 |
| 枭 | QYNS | 勹丶乙木 |
| 枭 | QSU98 | 凫木丷 |
| 哓 | KATQ③ | 口七儿 |
| 骁 | CATQ | 马七儿 |
| 骁 | CGAQ98 | 马一七儿 |
| 宵 | PIEF② | 宀丷月二 |
| 绡 | XIEG③ | 纟丷月一 |
| 逍 | IEPD③ | 丷月辶三 |
| 萧 | AVIJ | 艹彐小川 |
| 萧 | AVHW98③ | 艹彐丨八 |
| 硝 | DIEG③ | 石丷月一 |
| 销 | QIEG③ | 钅丷月一 |
| 潇 | IAVJ | 氵艹彐川 |
| 潇 | IAVW98 | 氵艹彐八 |
| 箫 | TVIJ | 𥫗彐小川 |
| 箫 | TVHW98③ | 𥫗彐丨八 |
| 霄 | FIEF③ | 雨丷月二 |
| 魈 | RQCE | 白儿厶月 |
| 嚣 | KKDK | 口口丁口 |
| 崤 | MQDE | 山乂丆月 |
| 崤 | MRDE98 | 山乂丆月 |
| 淆 | IQDE③ | 氵乂丆月 |
| 淆 | IRDE98③ | 氵乂丆月 |
| 小 | IHTY② | 小丨丿丶 |

| 晓 | JATQ③ | 日七儿 |
|---|---|---|
| 筱 | TWHT③ | 𥫗亻夂 |
| 孝 | FTBF | 土丿子二 |
| 肖 | IEF② | 丷月二 |
| 哮 | KFTB | 口土丿子 |
| 效 | UQTY③ | 六乂夂丶 |
| 效 | URTY98 | 六乂夂丶 |
| 校 | SUQY③ | 木六乂丶 |
| 校 | SURY98③ | 木六乂丶 |
| 笑 | TTDU③ | 𥫗丿大丷 |
| 啸 | KVIJ③ | 口彐小川 |
| 啸 | KVHW98② | 口彐丨八 |

| xie | | |
|---|---|---|
| 些 | HXFF③ | 止匕二二 |
| 楔 | SDHD③ | 木三丨大 |
| 歇 | JQWW③ | 日勹人人 |
| 蝎 | JJQN③ | 虫日勹乙 |
| 协 | FLWY③ | 十力八丶 |
| 协 | FEW98② | 十力八 |
| 邪 | AHTB | 匚丨丿阝 |
| 胁 | ELWY③ | 月力八丶 |
| 胁 | EEW98③ | 月力八 |
| 挟 | RGUW③ | 扌一丷人 |
| 挟 | RGUD98③ | 扌一丷大 |
| 偕 | WXXR③ | 亻匕匕白 |
| 偕 | WXXR98③ | 亻匕匕白 |
| 斜 | WTUF | 人禾丷十 |
| 斜 | WGSF98 | 人一木十 |
| 谐 | YXXR | 讠匕匕白 |
| 谐 | YXXR98③ | 讠匕匕白 |
| 携 | RWYE | 扌亻圭乃 |
| 携 | RWYB98 | 扌亻圭乃 |
| 勰 | LLLN | 力力力心 |
| 勰 | EEEN98 | 力力力心 |
| 撷 | RFKM | 扌土口贝 |
| 缬 | XFKM | 纟士口贝 |
| 鞋 | AFFF | 廿串土土 |
| 写 | PGNG③ | 冖一乙一 |
| 泄 | IANN | 氵廿乙乙 |
| 泻 | IPGG | 氵冖一一 |
| 泻 | IPGG98③ | 氵冖一一 |
| 继 | XANN | 纟廿乙乙 |
| 卸 | RHBH③ | 𠂉止卩丨 |
| 卸 | TGHB98 | 𠂉一止卩 |
| 屑 | NIED | 尸丷月三 |
| 械 | SAAH② | 木戈廾丨 |
| 械 | SAAH98③ | 木戈廾丨 |
| 衺 | YRVE | 亠才九伙 |
| 渫 | IANS | 氵廿乙木 |
| 谢 | YTMF③ | 讠丿门寸 |
| 榍 | SNIE③ | 木尸丷月 |
| 榍 | SNIE98 | 木尸丷月 |
| 榭 | STMF③ | 木丿门寸 |
| 廯 | YQEH③ | 广⺈用丨 |
| 廯 | OQEG98 | 广⺈用丰 |
| 懈 | NQEH② | 忄⺈用丨 |

| 懈 | NQEG98③ | 忄⺈用丰 |
|---|---|---|
| 獬 | QTQH | 犭丿⺈丨 |
| 獬 | QTQG98 | 犭丿⺈丰 |
| 薤 | AGQG | 艹一夕一 |
| 邂 | QEVP | 夕用刀辶 |
| 燮 | OYOC③ | 火言火又 |
| 燮 | YOOC98 | 言火火又 |
| 瀣 | IHQG③ | 氵丨夕一 |
| 蟹 | QEVJ | 夕用刀虫 |
| 蹀 | KHOC | 口止火又 |
| 蹀 | KHYC | 口止言又 |

| xin | | |
|---|---|---|
| 心 | NYNY② | 心丶乙丶 |
| 忻 | NRH | 忄斤丨 |
| 芯 | ANU | 艹心丷 |
| 辛 | UYGH | 辛丶一丨 |
| 昕 | JRH | 日斤丨 |
| 欣 | RQWY③ | 斤⺈人丶 |
| 锌 | QUH | 钅辛丨 |
| 新 | USRH③ | 立木斤丨 |
| 歆 | UJQW | 立日⺈人 |
| 薪 | AUSR③ | 艹立木斤 |
| 馨 | FNMJ | 士尸几日 |
| 馨 | FNWJ98 | 士尸几日 |
| 鑫 | QQQF | 金金金二 |
| 鑫 | QQQF98 | 金金金二 |
| 囟 | TLQI | 丿囗乂小 |
| 囟 | TLRI98③ | 丿囗乂小 |
| 信 | WYG② | 亻言一 |
| 衅 | TLUF③ | 丿皿丷十 |
| 衅 | TLUG98③ | 丿皿丷丰 |

| xing | | |
|---|---|---|
| 星 | JTGF③ | 日丿丰二 |
| 饧 | QNNR | 夂乙乙丿 |
| 兴 | IWU② | 业八丷 |
| 兴 | IGWU98③ | 业一八丷 |
| 悻 | NJTG③ | 忄日丿丰 |
| 猩 | QTJG | 犭丿日丰 |
| 腥 | EJTG③ | 月日丿丰 |
| 刑 | GAJH | 一廾刂丨 |
| 行 | TFHH② | 彳二丨丨 |
| 行 | TGSH98③ | 彳一丁丨 |
| 邢 | GABH③ | 一廾阝丨 |
| 形 | GAET③ | 一廾彡丿 |
| 陉 | BCAG③ | 阝ス工一 |
| 型 | GAJF | 一廾刂土 |
| 硎 | DGAJ | 石一廾刂 |
| 醒 | SGJG③ | 西一日丰 |
| 擤 | RTHJ③ | 扌丿目川 |
| 擤 | RTHJ98 | 扌丿目川 |
| 杏 | SKF | 木口二 |
| 姓 | VTGG③ | 女丿丰一 |
| 幸 | FUFJ③ | 土丷十川 |
| 性 | NTGG③ | 忄丿丰一 |
| 荇 | ATFH | 艹彳二丨 |
| 荇 | ATGS98 | 艹彳一丁 |

| 字 | 编码 | 字根 |
|---|---|---|
| 悸 | NFUF | 忄土丷十 |

**xiong**

| 字 | 编码 | 字根 |
|---|---|---|
| 兄 | KQB | 口儿《 |
| 兄 | KQB⁹⁸② | 口儿《 |
| 凶 | QBK | 乂凵川 |
| 凶 | RBK⁹⁸ | 乂凵川 |
| 匈 | QQBK③ | 勹乂凵Ⅲ |
| 匈 | QRBK⁹⁸ | 勹乂凵Ⅲ |
| 芎 | AXB | 艹弓《 |
| 汹 | IQBH | 氵乂凵丨 |
| 汹 | IRBH⁹⁸③ | 氵乂凵丨 |
| 胸 | EQQB② | 月勹乂凵 |
| 胸 | EQRB⁹⁸② | 月勹乂凵 |
| 雄 | DCWY③ | ナ厶亻圭 |
| 熊 | CEXO | 厶月匕灬 |

**xiu**

| 字 | 编码 | 字根 |
|---|---|---|
| 休 | WSY② | 亻木、 |
| 修 | WHTE③ | 亻丨夂彡 |
| 咻 | KWSY③ | 口亻木、 |
| 庥 | YWSI③ | 广亻木氵 |
| 庥 | OWSI⁹⁸③ | 广亻木氵 |
| 羞 | UDNF③ | 丷𦍌乙土 |
| 羞 | UNHG⁹⁸ | 羊乙丨一 |
| 鸺 | WSQG③ | 亻木勹一 |
| 貅 | EEWS③ | 豸亻木 |
| 貅 | EWSY⁹⁸③ | 豸亻木、 |
| 馐 | QNUF | 勹乙丷土 |
| 馐 | QNUG⁹⁸ | 勹乙羊一 |
| 髹 | DEWS③ | 镸彡亻木 |
| 朽 | SGNN | 木一乙乙 |
| 秀 | TEB | 禾乃《 |
| 秀 | TBR⁹⁸② | 禾乃彡 |
| 岫 | MMG | 山由一 |
| 绣 | XTEN | 纟禾乃乙 |
| 绣 | XTBT⁹⁸③ | 纟禾乃丿 |
| 袖 | PUMG③ | 衤丷由一 |
| 锈 | QTEN | 钅禾乃乙 |
| 锈 | QTBT⁹⁸ | 钅禾乃丿 |
| 溴 | ITHD | 氵丿目犬 |
| 嗅 | KTHD | 口丿目犬 |

**xu**

| 字 | 编码 | 字根 |
|---|---|---|
| 需 | FDMJ③ | 雨厂冂刂 |
| 圩 | FGF | 土一十 |
| 戌 | DGNT③ | 厂一乙丿 |
| 戌 | DGD⁹⁸ | 戊一三 |
| 盱 | HGFH③ | 目一十丨 |
| 胥 | NHEF③ | 乙止月二 |
| 须 | EDMY③ | 彡丆贝、 |
| 顼 | GDMY③ | 王丆贝、 |
| 虚 | HAOG③ | 虍七业一 |
| 虚 | HOD⁹⁸ | 虍业三 |
| 嘘 | KHAG | 口虍七一 |
| 嘘 | KHOG⁹⁸ | 口虍业一 |
| 墟 | FHAG | 土虍七一 |
| 墟 | FHOG⁹⁸③ | 土虍业一 |
| 徐 | TWTY③ | 彳人禾、 |
| 徐 | TWGS⁹⁸③ | 彳人一木 |

| 字 | 编码 | 字根 |
|---|---|---|
| 许 | YTFH③ | 讠丿十丨 |
| 诩 | YNG | 讠羽一 |
| 栩 | SNG | 木羽一 |
| 糈 | ONHE③ | 米乙止月 |
| 醑 | SGNE | 西一乙月 |
| 旭 | VJD | 九日三 |
| 序 | YCBK③ | 广マ卩Ⅲ |
| 序 | OCNH⁹⁸ | 广マ乙丨 |
| 叙 | WTCY③ | 人禾又、 |
| 叙 | WGSC⁹⁸ | 人一木又 |
| 恤 | NTLG③ | 忄丿皿一 |
| 洫 | ITLG | 氵丿皿一 |
| 蓄 | YXLF③ | 亠幺田二 |
| 勖 | JHLN③ | 日目力乙 |
| 勖 | JHET⁹⁸③ | 日目力丿 |
| 绪 | XFTJ③ | 纟土丿日 |
| 续 | XFND③ | 纟十乙大 |
| 酗 | SGQB | 西一乂凵 |
| 酗 | SGRB⁹⁸ | 西一乂凵 |
| 婿 | VNHE | 女乙止月 |
| 溆 | IWTC | 氵人禾又 |
| 溆 | IWGC⁹⁸ | 氵人一又 |
| 絮 | VKXI③ | 女口幺小 |
| 煦 | JQKO | 日勹口灬 |
| 蓄 | AYXL③ | 艹亠幺田 |
| 蓿 | APWJ③ | 艹宀亻日 |
| 吁 | KGFH | 口一十丨 |

**xuan**

| 字 | 编码 | 字根 |
|---|---|---|
| 宣 | PGJG③ | 宀一日一 |
| 轩 | LFH | 车干丨 |
| 谖 | YEFC③ | 讠爫二又 |
| 喧 | KPGG② | 口宀一一 |
| 揎 | RPGG③ | 扌宀一一 |
| 萱 | APGG | 艹宀一一 |
| 暄 | JPGG③ | 日宀一一 |
| 煊 | OPGG③ | 火宀一一 |
| 儇 | WLGE③ | 亻罒一𧘇 |
| 玄 | YXU | 亠幺丷 |
| 痃 | UYXI③ | 疒亠幺氵 |
| 悬 | EGCN | 目一厶心 |
| 旋 | YTNH③ | 方𠂉乙止 |
| 旋 | YTNH | 方𠂉乙止 |
| 漩 | IYTH | 氵方𠂉止 |
| 璇 | GYTH | 王方𠂉止 |
| 选 | TFQP | 丿土儿辶 |
| 癣 | UQGD③ | 疒鱼一丰 |
| 癣 | UQGU⁹⁸ | 疒鱼一羊 |
| 泫 | IYXY③ | 氵亠幺、 |
| 炫 | OYXY③ | 火亠幺、 |
| 绚 | XQJG③ | 纟勹日一 |
| 眩 | HYXY② | 目亠幺、 |
| 眩 | HYXY⁹⁸ | 目亠幺、 |
| 铉 | QYXY③ | 钅亠幺、 |
| 渲 | IPGG | 氵宀一一 |
| 楦 | SPGG③ | 木宀一一 |
| 碹 | DPGG | 石宀一一 |
| 镟 | QYTH | 钅方𠂉丷 |

**xue**

| 字 | 编码 | 字根 |
|---|---|---|
| 靴 | AFWX | 廿甲亻匕 |
| 削 | IEJH③ | 丷月刂丨 |
| 薛 | AWNU | 艹亻尸辛 |
| 薛 | ATNU⁹⁸ | 艹丿尸辛 |
| 穴 | PWU | 宀八丷 |
| 学 | IPBF② | 丷冖子一 |
| 学 | IPBF⁹⁸③ | 丷冖子一 |
| 泶 | IPIU③ | 丷冖水丷 |
| 噱 | RRKH | 扌斤口虍 |
| 雪 | FVF② | 雨彐一 |
| 鳕 | QGFV | 鱼一雨彐 |
| 血 | TLD | 丿皿三 |
| 谑 | YHAG③ | 讠虍七一 |

**xun**

| 字 | 编码 | 字根 |
|---|---|---|
| 勋 | KMLN③ | 口贝力乙 |
| 勋 | KMET⁹⁸③ | 口贝力丿 |
| 郇 | QJB③ | 勹日阝 |
| 浚 | ICWT | 氵厶八夂 |
| 埙 | FKMY | 土口贝、 |
| 埙 | FKMY⁹⁸③ | 土口贝、 |
| 熏 | TGLO③ | 丿一罒灬 |
| 熏 | TGLO⁹⁸ | 丿一罒灬 |
| 獯 | QTTO | 犭丿丿灬 |
| 薰 | ATGO | 艹丿一灬 |
| 曛 | JTGO | 日丿一灬 |
| 醺 | SGTO | 西一丿灬 |
| 寻 | VFU② | 彐二丷 |
| 巡 | VPV | 《辶《 |
| 旬 | QJD | 勹日三 |
| 驯 | CKH | 马川丨 |
| 驯 | CGKH⁹⁸③ | 马一川丨 |
| 询 | YQJG③ | 讠勹日一 |
| 峋 | MQJG | 山勹日一 |
| 峋 | MQJG⁹⁸③ | 山勹日一 |
| 恂 | NQJG③ | 忄勹日一 |
| 洵 | IQJG③ | 氵勹日一 |
| 浔 | IVFY | 氵彐寸、 |
| 荀 | AQJF③ | 艹勹日二 |
| 循 | TRFH | 彳厂十目 |
| 循 | TRFH⁹⁸③ | 彳厂十目 |
| 鲟 | QGVF③ | 鱼一彐寸 |
| 鲟 | QGVF⁹⁸ | 鱼一彐寸 |
| 训 | YKH② | 讠川丨 |
| 讯 | YNFH③ | 讠乙十丨 |
| 汛 | INFH③ | 氵乙十丨 |
| 汛 | INFH⁹⁸ | 氵乙十丨 |
| 迅 | NFPK③ | 乙十辶Ⅲ |
| 徇 | TQJG③ | 彳勹日一 |
| 逊 | BIPI③ | 子小辶氵 |
| 殉 | GQQJ③ | 一夕勹日 |
| 巽 | NNAW③ | 巳巳共八 |
| 蕈 | ASJJ③ | 艹西早刂 |

## Y

**ya**

| 字 | 编码 | 字根 |
|---|---|---|
| 呀 | KAHT② | 口匚丨丿 |

| 丫 | UHK | 丶丨Ⅲ | 严 | GOTE98 | 一业丿乡 | 酽 | SGGD | 西一一厂 |
|---|---|---|---|---|---|---|---|---|
| 压 | DFYI③ | 厂土丶氵 | 妍 | VGAH③ | 女一廾丨 | | SGGT98 | 西一一丿 |
| 押 | RLH② | 扌甲丨 | 芜 | AFQB | | 谳 | YFMD③ | 讠十门犬 |
| 鸦 | AHTG | 匚丨丿一 | | AFQB98③ | 艹二儿《 | 餍 | DDWE③ | 厂犬人⺀ |
| 桠 | SGOG | 木一业一 | 言 | YYYY③ | (键名字) | | DDWV98 | 厂犬人艮 |
| 鸭 | LQYG③ | 甲勹丶一 | 岩 | MDF | 山石二 | 燕 | AUKO② | 廿丬口灬 |
| | LQGG98③ | 甲勹一一 | 沿 | IMKG③ | 氵几口一 | | AKUO③ | 廿口丬灬 |
| 牙 | AHTE② | 匚丨丿⺡ | | IWKG98③ | 氵几口一 | 赝 | DWWM | 厂亻亻贝 |
| 伢 | WAHT③ | 亻匚丨丿 | 炎 | OOU② | 火火丷 | | yang | |
| 岈 | MAHT③ | 山匚丨丿 | 研 | DGAH③ | 石一廾丨 | 央 | MDI② | 冂大氵 |
| 芽 | AAHT③ | 艹匚丨丿 | 盐 | FHLF③ | 土卜皿二 | 泱 | IMDY③ | 氵冂大丶 |
| 琊 | GAHB | 王匚丨阝 | 阎 | UQVD | 门勹白三 | 殃 | GQMD③ | 一夕冂大 |
| 蚜 | JAHT③ | 虫匚丨丿 | | UQED98③ | 门勹白三 | 秧 | TMDY③ | 禾冂大丶 |
| 崖 | MDFF | 山厂土土 | 筵 | TTHP | 竹丿止辶 | 鸯 | MDQG③ | 冂大勹一 |
| 涯 | IDFF③ | 氵厂土土 | | TTHP98③ | 竹丿止辶 | 鞅 | AFMD | 廿甲冂大 |
| 睚 | HDFF③ | 目厂土土 | 蜒 | JTHP | 虫辶丿止 | 扬 | RNRT③ | 扌乙彡丿 |
| 衙 | TGKH③ | 彳五口丨 | 颜 | UTEM | 立丿乡贝 | 羊 | UDJ | 丷丰刂 |
| | TGKS98 | 彳五口丁 | 檐 | SQDY | 木勹厂言 | | UYTH | 羊丶丨丨 |
| 哑 | KGOG③ | 口一业一 | 兖 | UCQB③ | 六厶儿《 | 阳 | BJG② | 阝日一 |
| 痖 | UGOG | ⺶一业一 | 奄 | DJNB③ | 大日乙《 | 杨 | SNRT② | 木乙彡丿 |
| | UGO98 | ⺶一业 | 偃 | WGOD③ | 亻一业厂 | | SNRT98③ | 木乙彡丿 |
| 雅 | AHTY | 匚丨丿圭 | | WGOT98 | 亻一业丿 | 炀 | ONRT | 火乙彡丿 |
| 亚 | GOGD③ | 一业一三 | 衍 | TIFH③ | 彳氵二丨 | 佯 | WUDH | 亻丷丰丨 |
| | GOD98 | 一业三 | | TIGS98③ | 彳氵一丁 | | WUH | 亻羊丨 |
| 讶 | YAHT③ | 讠匚丨丿 | 偓 | WAJV | 亻匚日女 | 疡 | UNRE③ | 疒乙彡 |
| 迓 | AHTP | 匚丨丿辶 | 厣 | DDLK③ | 厂犬甲Ⅲ | 徉 | TUDH③ | 彳丷丰丨 |
| 垭 | FGOG③ | 土一业一 | 掩 | RDJN | 扌大日乙 | | TUH | 彳羊丨 |
| 娅 | VGOG③ | 女一业一 | | RDJN98③ | 扌大日乙 | 洋 | IUDH② | 氵丷丰丨 |
| 砑 | DAHT③ | 石匚丨丿 | 眼 | HVEY② | 目彐⺇丶 | | IUH | 氵羊丨 |
| 氩 | RNGG | 气乙一一 | | HVY98② | 目艮丶 | 烊 | OUDH③ | 火丷丰丨 |
| | RGOD98③ | 气一业三 | 郾 | AJVB③ | 匚日女阝 | | OUH | 火羊丨 |
| 揠 | RAJV | 扌匚日女 | 琰 | GOOY③ | 王火火丶 | 蛘 | JUDH③ | 虫丷丰丨 |
| | yan | | 罨 | LDJN | Ⅲ大日乙 | | JUH | 虫羊丨 |
| 烟 | OLDY② | 火口大丶 | | LDJN98③ | Ⅲ大日乙 | 仰 | WQBH | 亻⺁卩丨 |
| | OLDY98③ | 火口大丶 | 演 | IPGW③ | 氵宀一八 | | WQBH③ | 亻⺁卩丨 |
| 剡 | OOJH③ | 火火刂丨 | | IPGW98 | 氵宀一八 | 养 | UDYJ | 丷丰丶刂 |
| 阉 | UYWU | 门方人氵 | 魇 | DDRC③ | 厂犬白厶 | 氧 | RNUD③ | 气乙丷丰 |
| 埏 | FTHP③ | 土丿止辶 | 黡 | VNUV | 白乙丷女 | | RUK | 气羊川 |
| 咽 | KLDY③ | 口口大丶 | | ENUV98 | 白乙丷女 | 痒 | UUDK③ | 疒丷丰Ⅲ |
| 恹 | NDDY③ | 忄厂犬丶 | 厌 | DDI | 厂犬氵 | | UUK | 疒羊川 |
| 胭 | ELDY③ | 月口大丶 | 彦 | UTER | 立丿乡 | 怏 | NMDY③ | 忄冂大丶 |
| 崦 | MDJN③ | 山大日乙 | | UTEE98 | 立丿乡 | 恙 | UGNU③ | 丷王心丷 |
| 淹 | IDJN③ | 氵大日乙 | 砚 | DMQN③ | 石门儿乙 | 样 | SUDH② | 木丷丰丨 |
| 焉 | GHGO③ | 一止一灬 | 唁 | KYG | 口言一 | | SUH② | 木羊丨 |
| 菸 | AYWU | 艹方人氵 | 宴 | PJVF③ | 宀日女二 | 漾 | IUGI | 氵丷王水 |
| 阎 | UDJN | 门大日乙 | 晏 | JPVF③ | 日宀女二 | | yao | |
| | UDJN98③ | 门大日乙 | 艳 | DHQC③ | 三丨勹巴 | 腰 | ESVG③ | 月西女一 |
| 湮 | ISFG | 氵西土一 | 验 | CWGI③ | 马人一业 | 幺 | XNNY | 幺乙乙丶 |
| 腌 | EDJN | 月大日乙 | | CGWG98 | 马一人一 | | XXXX98 | (键名字) |
| | EDJN98③ | 月大日乙 | 谚 | YUTE③ | 讠立丿乡 | 夭 | TDI② | 丿大氵 |
| 鄢 | GHGB | 一止一阝 | 堰 | FAJV | 土匚日女 | 吆 | KXY | 口幺丶 |
| 嫣 | VGHO③ | 女一止灬 | 焰 | OQVG③ | 火勹白一 | 妖 | VTDY③ | 女丿大丶 |
| 延 | THPD③ | 丿止辶三 | | OQE98 | 火勹白 | 邀 | RYTP | 白方攵辶 |
| | THNP98 | 丿卜乙廴 | 焱 | OOOU | 火火火丷 | 爻 | QQU | 乂乂丷 |
| 闫 | UDD | 门三三 | 雁 | DWWY③ | 厂亻亻圭 | | RRU | 乂乂丷 |
| 严 | GODR③ | 一业厂丿 | 滟 | IDHC | 氵三丨巴 | | | |

| 字 | 编码 | 拆分 |
|---|---|---|
| 尧 | ATGQ | 七丿一儿 |
| 肴 | QDEF③ | 乂丿月二 |
| 殽 | RDEF③ | 乂丿月二 |
| 姚 | VIQN③ | 女乂儿乙 |
| 铫 | VQIY③ | 女儿乂、 |
| 轺 | LVKG③ | 车刀口一 |
| 珧 | GIQN③ | 王乂儿乙 |
| | GQIY | 王儿乂、 |
| 窑 | PWRM③ | 宀八扌山 |
| | PWTB | 宀八丿凵 |
| 谣 | YERM③ | 讠凵仁山 |
| | YETB③ | 讠凵仁凵 |
| 徭 | TERM | 彳凵仁山 |
| | TETB③ | 彳凵仁凵 |
| 摇 | RERM③ | 扌凵仁山 |
| | RETB③ | 扌凵仁凵 |
| 遥 | ERMP② | 凵仁山辶 |
| | ETFP③ | 凵仁十辶 |
| 瑶 | GERM③ | 王凵仁山 |
| | GETB③ | 王凵仁凵 |
| 繇 | ERMI | 凵仁山小 |
| | ETFI | 凵仁十小 |
| 鳐 | QGEM | 鱼一凵山 |
| | QGEB | 鱼一凵凵 |
| 杳 | SJF | 木日二 |
| 咬 | KUQY③ | 口六乂、 |
| | KURY③ | 口六乂、 |
| 窈 | PWXL | 宀八幺力 |
| | PWXE[98]③ | 宀八幺力 |
| 舀 | EVF | 凵臼二 |
| | EEF[98]③ | 凵臼二 |
| 崾 | MSVG③ | 山西女一 |
| 药 | AXQY② | 艹幺勹、 |
| 要 | SVF | 西女二 |
| 鹞 | ERMG | 凵仁山一 |
| | ETFG③ | 凵仁十一 |
| 曜 | JNWY③ | 日羽亻圭 |
| 耀 | IQNY | 光儿羽圭 |
| | IGQY[98] | 光一儿圭 |
| 钥 | QEG | 钅月一 |

**ye**

| 字 | 编码 | 拆分 |
|---|---|---|
| 爷 | WQBJ③ | 八乂卩丨 |
| | WRBJ[98]③ | 八乂卩丨 |
| 椰 | SBBH③ | 木耳卩丨 |
| 噎 | KFPU③ | 口士宀丷 |
| 耶 | BBH | 耳卩丨 |
| 揶 | RBBH③ | 扌耳卩丨 |
| 铘 | QAHB | 钅匚丨阝 |
| | QAHB③ | 钅匚丨阝 |
| 也 | BNHN② | 也乙丨乙 |
| 冶 | UCKG③ | 冫厶口一 |
| 野 | JFCB③ | 日土マ阝 |
| | JFCH[98]③ | 日土マ丨 |
| 业 | OGD② | 业一三 |
| | OHHG[98]② | 业丨丨一 |
| 叶 | KFH② | 口十丨 |

| 字 | 编码 | 拆分 |
|---|---|---|
| 曳 | JXE | 日匕彡 |
| | JNTE[98]③ | 日乙丿彡 |
| 页 | DMU | 丆贝丷 |
| 邺 | OGBH③ | 业一阝丨 |
| | OBH[98] | 业阝丨 |
| 夜 | YWTY③ | 亠亻夂、 |
| 晔 | JWXF③ | 日亻匕十 |
| 烨 | OWXF③ | 火亻匕十 |
| 掖 | RYWY③ | 扌亠亻、 |
| 液 | IYWY③ | 氵亠亻、 |
| 谒 | YJQN③ | 讠日勹乙 |
| 腋 | EYWY | 月亠亻、 |
| 靥 | DDDL | 厂犬丆口 |
| | DDDF[98] | 厂犬丆二 |

**yi**

| 字 | 编码 | 拆分 |
|---|---|---|
| 一 | GGLL | 一（单笔） |
| 伊 | WVTT③ | 亻彐丿丿 |
| 衣 | YEU② | 亠农丷 |
| 医 | ATDI③ | 匚一大氵 |
| 依 | WYEY③ | 亻亠农、 |
| 咿 | KWVT | 口亻彐丿 |
| 猗 | QTDK | 犭丿大口 |
| 铱 | QYEY③ | 钅亠农、 |
| 壹 | FPGU③ | 士宀一丷 |
| 揖 | RKBG③ | 扌口耳一 |
| 漪 | IQTK | 氵犭丿口 |
| 噫 | KUJN | 口立日心 |
| 黟 | LFOQ | 囤土灬夕 |
| 仪 | WYQY③ | 亻、乂、 |
| | WYRY[98]③ | 亻、乂、 |
| 圯 | FNN | 土巳一 |
| 夷 | GXWI③ | 一弓人氵 |
| 沂 | IRH | 氵斤丨 |
| 诒 | YCKG③ | 讠厶口一 |
| 宜 | PEGF③ | 宀且一二 |
| 怡 | NCKG③ | 忄厶口一 |
| 迤 | TBPV③ | 丿也辶巛 |
| | TBPV[98] | 丿也辶巛 |
| 饴 | QNCK③ | 夂乙厶口 |
| 咦 | KGXW③ | 口一弓人 |
| 姨 | VGXW② | 女一弓人 |
| | VGXW③ | 女一弓人 |
| 荑 | AGXW③ | 艹一弓人 |
| 贻 | MCKG③ | 贝厶口一 |
| 眙 | HCKG③ | 目厶口一 |
| 胰 | EGXW③ | 月一弓人 |
| 酏 | SGBN③ | 西一也乙 |
| 痍 | UGXW | 疒一弓人 |
| | UGXW③ | 疒一弓人 |
| 移 | TQQY③ | 禾夕夕、 |
| 遗 | KHGP | 口丨一辶 |
| 颐 | AHKM | 匚丨口贝 |
| | AHKM[98]③ | 匚丨口贝 |
| 疑 | XTDH | 匕丿大止 |
| | XTDH[98]③ | 匕丿大止 |
| 嶷 | MXTH③ | 山匕丿止 |

| 字 | 编码 | 拆分 |
|---|---|---|
| 彝 | XGOA③ | 彑一米廾 |
| | XOXA | 彑米幺廾 |
| 乙 | NNLL③ | 乙（单笔） |
| 已 | NNNN | 已乙乙乙 |
| 以 | NYWY | 乙、人 |
| 钇 | QNN | 钅乙乙 |
| 矣 | CTDU② | 厶丿大丷 |
| 苡 | ANYW③ | 艹乙、人 |
| | ANYW[98]③ | 艹乙、人 |
| 舣 | TEYQ | 丿舟、乂 |
| | TUYR | 丿舟丷乂 |
| 蚁 | JYQY③ | 虫、乂、 |
| | JYR | 虫、乂 |
| 倚 | WDSK③ | 亻大丁口 |
| 椅 | SDSK③ | 木大丁口 |
| 旖 | YTDK | 方丿大口 |
| 义 | YQI② | 、乂丷 |
| | YRI② | 、乂丷 |
| 亿 | WNN | 亻乙乙 |
| 弋 | AGNY | 弋一乙、 |
| | AYI | 弋、丷 |
| 刈 | QJH | 乂刂丨 |
| | RJH | 乂刂丨 |
| 忆 | NNN② | 忄乙乙 |
| | NNN③ | 忄乙乙 |
| 艺 | ANB | 艹乙《 |
| | ANB② | 艹乙《 |
| 议 | YYQY③ | 讠、乂、 |
| | YYRY[98]③ | 讠、乂、 |
| 亦 | YOU | 亠小丷 |
| | YOU[98]② | 亠小丷 |
| 屹 | MTNN | 山丿乙乙 |
| | MTNN[98]③ | 山丿乙乙 |
| 异 | NAJ | 巳廾川 |
| | NAJ[98]② | 巳廾川 |
| 侇 | WRWY③ | 亻二人、 |
| 佚 | WTGY | 亻丿夫、 |
| 呓 | KANN③ | 口艹乙乙 |
| | KANN | 口艹乙乙 |
| 役 | TMCY③ | 彳几又、 |
| | TWCY③ | 彳几又、 |
| 抑 | RQBH③ | 扌匚卩丨 |
| 译 | YCFH③ | 讠又二丨 |
| | YCGH③ | 讠又丰丨 |
| 邑 | KCB | 口巴《 |
| 俋 | WWEG③ | 亻八月一 |
| | WWEG[98] | 亻八月一 |
| 峄 | MCFH③ | 山又二丨 |
| | MCGH | 山又丰丨 |
| 怿 | NCFH | 忄又二丨 |
| | NCGH③ | 忄又丰丨 |
| 易 | JQRR③ | 日勹丿丿 |
| 绎 | XCFH③ | 纟又二丨 |
| | XCGH③ | 纟又丰丨 |
| 诣 | YXJG③ | 讠匕日一 |
| 驿 | CCFH③ | 马又二丨 |

| 汉字 | 编码 | 字根 |
|---|---|---|
| 驿 | CGCG | 马一又丰 |
| 奕 | YODU③ | 亠小大丷 |
| 弈 | YOAJ③ | 亠小廾刂 |
| 疫 | UMCI③ | 疒几又冫 |
|  | UWC | 疒几又 |
| 羿 | NAJ | 羽廾刂 |
| 轶 | LRWY③ | 车二人丶 |
|  | LTG | 车丿夫 |
| 恺 | NKCN③ | 忄口巴乙 |
| 抱 | RKCN③ | 扌口巴乙 |
| 益 | UWLF③ | 丷八皿二 |
| 谊 | YPEG③ | 讠宀月一 |
|  | YPEG98 | 讠宀月一 |
| 场 | FJQR③ | 土日勹彡 |
| 翊 | UNG | 立羽一 |
| 翌 | NUF | 羽立二 |
| 逸 | QKQP | 勹口儿辶 |
| 意 | UJNU③ | 立日心丷 |
| 溢 | IUWL③ | 氵丷八皿 |
| 缢 | XUWL③ | 纟丷八皿 |
| 肆 | XTDH | 匕丆大丨 |
|  | XTDG | 匕丆大丰 |
| 裔 | YEMK③ | 亠衣门口 |
|  | YEMK98 | 亠衣门口 |
| 瘗 | UGUF | 疒一丷土 |
| 蜴 | JJQR | 虫日勹彡 |
| 毅 | UEMC③ | 立豕几又 |
|  | UEWC③ | 立豕几又 |
| 熠 | ONRG | 火羽白一 |
| 镒 | QUWL③ | 钅丷八皿 |
| 剔 | THLJ | 丿目田刂 |
| 殪 | GQFU | 一歹士丷 |
| 薏 | AUJN | 艹立日心 |
| 翳 | ATDN | 匚丆大羽 |
| 翼 | NLAW③ | 羽田共八 |
| 臆 | EUJN③ | 月立日心 |
| 癔 | UUJN③ | 疒立日心 |
| 镱 | QUJN③ | 钅立日心 |
| 懿 | FPGN | 士宀一心 |
| **yin** | | |
| 音 | UJF | 立日二 |
| 因 | LDI② | 囗大 |
| 窨 | PWUJ | 宀八立日 |
| 阴 | BEG② | 阝月一 |
| 姻 | VLDY③ | 女口大丶 |
| 洇 | ILDY | 氵口大丶 |
| 茵 | ALDU③ | 艹口大丷 |
| 荫 | ABEF③ | 艹阝月二 |
| 殷 | RVNC③ | 厂彐乙又 |
| 氤 | RNLD③ | 气乙口大 |
|  | RLDI③ | 气口大氵 |
| 铟 | QLDY | 钅口大丶 |
| 喑 | KUJG③ | 口立日一 |
| 堙 | FSFG③ | 土西土一 |
|  | FSFG98 | 土西土一 |
| 吟 | KWYN | 口人丶乙 |

| 汉字 | 编码 | 字根 |
|---|---|---|
| 垠 | FVEY③ | 土彐长丶 |
|  | FVY | 土艮丶 |
| 猗 | QTYG | 犭丿言一 |
| 寅 | PGMW③ | 宀一由八 |
| 淫 | IETF③ | 氵爫丿士 |
| 银 | QVEY③ | 钅彐长丶 |
|  | QVY | 钅艮丶 |
| 鄞 | AKGB | 廿口丰阝 |
| 龈 | QPGW | 夕宀一八 |
| 龈 | HWBE | 止人口长 |
|  | HWBV | 止人口艮 |
| 霪 | FIEF | 雨氵爫士 |
| 尹 | VTE | 彐丿彡 |
| 引 | XHH② | 弓丨丨 |
| 吲 | KXHH③ | 口弓丨丨 |
| 饮 | QNQW③ | 夕乙勹人 |
| 蚓 | JXHH③ | 虫弓丨丨 |
| 隐 | BQVN② | 阝勹彐心 |
|  | BQVN98③ | 阝勹彐心 |
| 瘾 | UBQN③ | 疒阝勹心 |
| 印 | QGBH③ | 匚一卩丨 |
| 茚 | AQGB | 艹匚一卩 |
| 胤 | TXEN | 丿幺月乙 |
| **ying** | | |
| 英 | AMDU③ | 艹门大丷 |
| 应 | YID | 广丷三 |
|  | OIGD③ | 广丷一三 |
| 莺 | APQG③ | 艹宀勹一 |
| 婴 | MMVF③ | 贝贝女二 |
| 瑛 | GAMD③ | 王艹门大 |
| 嘤 | KMMV③ | 口贝贝女 |
| 撄 | RMMV③ | 扌贝贝女 |
| 缨 | XMMV③ | 纟贝贝女 |
| 罂 | MMRM③ | 贝贝丿山 |
|  | MMTB③ | 贝贝宀山 |
| 樱 | SMMV | 木贝贝女 |
|  | SMMV③ | 木贝贝女 |
| 鹦 | MMVG | 贝贝女一 |
| 膺 | YWWE | 广亻亻月 |
|  | OWWE | 广亻亻月 |
| 鹰 | YWWG | 广亻亻一 |
|  | OWWG | 广亻亻一 |
| 迎 | QBPK③ | 匚卩辶川 |
| 莹 | APFF | 艹宀土二 |
| 盈 | ECLF③ | 乃又皿二 |
|  | BCLF③ | 乃又皿二 |
| 荧 | APIU③ | 艹宀水丷 |
| 荧 | APOU③ | 艹宀火丷 |
| 莹 | APGY | 艹宀王丶 |
| 萤 | APJU③ | 艹宀虫丷 |
| 营 | APKK③ | 艹宀口口 |
| 萦 | APXI③ | 艹宀幺小 |
| 楹 | SECL③ | 木乃又皿 |
|  | SBCL③ | 木乃又皿 |
| 滢 | IAPY | 氵艹宀丶 |
| 莹 | APQF | 艹宀金二 |

| 汉字 | 编码 | 字根 |
|---|---|---|
| 潆 | IAPI | 氵艹宀小 |
| 蝇 | JKJN② | 虫口日乙 |
| 赢 | YNKY③ | 亠乙口丶 |
|  | YEVY③ | 言月女丶 |
| 赢 | YNKY③ | 亠乙口丶 |
|  | YEMY98③ | 言月贝丶 |
| 瀛 | IYNY | 氵亠乙 |
|  | IYEY③ | 氵言月 |
| 郢 | KGBH | 口王阝丨 |
| 颍 | XIDM③ | 匕水厂贝 |
| 颖 | XTDM③ | 匕禾厂贝 |
|  | XTDM | 匕禾厂贝 |
| 影 | JYIE | 日古小彡 |
| 瘿 | UMMV③ | 疒贝贝女 |
| 映 | JMDY③ | 日门大丶 |
| 硬 | DGJQ③ | 石一日乂 |
|  | DGJR | 石一日乂 |
| 媵 | EUDV③ | 月䒑大女 |
|  | EUGV | 月䒑夫女 |
| **yo** | | |
| 哟 | KXQY② | 口纟勹丶 |
| 唷 | KYCE③ | 口亠厶月 |
| **yong** | | |
| 拥 | REH | 扌用丨 |
| 佣 | WEH | 亻用丨 |
| 痈 | UEK | 疒用川 |
| 邕 | VKCB③ | 巜口巴巜 |
| 庸 | YVEH | 广彐用丨 |
|  | OVEH98 | 广彐用丨 |
| 雍 | YXTY③ | 亠纟丿圭 |
| 墉 | FYVH | 土广彐丨 |
|  | FOVH98 | 土广彐丨 |
| 慵 | NYVH | 忄广彐丨 |
|  | NOVH98 | 忄广彐丨 |
| 雍 | YXTF | 亠纟丿土 |
| 镛 | QYVH | 钅广彐丨 |
|  | QOVH98 | 钅广彐丨 |
| 臃 | EYXY③ | 月亠纟圭 |
| 鳙 | QGYH | 鱼一广丨 |
|  | QGOH98 | 鱼一广丨 |
| 饔 | YXTE | 亠纟丿䏍 |
|  | YXTV98 | 亠纟丿艮 |
| 喁 | KJMY③ | 口日门丶 |
| 永 | YNII③ | 丶乙〣氵 |
| 甬 | CEJ | マ用刂 |
| 咏 | KYNI③ | 口丶乙〣 |
| 泳 | IYNI | 氵丶乙〣 |
|  | IYNI98 | 氵丶乙〣 |
| 俑 | WCEH③ | 亻マ用丨 |
| 勇 | CELB③ | マ用力巜 |
|  | CEER98③ | マ用力彡 |
| 涌 | ICEH③ | 氵マ用丨 |
| 恿 | CENU③ | マ用心丷 |
| 蛹 | JCEH | 虫マ用丨 |
| 踊 | KHCE③ | 口止マ用 |
| 用 | ETNH② | 用丿乙丨 |

| | | | | | | | | |
|---|---|---|---|---|---|---|---|---|
| **you** | | | 于 | GFK② | 一十川 | 伛 | WAQY | 亻匚乂丶 |
| 优 | WDNN③ | 亻ナ乙乙 | 纡 | XGFH③ | 纟一十丨 | | WARY⁹⁸ | 亻匚乂丶 |
| 忧 | NDNN③ | 忄ナ乙乙 | 迂 | GFPK③ | 一十辶川 | 宇 | PGFJ③ | 宀一十刂 |
| 攸 | WHTY | 亻丨夂丶 | 淤 | IYWU | 氵方人冫 | 屿 | MGNG③ | 山一乙一 |
| 呦 | KXLN③ | 口幺力乙 | 渝 | IWGJ | 氵人一刂 | 羽 | NNYG③ | 羽乙丶一 |
| | KXET⁹⁸ | 口幺力丿 | 瘀 | UYWU | 疒方人冫 | 雨 | FGHY | 雨一丨丶 |
| 幽 | XXMK③ | 幺幺山川 | 予 | CBJ | 乛卩刂 | 俣 | WKGD③ | 亻口一大 |
| | MXXI⁹⁸ | 山幺幺氵 | | CNHJ⁹⁸ | 乛乙丨刂 | 禹 | TKMY③ | 丿口冂丶 |
| 悠 | WHTN | 亻丨夂心 | 余 | WTU | 人禾冫 | 语 | YGKG③ | 讠五口一 |
| 尤 | DNV | 尢乙巛 | | WGSU⁹⁸ | 人一木冫 | 圄 | LGKD | 口五口三 |
| | DNYI⁹⁸ | 尢乙丶氵 | 妤 | VCBH | 女乛卩丨 | 围 | LFUF③ | 口土丷十 |
| 由 | MHNG② | 由丨乙一 | | VCNH⁹⁸ | 女乛乙丨 | 庾 | YVWI | 广白人氵 |
| 犹 | QTDN | 犭丿尢乙 | 欤 | GNGW | 一乙一人 | | OEWI⁹⁸ | 广白人氵 |
| | QTDY⁹⁸ | 犭丿尢丶 | 於 | YWUY③ | 方人丶丶 | 瘐 | UVWI③ | 疒白人氵 |
| 油 | IMG | 氵由一 | 盂 | GFLF③ | 一十皿二 | | UEWI⁹⁸ | 疒白人 |
| 柚 | SMG | 木由一 | 臾 | VWI | 白人氵 | 瘼 | PWRY | 宀八厂丶 |
| 疣 | UDNV | 疒尢乙巛 | | EWI⁹⁸ | 臼人氵 | 齵 | HWBK | 止人山口 |
| | UDNY⁹⁸ | 疒尢乙丶 | 鱼 | QGF | 鱼一二 | 玉 | GYI② | 王丶氵 |
| 莜 | AWHT③ | 艹亻丨夂 | 俞 | WGEJ | 人一月刂 | | GYI⁹⁸ | 王丶氵 |
| 莸 | AQTN | 艹犭丿乙 | 禺 | JMHY | 日冂丨丶 | 驭 | CCY | 马又丶 |
| | AQTY⁹⁸ | 艹犭丿丶 | 竽 | TGFJ③ | 竹一十刂 | | CGCY⁹⁸ | 马一又丶 |
| 铀 | QMG | 钅由一 | 舁 | VAJ | 臼廾刂 | 吁 | KGFH | 口一十丨 |
| 蚰 | JMG | 虫由一 | | EAJ⁹⁸ | 臼廾刂 | 聿 | VFHK | ヨ二丨川 |
| 游 | IYTB | 氵方丿子 | 娱 | VKGD | 女口一大 | | VGK⁹⁸ | ヨ丰川 |
| 鱿 | QGDN③ | 鱼一尢乙 | 徐 | QTWT | 彳丿人禾 | 芋 | AGFJ③ | 艹一十刂 |
| | QGDY⁹⁸ | 鱼一尢丶 | | QTWS⁹⁸ | 彳丿人木 | 妪 | VAQY③ | 女匚乂 |
| 猷 | USGD | 䒑西一犬 | 谀 | YVWY | 讠白人丶 | | VAR⁹⁸ | 女七乂 |
| 蝣 | JYTB | 虫方丿子 | | YEWY⁹⁸ | 讠臼人丶 | 饮 | QNTD | 勹乙丿大 |
| 友 | DCU② | ナ又丶 | 馀 | QNWT③ | 勹乙人禾 | 育 | YCEF③ | 亠厶月二 |
| 有 | DEF | ナ月二 | | QNWS⁹⁸ | 勹乙人木 | | YCEF⁹⁸② | 亠厶月二 |
| 卣 | HLNF③ | 卜口冂二 | 渔 | IQGG | 氵鱼一一 | 郁 | DEBH③ | ナ月阝丨 |
| 酉 | SGD | 西一三 | 萸 | AVWU③ | 艹白人氵 | 昱 | JUF | 日立二 |
| 莠 | ATEB | 艹禾乃乚 | | AVWU⁹⁸ | 艹臼人氵 | 狱 | QTYD | 犭丿讠犬 |
| | ATBR⁹⁸ | 艹禾乃丿 | 隅 | BJMY③ | 阝日冂丶 | 峪 | MWWK | 山八人口 |
| 锈 | QDEG | 钅ナ月一 | 雩 | FFNB | 雨二乙巛 | 浴 | IWWK③ | 氵八人口 |
| 牖 | THGY | 丿丨一丶 | 崳 | MWGJ③ | 山人一刂 | 钰 | QGYY | 钅王丶丶 |
| | THGS⁹⁸ | 丿丨一甫 | 愉 | NWGJ③ | 忄人一刂 | 预 | CBDM③ | 乛卩厂贝 |
| 黝 | LFOL | 田土灬力 | | NWGJ⁹⁸ | 忄人一刂 | | CNHM⁹⁸ | 乛乙厂贝 |
| | LFOE⁹⁸ | 田土灬力 | 揄 | RWGJ | 扌人一刂 | 域 | FAKG | 土戈口一 |
| 又 | CCCC③ | (键名字) | 腴 | EVWY | 月白人丶 | 欲 | WWKW | 八人口人 |
| | CCCC⁹⁸② | (键名字) | | EEWY⁹⁸ | 月臼人丶 | 谕 | YWGJ | 讠人一刂 |
| 右 | DKF② | ナ口二 | 逾 | WGEP | 人一月辶 | 阈 | UAKG③ | 门戈口一 |
| 幼 | XLN | 幺力乙 | 愚 | JMHN | 日冂丨心 | 喻 | KWGJ | 口人一刂 |
| | XET⁹⁸ | 幺力丿 | 榆 | SWGJ | 木人一刂 | 寓 | PJMY③ | 宀日冂丶 |
| 佑 | WDKG③ | 亻ナ口一 | 瑜 | GWGJ③ | 王人一刂 | 御 | TRHB③ | 彳𠂉止卩 |
| 侑 | WDEG③ | 亻ナ月一 | 虞 | HAKD③ | 广七口大 | | TTGB⁹⁸ | 彳𠂉一卩 |
| 囿 | LDED③ | 口ナ月三 | | HKGD⁹⁸ | 虍口一大 | 裕 | PUWK③ | 衤冫八口 |
| 宥 | PDEF | 宀ナ月二 | 觎 | WGEQ | 人一月儿 | 遇 | JMHP② | 日冂丨辶 |
| 诱 | YTEN③ | 讠禾乃乙 | 窬 | PWWJ | 宀八人刂 | 愈 | WGEN | 人一月心 |
| | YTBT⁹⁸ | 讠禾乃丿 | 舆 | WFLW③ | 亻二车八 | 煜 | OJUG③ | 火日立一 |
| 蚴 | JXLN③ | 虫幺力乙 | | ELGW⁹⁸ | 臼车一八 | 蓣 | ACBM | 艹乛卩贝 |
| | JXET⁹⁸ | 虫幺力丿 | 蝓 | JWGJ | 虫人一刂 | | ACNM⁹⁸ | 艹乛乙贝 |
| 釉 | TOMG③ | 丿米由一 | 与 | GNGD② | 一乙一三 | 誉 | IWYF | 兴八言二 |
| 鼬 | VNUM | 白乙丿由 | | | | | IGWY⁹⁸ | 兴一八言 |
| | ENUM⁹⁸ | 臼乙丿由 | | | | 毓 | TXGQ | 𠂉母一儿 |
| **yu** | | | | | | | TXYK⁹⁸ | 𠂉母二儿 |

| 蜮 | JAKG③ | 虫戈口一 |
|---|---|---|
| 豫 | CBQE③ | ㄋ卩勹豕 |
| | CNHE98 | ㄋ乙丨豕 |
| 焕 | OTMD③ | 火丿冂大 |
| 鹓 | CBTG | ㄋ卩丿一 |
| | CNHG98 | ㄋ乙丨一 |
| 鹜 | XOXH | 弓米弓丨 |

**yuan**

| 渊 | ITOH | 氵丿米丨 |
|---|---|---|
| 鸢 | AQYG | 弋勹、一 |
| | AYQG98 | 弋、鸟一 |
| 冤 | PQKY③ | 冖⺈口丶 |
| 鸳 | QBQG③ | 夕㔾勹一 |
| 箢 | TPQB③ | 竹宀夕㔾 |
| 元 | FQB | 二儿巛 |
| 员 | KMU② | 口贝丷 |
| 园 | LFQV③ | 口二儿巛 |
| 沅 | IFQN③ | 氵二儿乙 |
| 垣 | FGJG | 土一日一 |
| 爰 | EFTC③ | 爫二丿又 |
| | EGDC98 | 爫一ナ又 |
| 原 | DRII② | 厂白小氵 |
| 圆 | LKMI | 口口贝氵 |
| | LKMI98③ | 口口贝氵 |
| 袁 | FKEU③ | 土口㐅丷 |
| 援 | REFC③ | 扌爫二又 |
| | REGC98 | 扌爫一又 |
| 缘 | XXEY③ | 纟彑豕、 |
| 鼋 | FQKN | 二儿口乙 |
| 塬 | FDRI③ | 土厂白小 |
| 源 | IDRI③ | 氵厂白小 |
| 猿 | QTFE | 犭丿土㐅 |
| 辕 | LFKE③ | 车土口㐅 |
| 橼 | SXXE | 木纟彑豕 |
| 螈 | JDRI③ | 虫厂白小 |
| 远 | FQPV③ | 二儿辶巛 |
| 苑 | AQBB③ | 艹夕㔾巛 |
| 怨 | QBNU③ | 夕㔾心丷 |
| 院 | BPFQ③ | 阝宀二儿 |
| 垸 | FPFQ③ | 土宀二儿 |
| 嫄 | VEFC③ | 女爫二又 |
| | VEGC98 | 女爫一又 |
| 掾 | RXEY③ | 扌彑豕、 |
| | RXEY98 | 扌彑豕、 |
| 瑗 | GEFC | 王爫二又 |
| | GEGC98 | 王爫一又 |
| 愿 | DRIN | 厂白小心 |

**yue**

| 约 | XQYY② | 纟勹、、 |
|---|---|---|
| 曰 | JHNG | 日丨乙一 |
| 月 | EEEE③ | (键名字) |
| 刖 | EJH | 月刂丨 |
| 岳 | RGMJ③ | 斤一山刂 |
| 悦 | NUKQ③ | 忄丷口儿 |
| 钺 | QAN98 | 钅匚乙 |
| 阅 | UUKQ③ | 门丷口儿 |

| 跃 | KHTD | 口止丿大 |
|---|---|---|
| 粤 | TLON③ | 丿口米乙 |
| 越 | FHAT③ | 土止匚丿 |
| 樾 | SFHT③ | 木土止丿 |
| | SFHN98 | 木土止乙 |
| 龠 | WGKA | 人一口艹 |
| 瀹 | IWGA | 氵人一艹 |

**yun**

| 晕 | JPLJ② | 日冖车刂 |
|---|---|---|
| | JPLJ98③ | 日冖车刂 |
| 云 | FCU | 土厶丷 |
| 匀 | QUD② | 勹冫三 |
| 纭 | XFCY③ | 纟土厶、 |
| 芸 | AFCU | 艹土厶丷 |
| 昀 | JQUG③ | 日勹冫一 |
| 郧 | KMBH③ | 口贝阝丨 |
| 耘 | DIFC | 三小二厶 |
| | FSFC98 | 二木二厶 |
| 氲 | RNJL | 气乙日皿 |
| | RJLD98 | 气日皿三 |
| 允 | CQB② | 厶儿巛 |
| | CQB98 | 厶儿巛 |
| 狁 | QTCQ③ | 犭丿厶儿 |
| | QTCQ98 | 犭丿厶儿 |
| 陨 | BKMY③ | 阝口贝、 |
| 殒 | GQKM③ | 一夕口贝 |
| | GQKM98 | 一夕口贝 |
| 孕 | EBF/BBF | 乃子二 |
| 运 | FCPI③ | 二厶辶氵 |
| 郓 | PLBH③ | 冖车阝丨 |
| 恽 | NPLH③ | 忄冖车丨 |
| 酝 | SGFC③ | 西一二厶 |
| | SGFC98 | 西一二厶 |
| 愠 | NJLG | 忄日皿一 |
| 韫 | FNHL | 二乙丨皿 |
| 韵 | UJQU③ | 立日勹冫 |
| 熨 | NFIO | 尸二小火 |
| 蕴 | AXJL③ | 艹纟日皿 |

## Z

**za**

| 匝 | AMHK③ | 匚冂丨㇀ |
|---|---|---|
| 咂 | KAMH③ | 口匚冂丨 |
| 拶 | RVQY③ | 扌巛夕、 |
| | RVQY98 | 扌巛夕、 |
| 杂 | VSU② | 九木丷 |
| 砸 | DAMH③ | 石匚冂丨 |
| 咋 | KTHF | 口丿丨二 |

**zai**

| 栽 | FASI | 十戈木氵 |
|---|---|---|
| 灾 | POU② | 宀火丷 |
| 甾 | VLF | 巛田二 |
| 哉 | FAKD③ | 十戈口三 |
| 宰 | PUJ | 宀辛刂 |
| 载 | FALK② | 十戈车㇀ |
| | FALK98③ | 十戈车㇀ |
| 崽 | MLNU③ | 山田心丷 |

| 再 | GMFD③ | 一冂土三 |
|---|---|---|
| 在 | DHFD | ナ丨土三 |

**zan**

| 糌 | OTHJ | 米夂卜日 |
|---|---|---|
| 簪 | TAQJ③ | 竹匚儿日 |
| 咱 | KTHG③ | 口丿目一 |
| 昝 | THJF③ | 夂卜日二 |
| 攒 | RTFM | 扌丿土贝 |
| 趱 | FHTM③ | 土止丿贝 |
| 暂 | LRJF③ | 车斤日二 |
| 瓒 | GTFM③ | 王丿土贝 |

**zang**

| 脏 | EYFG③ | 月广土一 |
|---|---|---|
| | EOFG98 | 月广土一 |
| 赃 | MYFG③ | 贝广土一 |
| | MOFG98 | 贝广土一 |
| 臧 | DNDT③ | 厂乙丿丿 |
| | AUAH98 | 戈爿匚丨 |
| 驵 | CEGG③ | 马月一一 |
| | CGEG98 | 马一月一 |
| 奘 | NHDD | 乙丨ナ大 |
| | UFDU98 | 爿士大丷 |
| 葬 | AGQA③ | 艹一夕廾 |

**zao**

| 遭 | GMAP | 一冂㬥辶 |
|---|---|---|
| | GMAP98③ | 一冂㬥辶 |
| 糟 | OGMJ | 米一冂日 |
| 凿 | OGUB③ | 业一丷凵 |
| | OUFB98 | 业丷十凵 |
| 早 | JHNH② | 早丨乙丨 |
| 束 | GMIU | 一冂小丷 |
| | SMUU98 | 木门丷丷 |
| 蚤 | CYJU③ | 又、虫丷 |
| 澡 | IKKS② | 氵口口木 |
| | IKKS98③ | 氵口口木 |
| 藻 | AIKS③ | 艹氵口木 |
| 灶 | OFG② | 火土一 |
| | OFG98③ | 火土一 |
| 皂 | RAB | 白七巛 |
| 唣 | KRAN③ | 口白七乙 |
| 造 | TFKP | 丿土口辶 |
| 噪 | KKKS③ | 口口口木 |
| 燥 | OKKS③ | 火口口木 |
| 躁 | KHKS③ | 口止口木 |

**ze**

| 则 | MJH② | 贝刂丨 |
|---|---|---|
| 择 | RCFH③ | 扌又二丨 |
| | RCGH98 | 扌又㇀丨 |
| 泽 | ICFH③ | 氵又二丨 |
| | ICGH98 | 氵又㇀丨 |
| 责 | GMU | 龶贝丷 |
| 啧 | KGMY③ | 口龶贝、 |
| 帻 | MHGM③ | 冂丨龶贝 |
| 笮 | TTHF③ | 竹丿丨二 |
| | TTHF98 | 竹丿丨二 |
| 舴 | TETF | ノ舟⺊二 |
| | TUTF98 | ノ舟⺊二 |

| 字 | 编码 | 拆分 |
|---|---|---|
| 簧 | TGMU | 竹主贝丷 |
| 颐 | AHKM | 匚丨口贝 |
| 厃 | DWI | 厂人氵 |
| 昃 | JDWU③ | 日厂人丷 |
| 昃 | JDWU98 | 日厂人丷 |
| **zei** | | |
| 贼 | MADT | 贝戈十丿 |
| **zen** | | |
| 怎 | THFN | 丿一二心 |
| 谮 | YAQJ | 讠匚儿日 |
| **zeng** | | |
| 增 | FULJ② | 土丷囗日 |
| 憎 | NULJ③ | 忄丷囗日 |
| 缯 | XULJ③ | 纟丷囗日 |
| 曾 | LULJ③ | 皿丷囗日 |
| 锃 | QKGG③ | 钅口王一 |
| 甑 | ULJN | 丷囗日乙 |
| 甑 | ULJY98 | 丷囗日、 |
| 赠 | MULJ② | 贝丷囗日 |
| **zha** | | |
| 扎 | RNN | 扌乙乙 |
| 猹 | QTS③ | 犭丿木 |
| 猹 | QTSG | 犭丿木一 |
| 吒 | KTAN | 口丿七乙 |
| 咋 | KRRH | 口扌斤丨 |
| 喳 | KSJG③ | 口木日一 |
| 揸 | RSJG③ | 扌木日一 |
| 揸 | RSJG98 | 扌木日一 |
| 渣 | ISJG | 氵木日一 |
| 楂 | SSJG③ | 木木日一 |
| 齄 | THLG | 丿目田一 |
| 札 | SNN | 木乙乙 |
| 轧 | LNN | 车乙乙 |
| 闸 | ULK | 门甲Ⅲ |
| 铡 | QMJH③ | 钅贝刂丨 |
| 眨 | HTPY③ | 目丿之 |
| 砟 | DTHF③ | 石丿一二 |
| 乍 | THFD③ | 丿一二三 |
| 诈 | YTHF③ | 讠丿一二 |
| 诈 | YTHF98 | 讠丿一二 |
| 咤 | KPTA | 口宀丿七 |
| 栅 | SMMG③ | 木门门一 |
| 栅 | SMMG98 | 木门门一 |
| 炸 | OTHF③ | 火丿一二 |
| 痄 | UTHF | 疒丿一二 |
| 蚱 | JTHF | 虫丿一二 |
| 榨 | SPWF③ | 木宀八二 |
| **zhai** | | |
| 摘 | RUMD③ | 扌立冂古 |
| 摘 | RYUD98 | 扌亠丷古 |
| 斋 | YDMJ③ | 文ナ冂刂 |
| 宅 | PTAB③ | 宀丿七《 |
| 翟 | NWYF | 羽亻圭二 |
| 窄 | PWTF | 宀八丿二 |
| 债 | WGMY | 亻丰贝、 |
| 砦 | HXDF③ | 止匕石二 |
| 寨 | PFJS | 宀二刂木 |

| 字 | 编码 | 拆分 |
|---|---|---|
| 寨 | PAWS98 | 宀共八木 |
| 瘵 | UWFI③ | 疒癶二小 |
| **zhan** | | |
| 沾 | IHKG③ | 氵卜口一 |
| 毡 | TFNK | 丿二乙口 |
| 毡 | EHK98 | 毛卜口 |
| 旃 | YTMY | 方丿冂丷 |
| 詹 | QDWY③ | 夕厂八言 |
| 谵 | YQDY | 讠夕厂言 |
| 瞻 | HQDY③ | 目夕厂言 |
| 斩 | LRH② | 车斤丨 |
| 展 | NAEI③ | 尸共以氵 |
| 盏 | GLF | 戋皿二 |
| 盏 | GALF98 | 一戋皿二 |
| 崭 | MLRJ② | 山车斤刂 |
| 辗 | LNAE③ | 车尸共以 |
| 占 | HKF② | 卜口二 |
| 战 | HKAT③ | 卜口戈丿 |
| 战 | HKA98 | 卜口戈 |
| 栈 | SGT | 木戋丿 |
| 栈 | SGAY98 | 木一戈、 |
| 站 | UHKG② | 立卜口一 |
| 站 | UHKG98 | 立卜口一 |
| 绽 | XPGH③ | 纟宀一龰 |
| 湛 | IADN③ | 氵廿三乙 |
| 湛 | IDWN98 | 氵其八乙 |
| 蘸 | ASGO | 艹西一灬 |
| **zhang** | | |
| 章 | UJJ | 立早刂 |
| 张 | XTAY② | 弓丿七乀 |
| 张 | XTAY98③ | 弓丿七乀 |
| 鄣 | UJBH③ | 立早阝丨 |
| 嫜 | VUJH | 女立早丨 |
| 彰 | UJET③ | 立早彡丿 |
| 漳 | IUJH③ | 氵立早丨 |
| 獐 | QTUJ | 犭丿立早 |
| 樟 | SUJH③ | 木立早丨 |
| 璋 | GUJH③ | 王立早丨 |
| 蟑 | JUJH | 虫立早丨 |
| 仉 | WMN | 亻几乙 |
| 仉 | WWN98 | 亻几乙 |
| 涨 | IXTY② | 氵弓丿乀 |
| 掌 | IPKR | ⺍冖口手 |
| 丈 | DYI | ナ乀氵 |
| 仗 | WDYY | 亻ナ乀、 |
| 帐 | MHTY③ | 冂丨丿乀 |
| 杖 | SDYY③ | 木ナ乀、 |
| 胀 | ETAY③ | 月丿七乀 |
| 账 | MTAY③ | 贝丿七乀 |
| 障 | BUJH③ | 阝立早丨 |
| 嶂 | MUJH③ | 山立早丨 |
| 幛 | MHUJ | 冂丨立早 |
| 瘴 | UUJK | 疒立早Ⅲ |
| **zhao** | | |
| 招 | RVKG③ | 扌刀口一 |
| 钊 | QJH | 钅刂丨 |
| 昭 | JVKG③ | 日刀口一 |

| 字 | 编码 | 拆分 |
|---|---|---|
| 啁 | KMFK③ | 口门土口 |
| 找 | RAT② | 扌戈丿 |
| 找 | RAY98 | 扌戈、 |
| 沼 | IVKG③ | 氵刀口一 |
| 召 | VKF | 刀口二 |
| 兆 | IQV | ⺀儿巛 |
| 兆 | QII98 | 儿⺀氵 |
| 诏 | YVKG③ | 讠刀口一 |
| 赵 | FHQI③ | 土止乂氵 |
| 赵 | FHRI98 | 土止乂氵 |
| 笊 | TRHY | 竹厂丨乀 |
| 棹 | SHJH③ | 木卜早丨 |
| 照 | JVKO | 日刀口灬 |
| 罩 | LHJJ③ | 罒卜早刂 |
| 肇 | YNTH | 、尸攵丨 |
| 肇 | YNTG98 | 、尸攵丰 |
| **zhe** | | |
| 遮 | YAOP | 广廿灬辶 |
| 遮 | OAOP98 | 广廿灬辶 |
| 蜇 | RRJU③ | 扌折虫丷 |
| 折 | RRH② | 扌折丨 |
| 哲 | RRKF③ | 扌折口二 |
| 辄 | LBNN③ | 车耳乙乙 |
| 蛰 | RVYJ | 扌九、虫 |
| 谪 | YUMD③ | 讠立冂古 |
| 谪 | YYUD98 | 讠亠丷古 |
| 摺 | RNRG | 扌羽白一 |
| 碟 | DQAS | 石夕匚木 |
| 碟 | DQGS98 | 石夕中木 |
| 辙 | LYCT | 车亠厶攵 |
| 者 | FTJF | 土丿日二 |
| 锗 | QFTJ③ | 钅土丿日 |
| 赭 | FOFJ | 土业土日 |
| 褶 | PUNR | 衤冫羽白 |
| 这 | YPI | 文辶氵 |
| 柘 | SDG | 木石一 |
| 淛 | IRRH③ | 氵扌折丨 |
| 蔗 | AYAO③ | 艹广廿灬 |
| 蔗 | AOAO98 | 艹广廿灬 |
| **zhen** | | |
| 针 | QFH | 钅十丨 |
| 贞 | HMU | 卜贝丷 |
| 侦 | WHMY③ | 亻卜贝、 |
| 浈 | IHMY③ | 氵卜贝、 |
| 珍 | GWET② | 王人彡丿 |
| 真 | FHWU | 十且八丷 |
| 砧 | DHKG | 石卜口一 |
| 祯 | PYHM | 礻、卜贝 |
| 斟 | ADWF | 廿三八十 |
| 斟 | DWNF98 | 其八乙十 |
| 甄 | SFGN | 西土一乙 |
| 甄 | SFGY98 | 西土一、 |
| 蓁 | ADWT | 艹三人禾 |
| 榛 | SDWT | 木三人禾 |
| 箴 | TDGT | 竹厂一丿 |
| 箴 | TDGK98 | 竹戊一口 |
| 臻 | GCFT | 一厶土禾 |

| | | | | | | | | |
|---|---|---|---|---|---|---|---|---|
| 诊 | YWET③ | 讠人彡丿 | 恁 | WGCF | 亻一厶土 | 鸷 | RVYG | 扌九丶一 |
| 枕 | SPQN③ | 木冖儿乙 | 直 | FHF② | 十且二 | 鷙 | XGXX | 彑一匕匕 |
| 朓 | EWET③ | 月人彡丿 | 值 | WFHG | 亻十且一 | | XTDX98 | 彑匕丿匕 |
| 轸 | LWET③ | 车人彡丿 | 填 | FFHG | 土十且 | 智 | TDKJ | 丿大口日 |
| 畛 | LWET | 田人彡丿 | 职 | BKWY② | 耳口八丶 | 滞 | IGKH③ | 氵一川丨 |
| 疹 | UWEE③ | 疒人彡彡 | 植 | SFHG | 木十且一 | 痣 | UFNI | 疒士心小 |
| 缜 | XFHW③ | 纟十且八 | 殖 | GQFH③ | 一夕十且 | 蛭 | JGCF③ | 虫一厶土 |
| 稹 | TFHW | 禾十且八 | 跖 | KHDG | 口止石一 | 骘 | BHIC | 阝止小马 |
| 圳 | FKH | 土川丨 | 摭 | RYAO③ | 扌广廿灬 | | BHHG98 | 阝止少一 |
| 阵 | BLH② | 阝车丨 | | ROAO98 | 扌广廿灬 | 稚 | TWYG③ | 禾亻圭一 |
| 鸩 | PQQG③ | 冖儿勹一 | 蹠 | KHUB | 口止广阝 | 置 | LFHF | 罒十且二 |
| | PQQG98 | 冖儿鸟一 | 止 | HHHG② | 止丨丨一 | 雉 | TDWY | 丿大亻圭 |
| 振 | RDFE③ | 扌厂二阝 | | HHG98③ | 卜丨一 | 膣 | EPWF | 月宀八土 |
| | RDFE98 | 扌厂二阝 | 只 | KWU② | 口八丷 | 觯 | QEUF | 角用丷十 |
| 朕 | EUDY | 月丷大丶 | 旨 | XJF② | 匕日二 | 踬 | KHRM | 口止厂贝 |
| 赈 | MDFE | 贝厂二阝 | 址 | FHG | 土止一 | **zhong** | | |
| 镇 | QFHW | 钅十且八 | 纸 | XQAN③ | 纟匕七乙 | 忠 | KHNU③ | 口丨心丷 |
| **zheng** | | | 芷 | AHF | 艹止二 | 中 | KHK② | 口丨Ⅲ |
| 征 | TGHG③ | 彳一止一 | 祉 | PYHG③ | 礻丶止一 | | KHK98③ | 口丨Ⅲ |
| 争 | QVHJ② | 刀彐丨刂 | | PYHG98 | 礻丶止一 | 盅 | KHLF③ | 口丨皿二 |
| 怔 | NGHG③ | 忄一止一 | 咫 | NYKW③ | 尸丶口八 | 终 | XTUY③ | 纟夂丷丶 |
| 峥 | MQVH③ | 山刀彐丨 | 指 | RXJG③ | 扌匕日一 | 钟 | QKHH | 钅口丨丨 |
| 挣 | RQVH | 扌刀彐丨 | 枳 | SKWY③ | 木口八丶 | 舯 | TEKH③ | 丿舟口丨 |
| | RQVH98③ | 扌刀彐丨 | 轵 | LKWY③ | 车口八丶 | | TUKH98 | 丿舟口丨 |
| 狰 | QTQH | 犭丿刀丨 | 趾 | KHHG③ | 口止止一 | 衷 | YKHE | 一口丨伙 |
| 钲 | QGHG | 钅一止一 | 黹 | OGUI | 业一丷小 | 螽 | TUJJ | 夂丷虫虫 |
| 睁 | HQVH③ | 目刀彐丨 | | OIU98 | 业⺌丿 | 肿 | EKHH② | 月口丨丨 |
| 铮 | QQVH③ | 钅刀彐丨 | 酯 | SGXJ③ | 西一匕日 | | EKHH98③ | 月口丨丨 |
| 筝 | TQVH | ⺮刀彐丨 | 至 | GCFF③ | 一厶土二 | 种 | TKHH③ | 禾口丨丨 |
| 蒸 | ABIO | 艹了水灬 | 志 | FNU② | 士心丷 | 冢 | PEYU③ | 冖豕丶丶 |
| 微 | TMGT | 彳山一攵 | 忮 | NFCY | 忄十又丶 | | PGEY98 | 冖一豕丶 |
| 拯 | RBIG③ | 扌了水一 | 豸 | EER | 四勿彡 | 踵 | KHTF | 口止丿土 |
| 整 | GKIH | 一口小止 | | ETYT98 | 豸丿丶丿 | 仲 | WKHH | 亻口丨丨 |
| | SKTH98 | 木口攵止 | 制 | RMHJ | 二冂丨刂 | 众 | WWWU③ | 人人人丷 |
| 正 | GHD | 一止三 | | TGMJ98 | 丿一冂刂 | **zhou** | | |
| 证 | YGHG③ | 讠一止一 | 帙 | MHRW | 冂丨丿人 | 舟 | TEI | 丿舟氵 |
| 挣 | YQVH | 讠刀彐丨 | | MHTG98 | 冂丨丿夫 | | TUI98 | 丿舟氵 |
| 郑 | UDBH③ | 丷大阝丨 | 帜 | MHKW | 冂丨口八 | 州 | YTYH | 丶丿丶丨 |
| 帧 | MHHM | 冂丨卜贝 | 治 | ICKG③ | 氵厶口一 | 诌 | YQVG | 讠勹彐一 |
| 政 | GHTY③ | 一止攵丶 | 炙 | QOU | 夕火丷 | 周 | MFKD③ | 冂土口三 |
| **zhi** | | | 质 | RFMI③ | 厂十贝小 | 洲 | IYTH③ | 氵丶丿丨 |
| 之 | PPPP② | （键名字） | 郅 | GCFB | 一厶土阝 | 粥 | XOXN③ | 弓米弓乙 |
| 支 | FCU | 十又丷 | 峙 | MFFY③ | 山土寸丶 | 妯 | VMG | 女由一 |
| 汁 | IFH | 氵十丨 | 栉 | SABH③ | 木艹卩丨 | 轴 | LMG② | 车由一 |
| 芝 | APU② | 艹之丷 | 陟 | BHIT③ | 阝止小丿 | | LMG98 | 车由一 |
| 吱 | KFCY③ | 口十又丶 | | BHHT98 | 阝止少丿 | 碡 | DGXU③ | 石一母丿 |
| 枝 | SFCY③ | 木十又丶 | 挚 | RVYR | 扌九丶手 | | DGXY98 | 石一母丶 |
| 知 | TDKG③ | 丿大口一 | 桎 | SGCF | 木一厶土 | 肘 | EFY | 月寸丶 |
| 织 | XKWY③ | 纟口八丶 | 秩 | TRWY③ | 禾二人丶 | 帚 | VPMH③ | 彐冖冂丨 |
| 肢 | EFCY③ | 月十又丶 | | TTGY98 | 禾丿夫丶 | 纣 | XFY | 纟寸丶 |
| 栀 | SRGB | 木厂一巴 | 致 | GCFT | 一厶土攵 | 咒 | KKMB③ | 口口几凵 |
| 祇 | PYQY | 礻丶匚丶 | 贽 | RVYM | 扌九丶贝 | | KKWB98③ | 口口几凵 |
| 胑 | EQAY | 月匚七丶 | 轾 | LGCF③ | 车一厶土 | 宙 | PMF② | 宀由二 |
| 脂 | EXJG② | 月匕日一 | 掷 | RUDB | 扌丷大阝 | 绉 | XQVG③ | 纟勹彐一 |
| 蜘 | JTDK | 虫丿大口 | 痔 | UFFI | 疒土寸小 | 昼 | NYJG③ | 尸丶日一 |
| 执 | RVYY③ | 扌九丶丶 | 窒 | PWGF③ | 宀八一土 | 胄 | MEF | 由月二 |

| 字 | 编码 | 字根 |
|---|---|---|
| 莳 | AXFU③ | 艹纟寸丷 |
| 鈹 | QVHC | ⺈彐皮又 |
|  | QVBY98 | ⺈彐皮 |
| 酎 | SGFY | 西一寸丶 |
| 骤 | CBCI③ | 马耳又水 |
|  | CGBI98 | 马一耳水 |
| 籀 | TRQL | 竹扌⺈田 |
| **zhu** | | |
| 朱 | RII② | 仁小冫 |
|  | TFI98 | 丿未冫 |
| 侏 | WRIY③ | 亻仁小丶 |
|  | WTFY98 | 亻丿未丶 |
| 诛 | YRIY③ | 讠仁小丶 |
|  | YTFY98 | 讠丿未丶 |
| 邾 | RIBH③ | 仁小阝丨 |
|  | TFBH98 | 丿未阝丨 |
| 洙 | IRIY③ | 氵仁小丶 |
|  | ITFY98 | 氵丿未丶 |
| 茱 | ARIU③ | 艹仁小丷 |
|  | ATFU98 | 艹丿未丷 |
| 株 | SRIY③ | 木仁小丶 |
|  | STFY98 | 木丿未丶 |
| 珠 | GRIY② | 王仁小丶 |
|  | GTFY98 | 王丿未丶 |
| 诸 | YFTJ③ | 讠土丿日 |
| 猪 | QTFJ | 犭丿十日 |
| 铢 | QRIY③ | 钅仁小丶 |
|  | QTFY98 | 钅丿未丶 |
| 蛛 | JRIY③ | 虫仁小丶 |
|  | JTFY98 | 虫丿未丶 |
| 橥 | SYFJ | 木讠土日 |
| 潴 | IQTJ③ | 氵犭丿日 |
| 槠 | QTFS | 犭丿土木 |
| 竹 | TTGH③ | ⺮丿一丨 |
|  | THTH98 | ⺮丨⺮丨 |
| 竺 | TFF | ⺮二 |
| 烛 | OJY③ | 火虫丶 |
| 逐 | EPI | 豕辶冫 |
|  | GEPI98 | 一豕辶冫 |
| 舳 | TEMG | 丿舟由一 |
| 瘃 | UEYI③ | 疒豕冫 |
|  | UGEY98 | 疒一豕丶 |
| 躅 | KHLJ | 口止皿虫 |
| 主 | YGD | 丶王三 |
| 拄 | RYGG③ | 扌丶王一 |
| 渚 | IFTJ③ | 氵土丿日 |
| 煮 | FTJO | 土丿日灬 |
| 嘱 | KNTY③ | 口尸丿丶 |
| 麈 | YNJG | 广コ川王 |
|  | OXXG98 | 严匕匕圭 |
| 瞩 | HNTY③ | 目尸丿丶 |
| 伫 | WPGG③ | 亻宀一一 |
| 住 | WYGG | 亻丶王一 |
| 助 | EGLN③ | 月一力乙 |
|  | EGET98 | 月一力丿 |
| 杼 | SCBH③ | 木マ卩丨 |
|  | SCNH98 | 木マ乙丨 |

| 字 | 编码 | 字根 |
|---|---|---|
| 注 | IYGG② | 氵丶王一 |
|  | IYGG98 | 氵丶王一 |
| 贮 | MPGG③ | 贝宀一一 |
| 驻 | CYGG② | 马丶王一 |
|  | CGYG98③ | 马一丶王 |
| 炷 | OYGG③ | 火丶王一 |
| 祝 | PYKQ③ | 礻丶口儿 |
| 疰 | UYGD | 疒丶王三 |
| 著 | AFTJ③ | 艹土丿日 |
| 蛀 | JYGG③ | 虫丶王一 |
| 筑 | TAMY③ | ⺮工几丶 |
|  | TAWY98③ | ⺮工几丶 |
| 铸 | QDTF③ | 钅三丿寸 |
| 箸 | TFTJ③ | ⺮土丿日 |
| 翥 | FTJN | 土丿日羽 |
| 倬 | WHJH | 亻丨早丨 |
| 苎 | APGF | 艹宀一二 |
| **zhua** | | |
| 抓 | RRHY | 扌厂丨丶 |
| **zhuai** | | |
| 拽 | RJXT③ | 扌日匕丿 |
|  | RJNT98 | 扌日乙丿 |
| **zhuan** | | |
| 专 | FNYI③ | 二乙丶冫 |
| 砖 | DFNY | 石二乙丶 |
| 颛 | MDMM | 山丆门贝 |
| 转 | LFNY③ | 车二乙丶 |
| 啭 | KLFY | 口车二丶 |
| 赚 | MUVO③ | 贝䒑彐⺌ |
|  | MUVW98 | 贝䒑彐八 |
| 撰 | RNNW | 扌巳巳八 |
| 篆 | TXEU③ | ⺮彑豕丷 |
| 馔 | QNNW | 勹乙巳八 |
| **zhuang** | | |
| 庄 | YFD | 广土三 |
|  | OFD98 | 广土三 |
| 妆 | UVG | 丬女一 |
| 桩 | SYFG③ | 木广土一 |
|  | SOFG98 | 木广土一 |
| 装 | UFYE③ | 丬士⼕⾐ |
| 壮 | UFG | 丬士一 |
| 状 | UDY | 丬犬丶 |
| 撞 | RUJF③ | 扌立日土 |
| **zhui** | | |
| 追 | WNNP | 亻コ⊐辶 |
|  | TNP98 | 丿⼜辶 |
| 骓 | CWYG | 马亻圭一 |
|  | CGWY98 | 马一亻圭 |
| 隹 | WYG | 亻圭一 |
| 椎 | SWYG③ | 木亻圭一 |
| 锥 | QWYG③ | 钅亻圭一 |
| 坠 | BWFF | 阝人土二 |
| 缀 | XCCC③ | 纟又又又 |
| 惴 | NMDJ | 忄山丆刂 |
| 缒 | XWNP | 纟亻コ辶 |
|  | XTNP98 | 纟丿⼜辶 |
| 赘 | GQTM | 圭勹攵贝 |

| 字 | 编码 | 字根 |
|---|---|---|
| **zhun** | | |
| 谆 | YYBG | 讠亠口子 |
| 腨 | EGBN③ | 月一口乙 |
| 窀 | PWGN | 宀八一乙 |
| 准 | UWYG③ | 冫亻圭一 |
|  | UWYG98 | 冫亻圭一 |
| **zhuo** | | |
| 捉 | RKHY③ | 扌口止丶 |
| 焯 | OHJH③ | 火卜早丨 |
| 卓 | HJJ | 卜早刂 |
| 拙 | RBMH③ | 扌山山丨 |
| 倬 | WHJH | 亻卜早丨 |
| 着 | UDHF | 丷⺸目二 |
|  | UHF98② | 羊目二 |
| 桌 | HJSU③ | 卜日木丷 |
| 涿 | IEYY③ | 氵豕丶丶 |
|  | IGEY98 | 氵一豕丶 |
| 灼 | OQYY③ | 火勹丶丶 |
| 茁 | ABMJ③ | 艹山山刂 |
| 斫 | DRH | 石斤丨 |
| 浊 | IJY② | 氵虫丶 |
| 涿 | IKHY③ | 氵口止丶 |
| 诼 | YEYY③ | 讠豕丶丶 |
|  | YGEY98 | 讠一豕丶 |
| 酌 | SGQY③ | 西一勹丶 |
|  | KGEY98 | 口一豕丶 |
| 琢 | GEYY③ | 王豕丶丶 |
|  | GGEY98 | 王一豕丶 |
| 禚 | PYUO | 礻丶丷灬 |
| 擢 | RNWY | 扌羽亻圭 |
| 濯 | INWY③ | 氵羽亻圭 |
| 镯 | QLQJ | 钅罒勹虫 |
| **zi** | | |
| 资 | UQWM | 冫⺈人贝 |
| 呲 | KHXN | 口止匕乙 |
| 仔 | WBG | 亻子一 |
| 孜 | BTY | 子攵丶 |
| 兹 | UXXU③ | 丷幺幺丷 |
| 咨 | UQWK | 冫⺈人口 |
| 姿 | UQWV | 冫⺈人女 |
| 赀 | HXMU③ | 止匕贝丷 |
| 淄 | IVLG③ | 氵巛田一 |
| 缁 | XVLG③ | 纟巛田一 |
| 谘 | YUQK | 讠冫⺈口 |
| 辎 | UXXB | 丷幺幺子 |
| 嵫 | MUXX③ | 山丷幺幺 |
| 滋 | IUXX③ | 氵丷幺幺 |
| 粢 | UQWO | 冫⺈欠米 |
| 辎 | LVLG③ | 车巛田一 |
| 訾 | HXQE③ | 止匕⺈用 |
| 趑 | FHUW | 土⻊冫人 |
| 镯 | QVLG③ | 钅巛田一 |
| 龇 | HWBX | 止山人匕 |
| 髭 | DEHX③ | 镸彡止匕 |
| 鲻 | QGVL | 鱼一巛田 |
| 籽 | OBG② | 米子一 |
| 子 | BBBB② | (键名字) |

| | | | | | | | | | |
|---|---|---|---|---|---|---|---|---|---|
| 姊 | VTNT | 女丿乙丿 | 陬 | BBCY③ | 阝耳又丶 | 罪 | LHDD⁹⁸ | 皿丨三三 |
| 秭 | TTNT | 禾丿乙丿 | 鄹 | BCTB | 耳又丿阝 | 蕞 | AJBC③ | 艹日耳又 |
| 籽 | DIBG③ | 三小子一 | | BCTB⁹⁸ | 耳又丿阝 | | SGYF③ | 西一丶十 |
| | FSBG⁹⁸ | 二木子一 | 鲰 | QGBC | 鱼一耳又 | 醉 | SGYF⁹⁸ | 西一丶十 |
| 第 | TTNT | ⺮丿乙丿 | 走 | FHU | 土龰冫 | | **zun** | |
| 梓 | SUH | 木辛丨 | 奏 | DWGD③ | 三人一大 | 尊 | USGF③ | 丷西一寸 |
| 紫 | HXXI③ | 止匕幺小 | | DWGD⁹⁸ | 三人一大 | 遵 | USGP | 丷西一辶 |
| 滓 | IPUH③ | 氵宀辛 | 揍 | RDWD | 扌三人大 | 鳟 | QGUF | 鱼一丷寸 |
| 訾 | HXYF③ | 止匕言二 | | **zu** | | 撙 | RUSF③ | 扌丷西寸 |
| 字 | PBF② | 宀子二 | 租 | TEGG③ | 禾目一一 | | **zuo** | |
| 自 | THD | 丿目三 | 菹 | AIEG③ | 艹氵目一 | 昨 | JTHF② | 日⺁丨二 |
| 恣 | UQWN | 冫勹人心 | 足 | KHU | 口龰冫 | | JTHF⁹⁸③ | 日⺁丨二 |
| 渍 | IGMY③ | 氵丰贝丶 | 卒 | YWWF | 亠人人十 | 嘬 | KJBC③ | 口日耳又 |
| 眦 | HHXN③ | 目止匕乙 | 族 | YTTD③ | 方⺁丿大 | 左 | DAF② | ナ工二 |
| | **zong** | | 镞 | QYTD | 钅方⺁大 | 佐 | WDAG③ | 亻ナ工一 |
| 宗 | PFIU③ | 宀二小冫 | 诅 | YEGG③ | 讠目一一 | 作 | WTHF② | 亻⺁丨二 |
| 综 | XPFI③ | 纟宀二小 | 阻 | BEGG③ | 阝目一一 | | WTHF⁹⁸ | 亻⺁丨二 |
| 棕 | SPFI③ | 木宀二小 | 组 | XEGG③ | 纟目一一 | 坐 | WWFF③ | 人人土二 |
| 腙 | EPFI | 月宀二小 | 俎 | WWEG | 人人目一 | 怍 | NTHF③ | 忄⺁丨二 |
| 踪 | KHPI③ | 口止宀小 | 祖 | PYEG③ | 礻丶目一 | | NTHF⁹⁸ | 忄⺁丨二 |
| 鬃 | DEPI③ | 镸彡宀小 | | **zuan** | | 柞 | STHF③ | 木⺁丨二 |
| 总 | UKNU③ | 丷口心丷 | 钻 | QHKG③ | 钅卜口一 | 祚 | PYTF③ | 礻丶⺁二 |
| 偬 | WQRN | 亻勹彡心 | 攒 | KHTM | 口止丿贝 | 胙 | ETHF③ | 月⺁丨二 |
| 纵 | XWWY③ | 纟人人丶 | 缵 | XTFM | 纟丿土贝 | | ETHF⁹⁸ | 月⺁丨二 |
| 粽 | OPFI | 米宀二小 | 纂 | THDI | ⺮目大小 | 唑 | KWWF③ | 口人人土 |
| | **zou** | | 撍 | RTHI | 扌⺮目小 | 座 | YWWF③ | 广人人土 |
| 邹 | QVBH③ | 刍彐阝丨 | | **zui** | | | OWWF⁹⁸③ | 广人人土 |
| 驺 | CQVG③ | 马刍彐一 | 最 | JBCU② | 日耳又冫 | 做 | WDTY③ | 亻古攵 |
| | CGQV⁹⁸ | 马一刍彐 | 嘴 | KHXE③ | 口止匕用 | 咋 | BTHF③ | 阝⺁丨二 |
| 诹 | YBCY③ | 讠耳又丶 | 罪 | LDJD③ | 皿三刂三 | | | |